机械制图与 CAD（含习题）

主　编：李善锋　刘德强
副主编：孙志刚　闫　纲　莫建国
　　　　黄　鑫　孙学智　赵鹤群
　　　　王伟楠　朱立东　王瑞玲
主　审：马建华　段金辉　孙秀伟

北京理工大学出版社
BEIJING INSTITUTE OF TECHNOLOGY PRESS

版权专有　侵权必究

图书在版编目（ＣＩＰ）数据

机械制图与 CAD：含习题 / 李善锋，刘德强主编. -- 北京：北京理工大学出版社，2021.7
　ISBN 978 - 7 - 5763 - 0126 - 7

　Ⅰ. ①机… Ⅱ. ①李… ②刘… Ⅲ. ①机械制图 - AutoCAD 软件 - 高等职业教育 - 习题集 Ⅳ. ①TH126 - 44

中国版本图书馆 CIP 数据核字（2021）第 153601 号

出版发行 / 北京理工大学出版社有限责任公司
社　　址 / 北京市海淀区中关村南大街 5 号
邮　　编 / 100081
电　　话 / （010）68914775（总编室）
　　　　　　（010）82562903（教材售后服务热线）
　　　　　　（010）68944723（其他图书服务热线）
网　　址 / http：//www.bitpress.com.cn
经　　销 / 全国各地新华书店
印　　刷 / 三河市天利华印刷装订有限公司
开　　本 / 787 毫米 × 1092 毫米　1/16
印　　张 / 26.75　　　　　　　　　　　　　　　　责任编辑 / 高雪梅
字　　数 / 587 千字　　　　　　　　　　　　　　　文案编辑 / 高雪梅
版　　次 / 2021 年 7 月第 1 版　2021 年 7 月第 1 次印刷　责任校对 / 周瑞红
定　　价 / 99.00 元　　　　　　　　　　　　　　　责任印制 / 李志强

图书出现印装质量问题，请拨打售后服务热线，本社负责调换

前　言

本书是根据《普通高等院校工程图学课程教学基本要求》编写的。编者结合自身多年在高职高专院校的教学经验和教学成果，广泛吸取教师的意见，以理论够用、应用为主的目标编写了本书。全书内容通俗易懂，讲练结合，强调技能培养。

本书内容分为10个任务，包括认识国家标准及绘图软件、绘制平面图形、绘制简单形体的三视图、绘制基本体的三视图、绘制组合体的三视图、绘制轴测图、运用常用表达方法表达机件结构、绘制标准件和常用件、绘制零件图、绘制装配图等，任务的实施大多以AutoCAD为工具完成。书中设立了任务描述及目标、任务资讯、任务实施、任务评价与总结等部分内容，在讲解相关知识后便设立强化练习，便于读者巩固和复习；采用任务驱动方式，融"教、学、做"于一体，力求使读者在掌握理论知识的同时明确绘图的实践过程，提高自己的实操能力。与本书配套的《机械制图与CAD习题集》同时出版，可供读者选用。本书可作为高等院校、高职院校、各类技能型人才培训学校的机械制图课程教材，也可供有关工程技术人员参考。

本书由吉林铁道职业技术学院李善锋和刘德强任主编，由吉林铁道职业技术学院孙志刚、闫纲、莫建国、黄鑫（长白山职业技术学院）、孙学智（吉林工业职业技术学院）、赵鹤群、王伟楠、朱立东、王瑞玲任副主编。全书由吉林铁道职业技术学院马建华、段金辉、孙秀伟审稿。特别感谢长白山职业技术学院黄鑫老师和吉林工业职业技术学院孙学智老师对本套书的编写做出的贡献。

由于编者水平有限，书中难免有缺点或错误，敬请广大读者批评指正。

编　者

目 录

任务1 认识国家标准及绘图软件 ·· 1
  1.1 任务描述及目标 ·· 1
  1.2 任务资讯 ·· 1
    1.2.1 机械制图相关国家标准 ·· 1
    1.2.2 AutoCAD 用户界面及基本操作 ·· 14
  1.3 任务实施 ·· 21
    1.3.1 用 AutoCAD 书写字体 ·· 21
    1.3.2 绘制图框及标题栏 ·· 23
    1.3.3 用 AutoCAD 标注尺寸 ·· 24
  1.4 任务评价与总结 ·· 29
    1.4.1 任务评价 ·· 29
    1.4.2 任务总结 ·· 30
  1.5 练习 ·· 31

任务2 绘制平面图形 ·· 32
  2.1 任务描述及目标 ·· 32
  2.2 任务资讯 ·· 32
    2.2.1 几何作图方法 ·· 32
    2.2.2 绘制平面图形 ·· 42
    2.2.3 AutoCAD 常用绘图、编辑命令 ·· 45
  2.3 任务实施 ·· 48
    2.3.1 用 AutoCAD 绘制直线构成的平面图形 ·· 48
    2.3.2 用 AutoCAD 绘制直线、圆弧构成的平面图形 ······································ 49
    2.3.3 用 AutoCAD 绘制多边形、椭圆等对象组成的平面图形 ························ 50
    2.3.4 用 AutoCAD 绘制倾斜图形 ·· 53
  2.4 任务评价与总结 ·· 54
    2.4.1 任务评价 ·· 54
    2.4.2 任务总结 ·· 54
  2.5 练习 ·· 55

任务3 绘制简单形体的三视图 ·· 56
  3.1 任务描述及目标 ·· 56
  3.2 任务资讯 ·· 56
    3.2.1 投影法的基本知识 ·· 56

         3.2.2 三视图 ··· 59
         3.2.3 点的投影 ··· 62
         3.2.4 直线的投影 ··· 65
         3.2.5 平面的投影 ··· 68
    3.3 任务实施 ·· 73
         3.3.1 点的三面投影作图 ··· 73
         3.3.2 直线的三面投影作图 ··· 73
         3.3.3 平面的三面投影作图 ··· 74
    3.4 任务评价与总结 ·· 75
         3.4.1 任务评价 ··· 75
         3.4.2 任务总结 ··· 75
    3.5 练习 ·· 76

任务 4 绘制基本体的三视图 ·· 77
    4.1 任务描述及目标 ·· 77
    4.2 任务资讯 ·· 77
         4.2.1 基本体的三视图 ··· 77
         4.2.2 基本体的截交线 ··· 81
         4.2.3 基本体的相贯线 ··· 86
    4.3 任务实施 ·· 93
         4.3.1 立体表面上点的投影作图 ··· 93
         4.3.2 截交线的投影作图 ··· 95
         4.3.3 相贯线的投影作图 ··· 96
    4.4 任务评价与总结 ·· 98
         4.4.1 任务评价 ··· 98
         4.4.2 任务总结 ··· 99
    4.5 练习 ·· 99

任务 5 绘制组合体的三视图 ·· 100
    5.1 任务描述及目标 ·· 100
    5.2 任务资讯 ·· 100
         5.2.1 组合体的形体分析 ··· 100
         5.2.2 组合体三视图的画法 ··· 103
         5.2.3 组合体的尺寸标注 ··· 106
    5.3 任务实施 ·· 109
         5.3.1 用 AutoCAD 绘制组合体三视图 ··· 109
         5.3.2 识读三视图 ··· 113
    5.4 任务评价与总结 ·· 116
         5.4.1 任务评价 ··· 116
         5.4.2 任务总结 ··· 116
    5.5 练习 ·· 116

任务6 绘制轴测图 ··· 117
6.1 任务描述及目标 ··· 117
6.2 任务资讯 ··· 117
6.2.1 轴测图的基本知识 ··· 117
6.2.2 绘制基本体的正等轴测图 ··· 118
6.2.3 绘制组合体的正等轴测图 ··· 123
6.2.4 斜二等轴测图 ··· 125
6.2.5 使用 AutoCAD 绘制轴测图的准备 ··· 127
6.3 任务实施 ··· 128
6.3.1 用 AutoCAD 绘制正等轴测图 ··· 128
6.3.2 用 AutoCAD 绘制正面的斜二等轴测图 ··· 132
6.4 任务评价与总结 ··· 133
6.4.1 任务评价 ··· 133
6.4.2 任务总结 ··· 134
6.5 练习 ··· 134

任务7 运用常用表达方法表达机件结构 ··· 135
7.1 任务描述及目标 ··· 135
7.2 任务资讯 ··· 135
7.2.1 视图 ··· 135
7.2.2 剖视图 ··· 138
7.2.3 断面图 ··· 145
7.2.4 其他表示方法 ··· 147
7.2.5 使用 AutoCAD 绘制剖面图案 ··· 150
7.3 任务实施 ··· 152
7.4 任务评价与总结 ··· 154
7.4.1 任务评价 ··· 154
7.4.2 任务总结 ··· 155
7.5 练习 ··· 155

任务8 绘制标准件和常用件 ··· 156
8.1 任务描述及目标 ··· 156
8.2 任务资讯 ··· 156
8.2.1 绘制螺纹紧固件及其连接 ··· 156
8.2.2 键连接 ··· 166
8.2.3 销连接 ··· 166
8.2.4 绘制齿轮及其啮合 ··· 168
8.2.5 轴承和弹簧 ··· 172
8.3 任务实施 ··· 176
8.4 任务评价与总结 ··· 178
8.4.1 任务评价 ··· 178

  8.4.2 任务总结 ································· 178
 8.5 练习 ······································· 179

任务 9 绘制零件图 ······························ 180
 9.1 任务描述及目标 ························· 180
 9.2 任务资讯 ································· 180
  9.2.1 零件图的作用和内容 ············ 180
  9.2.2 零件图的视图选择 ··············· 181
  9.2.3 零件图上的技术要求 ············ 186
  9.2.4 零件图的尺寸标注 ··············· 197
  9.2.5 了解零件图上常见的工艺结构 ··· 201
  9.2.6 零件的测绘 ························ 204
  9.2.7 零件图的识读方法 ··············· 207
 9.3 任务实施 ································· 210
  9.3.1 识读零件图 ························ 210
  9.3.2 用 AutoCAD 绘制零件图 ········ 211
  9.3.3 测绘零件图 ························ 215
 9.4 任务评价与总结 ························· 217
  9.4.1 任务评价 ··························· 217
  9.4.2 任务总结 ··························· 218
 9.5 练习 ······································· 218

任务 10 绘制装配图 ···························· 219
 10.1 任务描述及目标 ······················· 219
 10.2 任务资讯 ································ 219
  10.2.1 装配图的作用和内容 ··········· 219
  10.2.2 装配图的规定画法和特殊画法 ··· 221
  10.2.3 装配图的尺寸标注和技术要求 ··· 224
  10.2.4 装配图中的零、部件的序号和明细栏 ··· 225
  10.2.5 装配的工艺结构 ·················· 226
  10.2.6 部件测绘和装配图的绘制 ····· 230
  10.2.7 读装配图及由装配图拆画零件图 ··· 237
 10.3 任务实施 ································ 241
  10.3.1 用 AutoCAD 由零件图组合装配图 ··· 241
  10.3.2 用 AutoCAD 由装配图拆画零件图 ··· 246
 10.4 任务评价与总结 ······················· 247
  10.4.1 任务评价 ··························· 247
  10.4.2 任务总结 ··························· 247
 10.5 练习 ······································ 248

习题集 ··· 263

任务 1　认识国家标准及绘图软件

1.1　任务描述及目标

通过对有关国家制图标准基本规定的学习，以及字体书写、图纸图框和标题栏绘制、简单图形绘制及尺寸标注等的实际训练，学生能够初步树立标准化意识，能熟练掌握机械制图国家标准中有关图纸幅面、格式、比例、字体、图线及尺寸注法等的基本规定，并在绘图、读图过程中正确运用。通过对 AutoCAD 用户界面及基本操作的学习，学生能够掌握使用 AutoCAD 建立符合国家标准的图层、文字样式、标注样式等内容，学会如何设定绘图区域大小、如何调用 AutoCAD 命令、如何选择对象和保存图形等常用基本操作。

1.2　任务资讯

重点掌握国家标准中有关图纸幅面、格式、比例、字体、图线及尺寸注法等的基本规定和 AutoCAD 用户界面及基本操作。要树立标准化的意识，在学习时应严格遵守机械制图国家标准。

1.2.1　机械制图相关国家标准

一、图纸幅面、图框格式和标题栏（GB/T 14689—2008）

为了合理使用图纸和便于图样的装订和保管，必须统一图纸的幅面和格式。

1. 图纸幅面

图纸幅面是指图纸长度与宽度的尺寸，绘制图样时应优先采用表 1-1 中规定的图纸基本幅面尺寸，基本幅面代号有 A0、A1、A2、A3、A4 这 5 种。各种图纸的幅面大小规定以 A0 为整张，自 A1 开始依次是前一种幅面大小的一半，其尺寸关系如图 1-1 所示。

表 1-1　图纸基本幅面尺寸　　　　　　　　　　　　　　　　　mm

幅面代号		A0	A1	A2	A3	A4
尺寸 $B \times L$		841×1 189	594×841	420×594	297×420	210×297
边框	a	25				
	c	10			5	
	e	20			10	

必要时，可对图纸基本幅面加长、加宽，其加长及加宽量均按 A4 幅面尺寸的倍数增加，如图 1-2 所示。其中，粗实线部分为基本幅面，虚线部分为加长幅面。加长幅面的尺寸由基本幅面的短边成整数倍增加后得出。

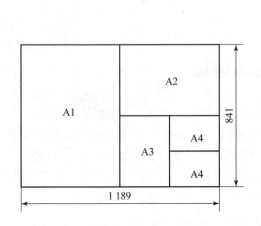 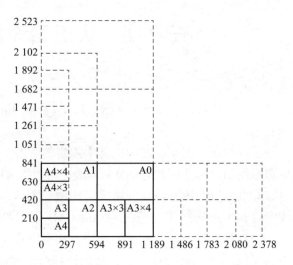

图 1-1　各种图纸基本幅面尺寸关系　　　　图 1-2　图纸基本幅面加长、加宽

2. 图框格式

图纸上限定绘图区域的线框称为图框。图框在图纸上必须用粗实线画出，图样绘制在图框内部。其格式有不留装订边和留装订边两种，分别如图 1-3 和图 1-4 所示。但同一产品的图样只能采用一种图框格式。

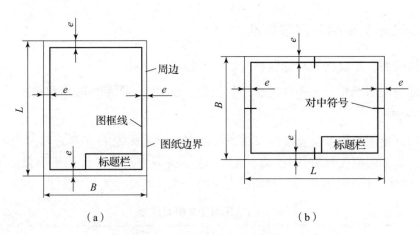

图 1-3　不留装订边的图框格式
（a）不留装订边的图框格式；（b）不留装订边、带对中符号的图框格式

加长幅面的图框尺寸，按所用基本幅面大一号的图框尺寸确定。

为了复制或缩微摄影时定位方便，应在图纸各边长的中点处绘制对中符号。对中符号是从周边画入图框内 5 mm 的一段粗实线，如图 1-3（b）所示。当对中符号处在标题栏范围内时，则伸入标题栏的部分予以省略。

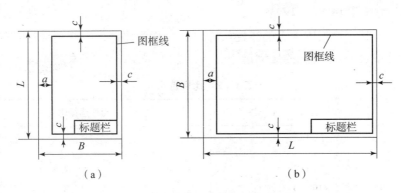

图 1-4 留装订边的图框格式

3. 标题栏

每张图纸都必须有标题栏，标题栏的位置应位于图纸的右下角。标题栏是由名称、代号区、签字区、更改区和其他区组成，其格式和尺寸由 GB/T 10609.1—2008 规定。图 1-5 是标准的标题栏。教学中建议采用简化的标题栏，如图 1-6 所示。标题栏中的文字方向为看图方向。如果使用预先印制的图纸，需要改变标题栏的方位时，必须将其旋转至图纸右上角，为明确看图方向，在图纸下边对中符号处画一个细实线正三角的方向符号。

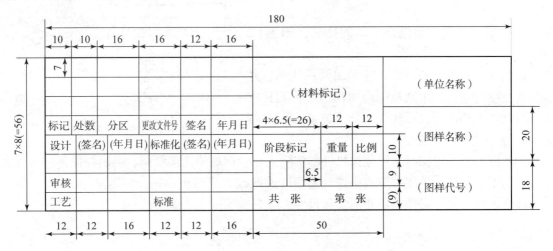

图 1-5 标准的标题栏

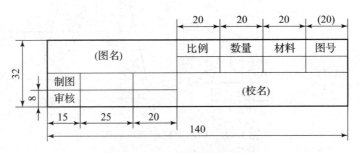

图 1-6 教学用的简化标题栏

二、比例（GB/T 14690—1993）

图样中图形与其实物相应要素的线性尺寸之比，称为比例，每张图样都必须标注比例。绘图时，可按表 1-2 规定的比例选用。

表 1-2 比例选用

种类	优先选用比例系列			允许选择比例系列
原值比例	1:1			
放大比例	5:1 $5\times10^n:1$	2:1 $2\times10^n:1$	$1\times10^n:1$	4:1 2.5:1 $4\times10^n:1$ $2.5\times10^n:1$
缩小比例	1:2 $1:2\times10^n$	1:5 $1:5\times10^n$	1:10 $1:1\times10^n$	1:1.5 1:2.5 1:3 1:4 1:6 $1:1.5\times10^n$ $1:2.5\times10^n$ $1:3\times10^n$ $1:4\times10^n$ $1:6\times10^n$

注：n 为正整数。

比例的标注方法：

(1) 原值比例，比值为 1 的比例，即 1:1。

(2) 放大比例，比值大于 1 的比例，如 2:1 等。

(3) 缩小比例，比值小于 1 的比例，如 1:2 等。

绘制同一零件的各视图，应采用同一比例，并填写在标题栏内。当个别视图选用比例与标题栏中所填写比例不相同时，可在视图的下方或右侧另行标注比例，如图 1-7 所示。

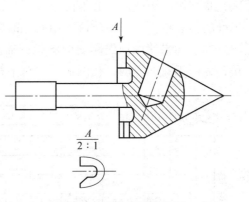

图 1-7 不同比例的标注

为看图方便，绘图时尽可能按机件的实际大小，即原值比例绘制，但因各种零件尺寸大小、繁简不一，所以绘图时应按机件复杂程度选取放大或缩小比例，如图 1-8 所示。但图形上标注的尺寸数字必须是实物的实际尺寸。

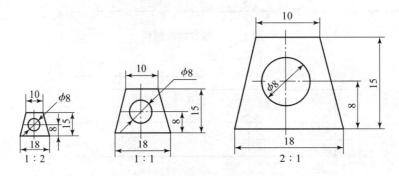

图 1-8 用不同比例画出的图

图形中角度是不随比例大小变化的，应按其原角度画出；当图形中的直径或薄片的厚度等于或小于 2 mm、斜度或锥度较小时，可将该部分不按比例而夸大画出。

三、字体（GB/T 14691—1993）

字体是图样和技术文件的重要组成部分。图样中除了用图形表达机件形状外，还需用数字、汉字、字母等表示机件的大小和技术要求，并填写标题栏。GB/T 14691—1993《技术制图　字体》对图样中的汉字、数字、字母书写形式作了规定：字体工整、笔画清楚、间隔均匀、排列整齐。字体的号数即字体的高度分为 8 种（单位为 mm）：20、14、10、7、5、3.5、2.5、1.8。

1. 汉字

汉字应写成长仿宋体，并采用国家正式公布的简化字。汉字的高度不应小于 3.5 mm，其宽度一般为字高的 $1/\sqrt{2}$。

书写要领：横平竖直，注意起落，结构均匀，填满方格。汉字常由几个部分组成，为使字体匀称，书写时应恰当分配各组成部分比例。

基本笔画：横、竖、撇、捺、点、挑、勾等。每一笔画要一笔完成，不宜勾描，字体示例如图 1-9 所示。

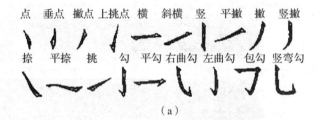

（a）

（b）

图 1-9　长仿宋字体示例

（a）基本笔画；（b）汉字书写

2. 数字和字母

数字和字母分为 A 型和 B 型。A 型字体的笔画宽度为字体高度 h 的 $1/14$，B 型字体的笔画宽度为字体高度 h 的 $1/10$。数字和字母有斜体与直体之分，斜体向右倾斜，与水平基准线成 75°角，如表 1-3 所示。

四、图线（GB/T 17450—1998、GB/T 4457.4—2002）

1. 线型及图线的尺寸

GB/T 17450—1998《技术制图　图线》规定了 15 种基本绘图线型。用于机械工程图样的有 9 种，由 GB/T 4457.4—2002《机械制图　图样画法　图线》规定。

表1-3 斜体字母和数字示例

拉丁字母	A型	大写	ABCDEFGHIJKLMNOP QRSTUVWXYZ
		小写	abcdefghijklmnopq rstuvwxyz
阿拉伯数字和直径符号	A型		0123456789 φ
	B型		0123456789 φ
罗马数字	A型		ⅠⅡⅢⅣⅤⅥⅦⅧⅨⅩ

所有线型的图线宽度 d 应按图样的类型和尺寸大小在下列数系(单位为 mm)中选择:0.13、0.18、0.25、0.35、0.5、0.7、1.0、1.4、2.0。

绘制机械图样的图线分粗、细两种。粗线的宽度 d 在 0.5~2 mm 之间(练习时一般用 0.7 mm),细线的宽度为 $d/2$。

2. 常用的线型及应用

常用的线型及应用如表 1-4 所示。

表1-4 常用的线型及应用

线型	图线宽度与长度/mm	一般应用
粗实线	$d = 0.13~2$	可见棱边线、可见轮廓线、相贯线、螺纹牙顶线、螺纹长度终止线、齿顶圆线、表格图及流程图的主要表示线、系统结构线(金属结构工程)、模样分型线、剖切符号用线
细实线	宽度约为 $d/2$	过渡线、尺寸线、尺寸界线、指引线和基准线、剖面线、重合断面的轮廓线、短中心线、螺纹牙底线、尺寸线的起止线、表示平面的对角线、零件成型前的弯折线、范围线及分界线、重复要素表示线(如齿轮的齿根线)、锥型结构的基面位置线、叠片结构位置线(如变压器叠钢片)、辅助线、不连续同一表面连线、成规律分布的相同要素连线、投影线、网络线

续表

线型	图线宽度与长度/mm	一般应用
波浪线	宽度约为 $d/2$	断裂处边界线、视图与剖视图的分界线（也可用双折线，但是一张图上一般只采用一种表示此类分界线的线型）
双折线	宽度约为 $d/2$	断裂处边界线、视图与剖视图的分界线（也可用波浪线，但是一张图上一般只采用一种表示此类分界线的线型）
细虚线	宽度约为 $d/2$ 线段长度为 4~6 间隙长度为 1	不可见棱边线、不可见轮廓线
粗虚线	宽度约为 d 线段长度为 4~6 间隙长度为 1	允许表面处理的表示线
细点画线	宽度约为 $d/2$ 线段长度为 15~30 点（短画）长度为 3	轴线、对称中心线、分度圆线、孔系分布的中心线、剖切线
粗点画线	宽度约为 d 线段长度为 15~30 点（短画）长度为 3	限定范围表示线
细双点画线	宽度约为 $d/2$ 线段长度为 15~20 双点长度为 5	相邻辅助零件的轮廓线、可动零件的极限位置的轮廓线、重心线、成型前轮廓线、剖切面前的结构轮廓线、轨迹线、毛坯图中制成品的轮廓线、特定区域线、延伸公差带表示线、工艺用结构的轮廓线、中断线

3．图线画法及应注意的问题

（1）在同一图样中，同类型图线的宽度应基本一致，虚线、点画线及双点画线的画长及间隙应大致相同。

（2）点画线、双点画线的点不是点，而是一个约 1 mm 长的短画；点画线、双点画线的首、末端只能是线段而不能是短画。

（3）绘制圆的中心线时，圆心应为点画线的线段的交点，而不能是短画的交点。在较小的图形上绘制点画线或双点画线有困难时，允许使用细实线代替点画线或双点画线。

（4）两条平行线之间的最小间隙不得小于 0.7 mm，除非另有规定。

（5）当同一位置有两种或两种以上的图线需要重叠时，应按以下顺序优先画出所需的图线：可见轮廓线→不可见轮廓线→点画线→双点画线。

（6）在画图过程中，遇到图线"相交""相接""相切"时应按照如图 1-10 所示的规定画法绘制。

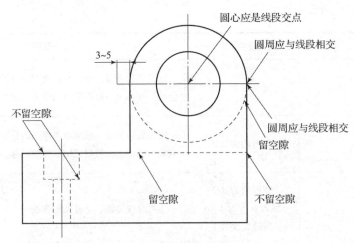

图 1-10 图线在连接处的画法

4. 各种图线的应用示例

各种图线的应用示例如图 1-11 所示。

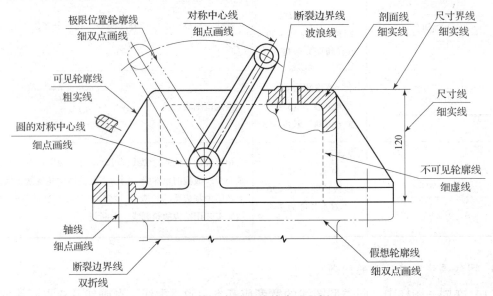

图 1-11 各种图线的应用示例

五、尺寸标注（GB/T 4458.4—2003）

图形只能表示工件的形状，而工件上各部分的大小和相对位置，则必须由图上所注的尺寸来确定。所以，图样中的尺寸是加工工件的依据。标注尺寸时，必须认真细致，尽量避免遗漏或错误，否则将给生产带来困难和损失。

为了将图样中的尺寸标注得清晰、正确，下面介绍 GB/T 4458.4—2003《机械制图 尺寸注法》的有关规定。

1. 基本规则

（1）图样上标注的尺寸数值就是工件实际大小的数值。它与画图时采用的缩、放比例无关，与画图的精确度也无关，如图 1-12 所示。

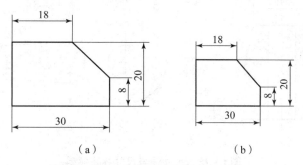

图1-12 工件的尺寸与图形大小无关

(2) 图样上的尺寸以 mm 为计量单位时,不需标注单位代号或名称。若应用其他计量单位时,则必须注明相应计量单位的代号或名称。例如,角度为30度10分5秒,则在图样上应标注成"30°10′5″"。

(3) 图样上标注的尺寸是工件的最后完工尺寸,否则要另加说明。

(4) 工件的每个尺寸,一般只在反映该结构最清楚的图形上标注一次。

2. 尺寸要素

机械图中的尺寸由尺寸界线、尺寸线、箭头和尺寸数字组成,如图1-13所示。

1) 尺寸界线

尺寸界线用细实线绘制,并由图形的轮廓线、对称中心线、轴线等处引出,如图1-14所示。也可以利用轮廓线、对称中心线、轴线作为尺寸界线。

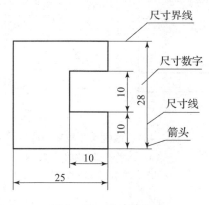

图1-13 尺寸的组成

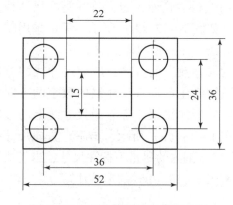

图1-14 尺寸界线与尺寸线垂直

一般尺寸界线与尺寸线垂直,如图1-14所示。必要时允许与尺寸线倾斜,如图1-15所示。此时,在光滑过渡处标注尺寸,需用细实线将轮廓线延长,从它们的交点处引出尺寸界线。

2) 尺寸线及箭头

标注尺寸时,尺寸线必须与所注的线段平行。尺寸线用细实线绘制,箭头画在尺寸线的两端并顶到尺寸界线上。尺寸线不能用其他图线代替,一般也不能与其他图线重合或画在其他图线的延长线上。图1-16(b)中的尺寸30、22是错误注法。

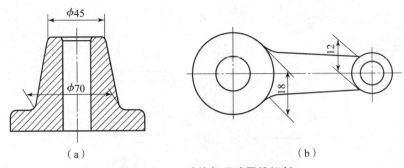

图1–15 尺寸线与尺寸界线倾斜

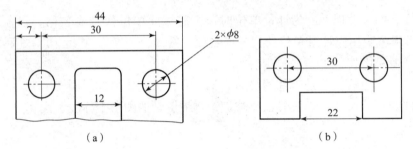

图1–16 尺寸线的画法
(a) 正确；(b) 错误

3) 尺寸数字

线性尺寸的数字一般写在尺寸线的上方，如图1–17（a）所示。也允许注写在尺寸线的中断处，如图1–17（b）所示。无论采用哪一种标注方法，在一张图样上应统一。

线性尺寸数字的方向，应随尺寸线的方向变化，特别要注意垂直尺寸线中数字的方向和位置，容易标注错误。各方向尺寸线上的数字方向如图1–18（a）所示。与垂直方向尺寸线成30°角的范围内的尽量不标注尺寸，当无法避免时可按图1–18（b）的形式注写。

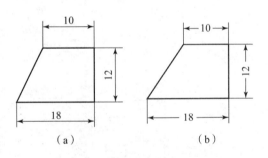

图1–17 线性尺寸数字的位置
(a) 数字在尺寸线的上方；
(b) 数字在尺寸线的中断处

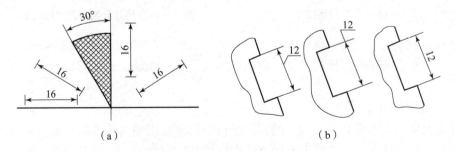

图1–18 线性尺寸数字的方向
(a) 各方向尺寸线上的数字方向；(b) 尺寸线与垂直方向成30°角的数字标注方法

尺寸数字不能被任何图线通过，否则必须将该图线断开，如图1-19中的尺寸22和$\phi20$。

标注角度的尺寸数字，一律写成水平方向，一般注写在尺寸线的中断处。必要时，也可以用指引线引出注写，如图1-20所示。

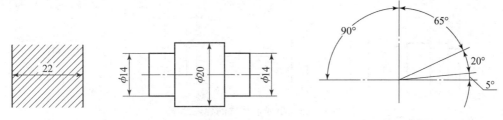

图1-19 尺寸数字不能被任何线穿过　　　图1-20 角度数字的注写

注意：角度的尺寸线为圆弧，用圆规以角的顶点为圆心画出。

4）常见尺寸标注示例

标注直径时，应在尺寸数字前面加注直径符号"ϕ"；标注半径时，应在尺寸数字前面加注半径符号"R"。表示直径的尺寸线要通过圆心，箭头指到圆周上，如图1-21（a）所示；表示半径的尺寸线要由圆心引出，箭头指到圆弧上。若圆弧半径过大，无法标出圆心位置时，应按图1-21（b）的形式标注，不需要标出圆心位置时，可按图1-21（c）的形式标注。

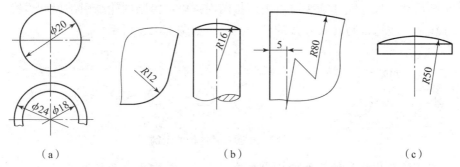

图1-21 圆、圆弧的标注示例

注意：一般大于半圆的圆或圆弧标注"ϕ"，小于、等于半圆的圆弧标注"R"。

标注球面的直径或半径尺寸时，应在符号"ϕ"和"R"前面再加注符号"S"表示球面，如图1-22（a）、（b）所示。

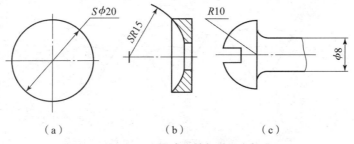

图1-22 圆球面的标注示例

对于螺钉、铆钉的头部，轴或螺杆的球面端部以及手柄的球面端部，在不致引起误解的情况下，可省略符号"S"，如图 1–22（c）所示的"$R10$"尺寸。

对于小线性尺寸，没有足够的位置画箭头或写尺寸数字时，箭头可以由尺寸界线外指向内，连续尺寸可以用实心圆点代替箭头，如图 1–23 所示。

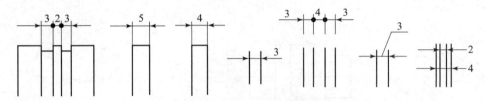

图 1–23　小线性尺寸的标注示例

对于小圆弧尺寸，尺寸数字可以注写在尺寸线的延长线上；尺寸线可以由外指向内，如图 1–24 所示。

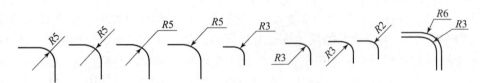

图 1–24　小圆弧尺寸的标注示例

对于小圆尺寸，尺寸线和箭头可以由外指向内；可以由圆的轮廓引出尺寸界线；数字可以写在尺寸线上，也可以写在尺寸线的延长线上，如图 1–25 所示。

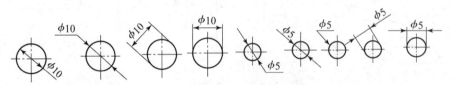

图 1–25　小圆尺寸的标注示例

注意：圆弧的尺寸线和箭头无论从内向外，还是从外向内，必须通过圆心。

如图 1–26 所示，相同的图形表示角度时，尺寸界线由角的轮廓线引出；表示弦长时，尺寸界线与所表示的弦垂直；表示弧长时，尺寸线与所表示的弧平行，并在数字前面标注弧长的符号。

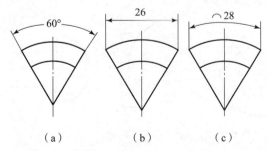

图 1–26　角度、弦长、弧长尺寸的标注示例

对称零件的图形只画一半或大于一半时,尺寸线应略超过对称中心线或断裂处边界,这时只在尺寸线的一端画出箭头,标注的尺寸数值是整个尺寸,如图1-27所示。

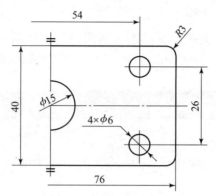

图1-27 对称图形的标注示例

5)标注尺寸的符号及应用

为了更准确地表达工件的某些结构,便于识图,常在尺寸数字前面加注符号,常用的结构符号及示例见表1-5。

表1-5 常用的结构符号及示例

名称	符号	示例	名称	符号	示例
直径	φ		半径	R	
球面直径	Sφ		球面半径	SR	
斜度	∠		厚度	t	
弧长	⌒		锥度	▷	
方形	□		参考尺寸	( )	

1.2.2 AutoCAD 用户界面及基本操作

一、AutoCAD 用户界面详解

本书以 AutoCAD 2008 为例进行了讲解，其用户界面如图 1-28 所示，主要由标题栏、绘图窗口、菜单栏、工具栏、面板、命令提示窗口、滚动条和状态栏等部分组成。

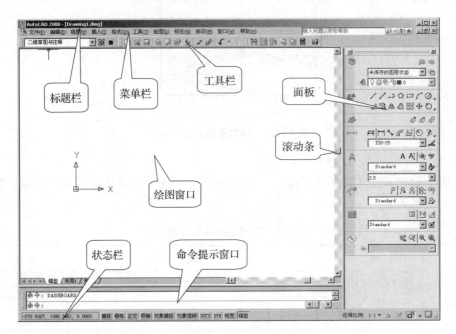

图 1-28 AutoCAD 2008 用户界面

下面分别介绍 AutoCAD 用户界面各部分的功能。

1. 标题栏

标题栏在用户界面的最上方，它显示了 AutoCAD 的程序图标及当前所操作的图形文件名称及路径。

2. 绘图窗口

绘图窗口是用户绘图的工作区域，该区域无限大，其左下方有一个表示坐标系的图标，此图标指示了绘图区的方位。图标中的箭头分别指示 X 轴和 Y 轴的正方向。

当移动鼠标时，绘图区域中的十字形光标会跟随移动，与此同时，在绘图区底部的状态栏中将显示光标点的坐标值。单击该区域可改变坐标的显示方式。

绘图窗口包含了两种绘图环境，一种称为模型空间，另一种称为图纸空间。在此窗口底部，有 3 个用于切换绘图环境的选项卡 模型 布局1 布局2 。默认情况下，"模型"选项卡是按下的，对应模型空间，用户在这里一般按实际尺寸绘制二维或三维图形。"布局1"或"布局2"选项卡对应图纸空间。用户可以将图纸空间想象成一张图纸（系统提供的模拟图纸），可在这张图纸上将模型空间的图样按不同缩放比例布置，有关这方面的内容将在后续章节中介绍。

3. 菜单栏

单击菜单栏中的主菜单，弹出对应的下拉菜单。下拉菜单中包含了 AutoCAD 的核心命令和功能，选择其中的某个选项，系统就执行相应的命令。

另一种形式的菜单是快捷菜单，如图 1-29 所示。当右击时，在光标处将出现快捷菜单。快捷菜单中的命令选项与右击时光标所处的位置及系统的当前状态有关。

4. 工具栏

工具栏包含了许多命令按钮，用户只需单击某个按钮，AutoCAD 就会执行相应的命令。有些按钮是单一型的，有些则是嵌套型的（按钮图标右下角带有小黑三角形）。在嵌套型按钮上单击，将弹出嵌套的命令按钮。

用户可移动工具栏或改变工具栏的形状。将光标移动到工具栏边缘或双线处，按下鼠标左键并拖动，工具栏就随光标移动；将光标放置在拖出的工具栏的边缘，变成双面箭头状时，按住鼠标左键并拖动，工具栏形状就发生变化。

用户也可打开或关闭工具栏。将光标移动到任一个工具栏上，右击，弹出快捷菜单，该菜单中列出了所有工具栏的名称。若名称前带有"√"标记，则表示该工具栏已打开。选择菜单上某一选项，就打开或关闭相应的工具栏。

5. 面板

"面板"是一种特殊形式的选项板，它由工具按钮及一些功能控件组成，选择菜单选项"工具"→"选项板"→"面板"就可以打开或关闭它。

6. 命令提示窗口

命令提示窗口位于 AutoCAD 用户界面的底部，用户输入的命令、系统的提示及相关信息都反映在此窗口中。默认情况下，该窗口仅显示两行信息，将光标放在窗口的上边缘，变成双面箭头状后，按住鼠标左键并向上拖动就可以增加命令窗口显示信息的行数。

按〈F2〉键可打开命令提示窗口，再次按〈F2〉键可关闭此窗口。

7. 滚动条

AutoCAD 是一个多文档设计环境，用户可以同时打开多个绘图窗口，其中每个窗口的右边和底边都有滚动条。拖动滚动条上的滑块或单击两端的箭头按钮，都可以使绘图窗口中的图形沿垂直或水平方向滚动显示。

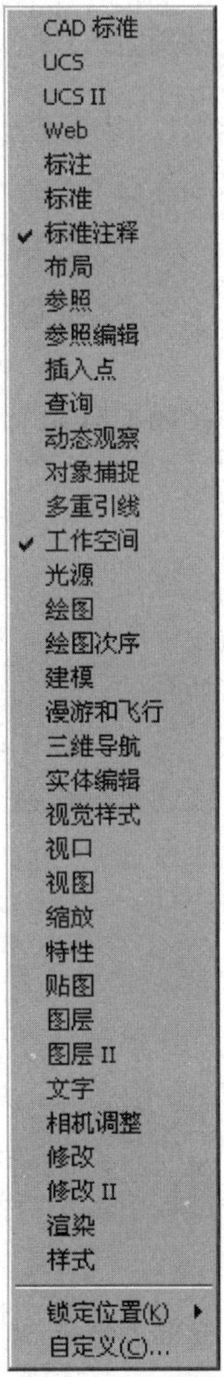

图 1-29 快捷菜单

8. 状态栏

状态栏用于显示绘图过程中的信息，如十字形光标的坐标值、一些提示文字等。

二、设定绘图区域的大小

AutoCAD 的绘图空间是无限大的，用户也可以自行设定绘图区域的大小。绘图时，事先设定绘图区域的大小将有助于用户了解图形分布的范围。当然，也可在绘图过程中随时缩放

（使用 按钮）图形以控制其在绘图区域中显示的效果。

用 LIMITS 命令设定绘图区域的大小。该命令可以改变栅格的长、宽尺寸及位置。所谓栅格是点在矩形区域中按行、列形式分布形成的图案。当栅格在程序窗口中显示出来后，用户就可根据栅格分布的范围估算出当前绘图区域的大小了。

三、调用 AutoCAD 命令

调用 AutoCAD 命令的方法一般有两种：一种是使用键盘在命令行中输入命令全称或简称，另一种是使用鼠标选择一个菜单选项或单击工具栏中的命令按钮。

1. 使用键盘发出命令

在命令行中输入命令全称或简称就可以使系统执行相应的命令。

一个典型的命令执行过程如下。

命令:circle　　　　　　　　　　　　　　//输入命令全称 circle 或简称 c,按〈Enter〉键

指定圆的圆心或[三点(3P)/两点(2P)/相切、相切、半径(T)]:90,100
　　　　　　　　　　　　　　　　　　　　//输入圆心的 x、y 坐标,按〈Enter〉键

指定圆的半径或[直径(D)]〈50.7720〉:70　//输入圆半径,按〈Enter〉键

方括号"[ ]"中以"/"隔开的内容表示各个选项。若要选择某个选项，则需输入圆括号中的字母，可以是大写形式，也可以是小写形式。例如，想通过三点画圆，就输入 3P。尖括号"〈〉"中的内容是当前默认值。

AutoCAD 中的命令执行过程是交互式的。当用户输入命令后，需按〈Enter〉键确认，系统才执行该命令。在执行命令的过程中，系统有时要等待用户输入必要的绘图参数，如输入命令选项、点的坐标或其他几何数据等，输入完成后，也要按〈Enter〉键，系统才能继续执行下一步操作。

2. 使用鼠标发出命令

用鼠标选择一个菜单选项或单击工具栏上的命令按钮，系统就执行相应的命令。用 AutoCAD 绘图时，用户多数情况下是通过鼠标发出命令的。鼠标各按键的定义如下。

（1）左键：拾取键，用于单击工具栏中的按钮及选择菜单选项以发出命令，也可在绘图过程中指定点和选择图形对象等。

（2）右键：一般作为〈Enter〉键，命令执行完成后，常右击以结束命令。在有些情况下，右击将弹出快捷菜单，该菜单中有"确认"选项。

（3）滚轮：转动滚轮将放大或缩小图形，默认情况下，缩放增量为 10%。按住滚轮并拖动鼠标，则平移图形。

四、设置符合国标的图层、线型、线宽及颜色

（1）单击"图层"工具栏中的 按钮，打开"图层特性管理器"对话框，再单击 按钮，列表框中显示出名称为"图层 1"的图层，直接输入"轮廓线层"，按〈Enter〉键结束。

（2）再次按〈Enter〉键，又创建新图层。总共创建 6 个图层，结果如图 1-30 所示。图层 0 前有绿色"√"标记，表示该图层是当前层。

图1-30 "图层特性管理器"对话框

(3) 指定图层颜色。选中"中心线层",单击与所选图层关联的■白图标,打开"选择颜色"对话框,从中选择红色,如图1-31所示。然后用同样的方法设置其他图层的颜色。

(4) 给图层分配线型。默认情况下,图层线型是Continuous。选中"中心线层",单击与所选图层关联的Continuous,打开"选择线型"对话框,如图1-32所示,通过此对话框,用户可以选择一种线型或从线型库文件中加载更多线型。

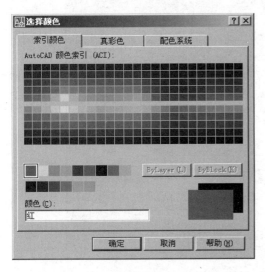

图1-31 "选择颜色"对话框

图1-32 "选择线型"对话框

(5) 单击 加载(L)... 按钮,打开"加载或重载线型"对话框,如图1-33所示。选择线型CENTER及DASHED,再单击 确定 按钮,这些线型就被加载到系统中。当前线型库文件是acadiso.lin,单击 文件(F)... 按钮,可选择其他的线型库文件。

(6) 返回"选择线型"对话框,选择CENTER,单击 确定 按钮,该线型就分配给"中心线层"。用相同的方法将DASHED线型分配给"虚线层"。

(7) 设定线宽。选中"轮廓线层",单击与所选图层关联的——默认图标,打开"线宽"对话框,指定线宽为"0.50 毫米",如图 1-34 所示。

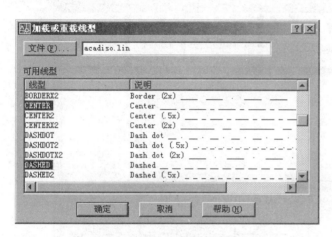

图 1-33 "加载或重载线型"对话框　　　　图 1-34 "线宽"对话框

(8) 指定当前层。选中"轮廓线层",单击 按钮,图层前出现绿色标记"√",说明"轮廓线层"变为当前层。

五、设定符合国标的文字样式

(1) 选择菜单选项"格式"→"文字样式",打开"文字样式"对话框,如图 1-35 所示。

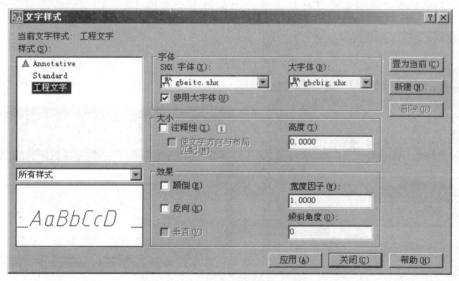

图 1-35 "文字样式"对话框

(2) 单击 新建(N) 按钮,打开"新建文字样式"对话框,在"样式名"文本框中输入文字样式的名称"工程文字",如图 1-36 所示。

(3) 单击 确定 按钮,返回"文字样式"对话框,在"SHX 字体名"下拉列表中选择 gbeitc.shx。

图 1-36 "新建文字样式"对话框

· 18 ·

再选中"使用大字体"复选按钮,然后在"大字体"下拉列表中选择 gbcbig.shx,如图 1 - 35 所示。

(4) 单击 应用(A) 按钮,然后退出"文字样式"对话框。

六、设定符合国标的标注样式

(1) 建立新文字样式,样式名为"工程标注"。与该样式相连的字体是 gbeitc.shx(或 gbenor.shx)和 gbcbig.shx。

(2) 单击"标注"工具栏上的 按钮,或选择菜单选项"格式"→"标注样式",打开 "标注样式管理器"对话框,如图 1 - 37 所示。通过这个对话框可以命名新的尺寸样式或修 改样式中的尺寸变量。

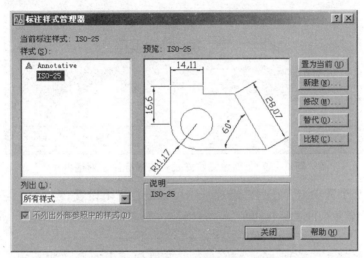

图 1 - 37 "标注样式管理器"对话框

(3) 单击 新建(N)... 按钮,打开"创建新标注样式"对话框,如图 1 - 38 所示。在该对 话框的"新样式名"文本框中输入新的样式名称"工程标注"。在"基础样式"下拉列表 中指定某个尺寸样式作为新样式的副本,则新样式将包含副本样式的所有设置。此外,还可 在"用于"下拉列表中设定新样式对某一种类尺寸的特殊控制。默认情况下,"用于"下拉 列表的选项是"所有标注",意思是新样式将控制所有类型尺寸。

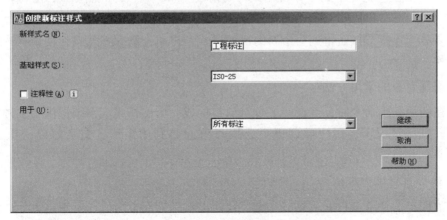

图 1 - 38 "创建新标注样式"对话框

(4) 单击 继续 按钮,打开"新建标注样式:工程标注"对话框,如图 1-39 所示。

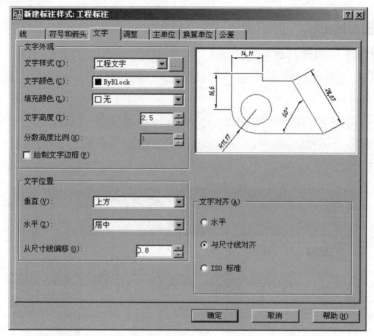

图 1-39 "新建标注样式:工程标注"对话框

该对话框有 7 个选项卡,在这些选项卡中可以进行以下设置。

①在"线"选项卡的"基线间距""超出尺寸线"和"起点偏移量"文本框中分别输入 7、2 和 0.2。

②在"符号和箭头"选项卡的"第一个"下拉列表中选择"实心闭合",在"箭头大小"文本框中输入 2。

③在"文字"选项卡的"文字样式"下拉列表中选择"工程文字",在"文字高度""从尺寸线偏移"文本框中分别输入 2.5 和 0.8,在"文字对齐"区域中选择"与尺寸线对齐"单选按钮。

④在"调整"选项卡的"使用全局比例"文本框中输入 2(绘图比例的倒数)。

⑤在"主单位"选项卡的"单位格式""精度"和"小数分隔符"下拉列表中分别选择"小数""0.00"和"句点"。

(5) 单击 确定 按钮得到一个新的尺寸样式,再单击 置为当前 按钮使新样式成为当前样式。

七、选择对象的常用方法

用户在使用编辑命令时,选择的多个对象将构成一个选择集。系统提供了多种构造选择集的方法。默认情况下,用户可以逐个选择对象或是利用矩形、交叉窗口一次选择多个对象。

1. 用矩形窗口选择对象

当系统提示选择要编辑的对象时,用户在图形元素的左上角或左下角单击一点,然后向右拖动鼠标,AutoCAD 显示一个实线矩形窗口,让此窗口完全包含要编辑的图形实体,再单击一点,则矩形窗口中的所有对象(不包括与矩形边相交的对象)被选中,被选中的对象将以虚线形式表示出来。

2. 用交叉窗口选择对象

当 AutoCAD 提示选择要编辑的对象时,在要编辑的图形元素右上角或右下角单击一点,然后向左拖动鼠标,此时出现一个虚线矩形框,使该矩形框包含被编辑对象的一部分,而让其余部分与矩形框边相交,再单击一点,则框内的对象和与框边相交的对象全部被选中。

3. 给选择集添加或删除对象

编辑过程中,用户构造选择集常常不能一次完成,需向选择集中添加或从选择集中删除对象。在添加对象时,可直接选择或利用矩形窗口、交叉窗口选择要加入的图形元素。若要删除对象,可先按住〈Shift〉键,再从选择集中选择要清除的图形元素。

1.3 任务实施

1.3.1 用 AutoCAD 书写字体

练习1 书写文字,文字内容为:
蜗轮分度圆直径 = ϕ100
蜗轮蜗杆传动箱钢板厚度≥5

(1)单击"绘图"工具栏上的 A 按钮,再指定文字分布宽度,AutoCAD 打开"多行文字编辑器",在"字体"下拉列表中选择 gbeitc, gbcbig;在"字体高度"文本框中输入 3.5,然后输入文字,如图 1-40 所示。

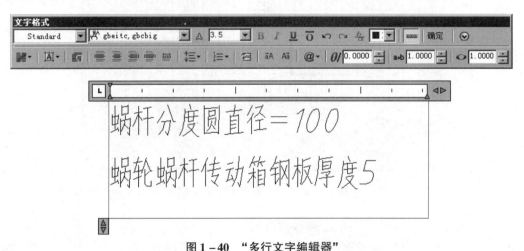

图 1-40 "多行文字编辑器"

(2)在要插入直径符号的地方单击,然后右击,在弹出的快捷菜单中,选择"符号"→"直径",结果如图 1-41 所示。

(3)在文本输入窗口中右击,弹出快捷菜单,选择"符号"→"其他",打开"字符映射表"对话框。

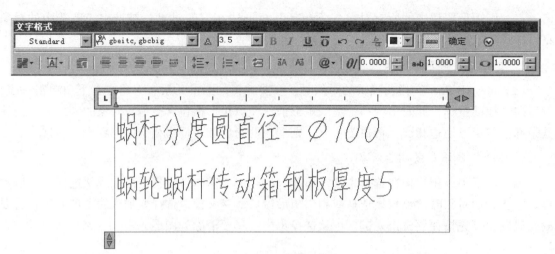

图1-41 插入直径符号

(4) 在"字符映射表"对话框的"字体"下拉列表中选择"Symbol",然后选择需要的字符"≥",如图1-42所示。

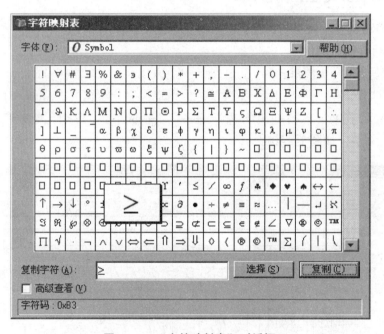

图1-42 "字符映射表"对话框

(5) 单击 选择(S) 按钮,再单击 复制(C) 按钮。

(6) 返回"多行文字编辑器",在需要插入"≥"符号的地方单击,然后右击,弹出快捷菜单,选择"粘贴"选项,结果如图1-43所示。

(7) 把"≥"符号的高度修改为"3",再将光标放置在此符号的后面,按〈Delete〉键,结果如图1-44所示。

(8) 单击 确定 按钮,完成文字的书写。

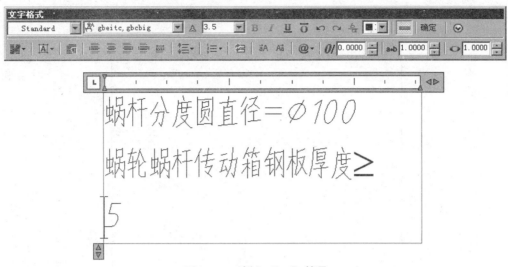

图 1-43 插入"≥"符号

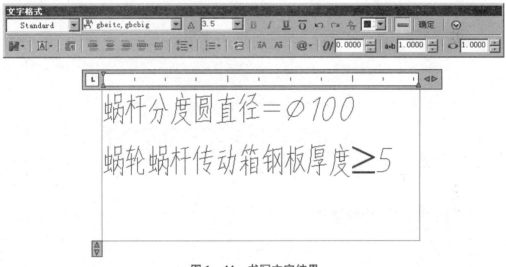

图 1-44 书写文字结果

1.3.2 绘制图框及标题栏

练习 2 在一张 A4 图纸上，按规定绘制图框及标题栏，标题栏按照图 1-6 所示的教学用的简化标题栏的格式和尺寸绘制并填写。

(1) A4 图框的尺寸为 190 mm×277 mm，矩形边线至图纸边沿距离均为 10 mm。图框的线型为粗实线。

(2) 按图 1-6 所示的教学用的简化标题栏的格式和尺寸，在图框的右下角绘制标题栏，如图 1-45 所示。

标题栏的线型要求外框线为粗实线，内部的图线全部为细实线。

字体要求："图名""校名"两栏采用 7 号字；其他各栏均采用 5 号字。字体为标准规定的长仿宋体。

图1-45 标题栏

1.3.3 用 AutoCAD 标注尺寸

练习3 打开文件"标注尺寸.dwg",进行尺寸标注,尺寸标注结果如图1-46所示。

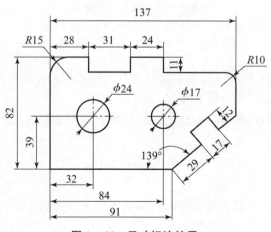

图1-46 尺寸标注结果

(1) 打开文件"标注尺寸.dwg"。
(2) 创建一个名为"标注层"的图层,并将其设置为当前层。
(3) 新建一个标注样式。单击"标注"工具栏中的 按钮,打开"标注样式管理器"对话框,再单击此对话框中的 新建(N)... 按钮,打开"创建新标注样式"对话框,在该对话框的"新样式名"文本框中输入新的样式名称"标注样式",如图1-47所示。

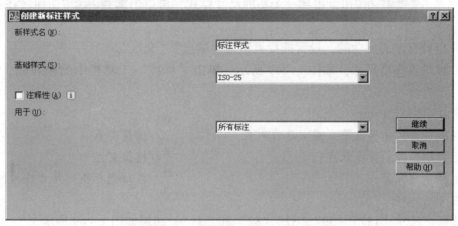

图1-47 "创建新标注样式"对话框

(4) 单击 继续 按钮,打开"新建标注样式:标注样式"对话框,如图1-48所示。

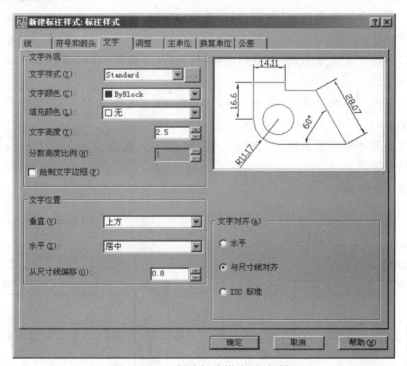

图1-48 "新建标注样式"对话框

在该对话框中进行以下设置。
①在"线"选项卡的"超出尺寸线""起点偏移量"文本框中分别输入1.6和0.8。
②在"符号和箭头"选项卡的"第一个"下拉列表中选择"实心闭合",在"箭头大

小"文本框中输入2。

③在"文字"选项卡的"文字高度""从尺寸线偏移"文本框中分别输入2.5和0.8。

④在"调整"选项卡的"使用全局比例"文本框中输入1.5(绘图比例的倒数)。

⑤在"主单位"选项卡的"单位格式""精度"和"小数分隔符"下拉列表中分别选择"小数""0.00"和"句点"。

(5) 单击 确定 按钮就得到一个新的尺寸样式,再单击 置为当前(U) 按钮使新样式成为当前样式。

(6) 打开自动捕捉功能,设置捕捉类型为"端点""交点"。

(7) 标注直线型尺寸,如图1-49所示。单击"标注"工具栏中的按钮,AutoCAD提示:

命令:_dimlinear
指定第一条尺寸界线原点或<选择对象>:　　　　　//捕捉交点A
指定第二条尺寸界线原点:　　　　　　　　　　　　//捕捉交点B
指定尺寸线位置:　　　　　　　　　　　　　　　　//移动光标指定尺寸线的位置
标注文字=28

继续标注尺寸"137""39""32""82"和"11",结果如图1-49所示。

(8) 创建连续标注。单击"标注"工具栏中的按钮,AutoCAD提示:

命令:_dimcontinue　　　　　　　　　　　　　　　//建立连续标注
指定第二条尺寸界线原点或[放弃(U)/选择(S)]<选择>:　//按〈Enter〉键
选择连续标注:　　　　　　　　　　　　　　　　　　//选择尺寸界线D
指定第二条尺寸界线原点或[放弃(U)/选择(S)]<选择>:　//捕捉交点E
标注文字=31
指定第二条尺寸界线原点或[放弃(U)/选择(S)]<选择>:　//捕捉交点F
标注文字=24
指定第二条尺寸界线原点或[放弃(U)/选择(S)] <选择>:　//按〈Enter〉键
选择连续标注:　　　　　　　　　　　　　　　　　　//按〈Enter〉键结束

结果如图1-50所示。

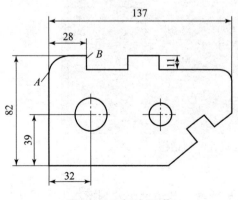

图1-49　标注尺寸

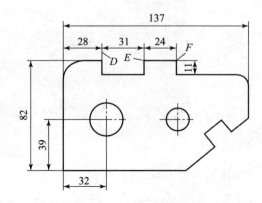

图1-50　连续标注

(9) 创建基线标注。单击"标注"工具栏中的按钮，AutoCAD 提示：

命令：_dimbaseline   //建立基线标注
指定第二条尺寸界线原点或［放弃(U)/选择(S)］<选择>： //按〈Enter〉键
选择基准标注：   //选择尺寸界线 A
指定第二条尺寸界线原点或［放弃(U)/选择(S)］<选择>： //捕捉端点 B
标注文字 = 84
指定第二条尺寸界线原点或［放弃(U)/选择(S)］<选择>： //捕捉端点 C
标注文字 = 91
指定第二条尺寸界线原点或［放弃(U)/选择(S)］<选择>： //按〈Enter〉键
选择基准标注：   //按〈Enter〉键结束

结果如图 1-51 所示。

(10) 激活尺寸"84"和"91"的关键点，利用关键点拉伸模式调整尺寸线位置，结果如图 1-52 所示。

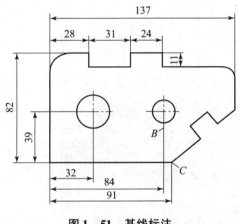
图 1-51 基线标注

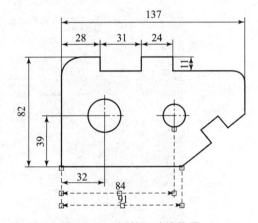
图 1-52 调整尺寸线位置

(11) 创建对齐尺寸"29""17"和"12"。单击"标注"工具栏中的按钮，AutoCAD 提示：

命令：_dimaligned
指定第一条尺寸界线原点或<选择对象>：   //捕捉交点 D
指定第二条尺寸界线原点：   //捕捉交点 E
指定尺寸线位置或[多行文字(M)/文字(T)/角度(A)]：//移动光标指定尺寸线的位置
标注文字 = 29

继续标注尺寸"17""12"，结果如图 1-53 所示。

(12) 建立尺寸样式的覆盖方式。单击按钮，打开"标注样式管理器"对话框，再单击 替代(O)... 按钮，打开"替代当前样式：标注样式"对话框。进入"文字"选项卡，在该选项卡的"文字对齐"区域选中选"水平"单选按钮，如图 1-54 所示。

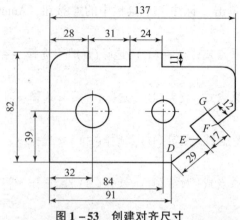

图 1-53 创建对齐尺寸

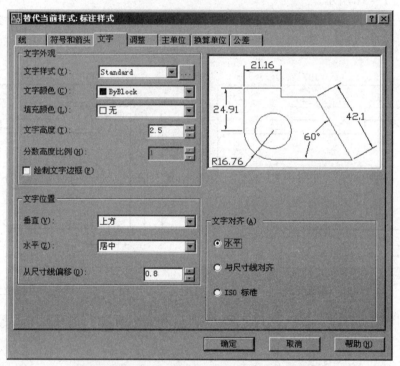

图 1-54 "替代当前样式：标注样式" 对话框

(13) 返回绘图窗口，利用当前样式的覆盖方式标注半径、直径及角度尺寸。单击"标注"工具栏中的 按钮，AutoCAD 提示：

命令：_dimradius
选择圆弧或圆：　　　　　　　　　　　　　　//选择圆弧 A
标注文字 =10
指定尺寸线位置或[多行文字(M)/文字(T)/角度(A)]：
　　　　　　　　　　　　　　　　　　　　//移动光标指定标注文字位置
命令：DIMRADIUS　　　　　　　　　　　　　//重复命令
选择圆弧或圆：　　　　　　　　　　　　　　//选择圆弧 B
标注文字 =15

指定尺寸线位置或[多行文字(M)/文字(T)/角度(A)]:
//移动光标指定标注文字位置

单击"标注"工具栏中的 按钮，AutoCAD 提示：
命令:_dimdiameter
选择圆弧或圆： //选择圆 C
标注文字 =24
指定尺寸线位置或[多行文字(M)/文字(T)/角度(A)]:
//移动光标指定标注文字位置

命令:DIMDIAMETER//重复命令
选择圆弧或圆： //选择圆 D
标注文字 =17
指定尺寸线位置或[多行文字(M)/文字(T)/角度(A)]:
//移动光标指定标注文字位置

单击"标注"工具栏中的 按钮，AutoCAD 提示：
命令:_dimangular
选择圆弧、圆、直线或<指定顶点>： //选择直线 E
选择第二条直线： //选择直线 F
指定标注弧线位置或[多行文字(M)/文字(T)/角度(A)]:
//移动光标指定标注文字位置

标注文字 =139
结果如图 1-55 所示。

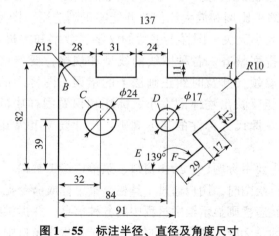

图 1-55 标注半径、直径及角度尺寸

1.4 任务评价与总结

1.4.1 任务评价

本任务教学与实施的目的是使学生熟练掌握国家标准中有关图纸幅面、格式、比例、字体、图线及尺寸标注等基本规定和 AutoCAD 用户界面、设定绘图区域大小、调用 AutoCAD 命令、设置图层、设定文字样式、设定标注样式及选择对象等基本操作。学生学习本任务后要树立标准化意识,在学习时要严格遵守制图相关国家标准。本任务的实施结果,主要从图纸幅面及格式和标题栏位置是否正确合理、图线是否正确绘制和运用、AutoCAD 字体样式及书写的规范程度、AutoCAD 尺寸样式设置和尺寸标注是否符合标准规定等几方面进行评价。

评价方式采用工作过程考核评价和综合任务考核评价。任务实施评价项目如表 1-6 所示。

表 1-6 任务实施评价项目

序号	评价项目	配分权重	实得分
1	图纸幅面及格式和标题栏位置是否正确合理	10%	
2	图线是否正确绘制和运用	40%	
3	AutoCAD 字体样式及书写的规范程度	20%	
4	AutoCAD 尺寸样式设置和尺寸标注是否符合标准规定	30%	

1.4.2 任务总结

机械制图相关国家标准是我们绘图和读图的依据,在任务实施过程中必须严格遵守;AutoCAD 基本操作是使用 AutoCAD 绘图的基础,在绘图前必须熟练掌握。

对于常用的图纸幅面,应了解它们之间的尺寸关系。图框尺寸及标题栏的格式和内容,在做制图作业时应能够正确画出。比例的概念为图形的线性尺寸与实际机件相应要素的线性尺寸之比,要区分清楚缩小比例和放大比例,并能够正确选用。图形中标注的尺寸是零件的实际尺寸,与图形的大小无关。图样上书写的汉字、数字和字母都必须做到字体工整、笔画清楚、间隔均匀、排列整齐。各种图线的线型和规格,要严格按照标准中的规定进行绘制,逐步掌握画法要领,并及时纠正画法上的错误。图样中的图形只能表达物体的形状,图样中的尺寸才能反映出物体的大小。标注和识看图样中的尺寸,应严格遵守国家标准中的有关规定,掌握尺寸标注的基本规则、尺寸要素和常用尺寸的注法,做到尺寸注写正确。

AutoCAD 工作界面主要由标题栏、绘图窗口、菜单栏、工具栏、面板、状态栏及命令提示窗口等部分组成。进行绘图时,用户通过工具栏、菜单栏或命令提示窗口发出命令,在绘图区域中画出图形,而状态栏则显示绘图过程中的各种信息,并提供给用户各种辅助绘图工具。AutoCAD 的绘图空间是无限大的,但用户可以设定在程序窗口中显示出的绘图区域的大小。绘图时,事先对绘图区域的大小进行设定,将有助于用户了解图形分布的范围。在命令行中输入命令全称或简称,或用鼠标选择一个菜单选项或单击工具栏中的命令按钮即可调用 AutoCAD 命令。当在某一图层上绘图时,生成的图形元素颜色、线型、线宽就与当前层的设置完全相同。对象的颜色将有助于辨别图样中的相似实体,而线型、线宽等特性可轻易地表示出不同类型的图形元素。

1.5 练习

1. 图纸幅面有哪几种？它们之间有什么样的尺寸关系？
2. 图框的格式分哪两种？如何绘制？
3. 什么是比例？比例分哪3种？
4. GB/T 4457.4—2002《机械制图 图样画法 图线》规定的9种线型及其主要用途是什么？
5. 绘制图线时应注意哪些主要问题？
6. 一个完整的尺寸由哪些主要要素组成？
7. AutoCAD中如何设定绘图区域的大小？
8. 调用AutoCAD命令的方法有哪两种？
9. AutoCAD中如何设定文字样式？
10. AutoCAD中如何设定标注样式？
11. AutoCAD中选择对象的方法有哪几种？

任务2 绘制平面图形

2.1 任务描述及目标

通过常用手工绘图工具的使用,学生能学会如何正确使用手工绘图工具和仪器;通过对等分直线,等分圆周和绘制正多边形、锥度与斜度、圆弧连接、椭圆等基本几何作图知识的学习,并通过分析平面图形,学生能掌握几何作图的基本方法和技巧;通过平面图形尺寸标注的学习,学生能学会合理地标注尺寸;通过AutoCAD常用绘图命令的学习,完成使用AutoCAD绘制和标注一般平面图形的任务。

2.2 任务资讯

机械图样中的轮廓线都是由直线、圆弧和非圆曲线组成的几何图形。为了确保绘图质量和效率,必须熟练掌握常见的几何作图法以及绘图的方法和步骤。为了提高使用AutoCAD绘制平面图形的效率,必须熟练掌握常用的绘图和编辑命令。

2.2.1 几何作图方法

一、选择绘图工具

在绘制几何图形时,能否熟练掌握和使用绘图工具将会直接影响绘图的速度与质量。

1. 铅笔

绘图铅笔的铅芯有软、硬之分,分别以标号"B"和"H"来表示。"B"前面的数值越大表示铅芯越软,画出的图线越黑;"H"前面的数值越大表示铅芯越硬,画出的图线越淡。标号"HB"表示铅芯软硬适中。铅笔应从没有标号的一端开始使用,以便保留软硬的标号。

画图时,应根据不同的用途选用不同软硬的铅笔,并将其削磨成一定的形状,削磨铅笔的方法如图2-1所示。

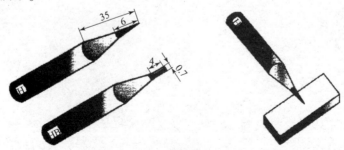

图2-1 削磨铅笔的方法

一般用"H"或"2H"铅笔画细实线和打底稿，用"HB"或"H"铅笔写字、画箭头，用"B"或"HB"铅笔加深图线、画粗实线。

画底稿线、细线和写字时，铅笔的头部应削磨成圆锥形；加深粗实线时，铅笔的头部应削磨成四棱柱形，如图2-2所示。

2. 图板、丁字尺和三角板

图板是供铺放和固定图纸用的空心木板，板面比较平整光滑，左侧为丁字尺的导边。绘图时，用胶带纸将图纸固定在图板左下方适当的位置。不能使用图钉固定图纸，以免损坏图板表面。

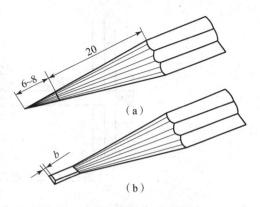

图 2-2 铅笔头部的形状

(a) 圆锥形；(b) 四棱柱形

丁字尺主要用于画水平线，与三角板配合还可以画垂直线以及各种15°倍数的斜线。丁字尺是用木材或有机玻璃等制成的，由尺头与尺身两部分组成。画图时，应使尺头靠紧图板左侧的工作边。画水平线时应自左向右画，笔尖应紧贴尺身，笔杆略向右倾斜。将丁字尺沿图板导边上下移动，可得一系列相互平行的水平线。图板与丁字尺的使用方法如图2-3所示。

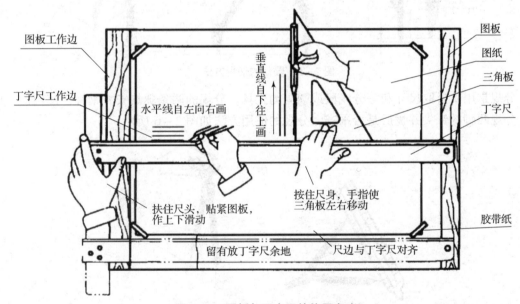

图 2-3 图板与丁字尺的使用方法

一副三角板包括45°×45°和30°×60°各一块，一般用透明塑料或有机玻璃板制成。三角板与丁字尺配合可画出一系列不同位置的铅垂线，还可画出与水平线成30°、45°、60°及其他15°倍数的各种斜线。三角板与丁字尺的配合使用方法如图2-4所示。

3. 圆规和分规

圆规是用来画圆或圆弧的工具，有一条固定腿和一条活动腿，固定腿上装有两端形状不同的钢针。画图时，应使用带有台肩的一端，台肩可防止图纸上的针孔扩大；当作分规使用时，则用圆锥形的一端。在圆规的活动腿上，可根据需要装上铅笔插脚、墨线笔插脚或钢针

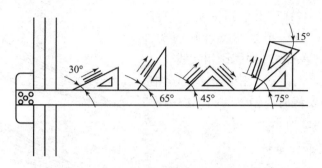

图 2-4 三角板与丁字尺的配合使用方法

插脚,分别用于画铅笔线的圆、墨线的圆或当作分规使用。活动腿上的肘形关节可向内侧弯折,画圆时,可通过调节肘形关节保持铅芯与纸面垂直。用铅笔插脚画圆时,应先调整好铅芯与针尖的高低,使针尖略长于铅芯,然后按所规定长度调整针尖与铅芯的距离,并调整肘形关节使铅芯与纸面垂直。圆规的使用方法如图 2-5 所示。

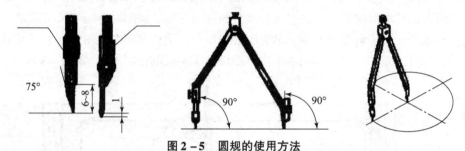

图 2-5 圆规的使用方法

分规是用来量取尺寸和等分线段或圆周的工具。分规的两条腿均安有钢针,使用前,应检查分规两脚的针尖并拢后是否平齐,分规的使用方法如图 2-6 所示。

图 2-6 分规的使用方法
(a) 量取尺寸;(b) 等分线段

4. 曲线板

曲线板是用来画非圆曲线的绘图工具,曲线板的轮廓是由多段不同曲率半径的曲线所组成的,其形状如图 2-7 所示。

使用曲线板绘图时,需要分几次完成,绘图步骤如下:

(1) 将需要连接的各个曲线点确定出来,徒手用细实线将其依次连接起来,如图 2-8 (a) 所示;

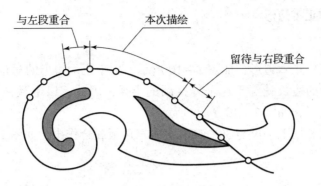

图 2-7 曲线板的形状

(2) 由曲线上曲率半径较小的部分开始，选择曲线板上曲率适当的部分，逐段描绘，每次连接应至少通过 3~4 个点，并留一段下次再描；

(3) 描下一段时，其前面应有一段与上次所描绘的线段重合，后面应留有一段待第三次再描绘；

(4) 按照上述方法逐段绘制，直到描完所有曲线为止，如图 2-8（b）所示。

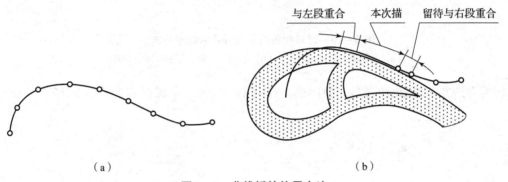

图 2-8 曲线板的使用方法

二、等分直线段

将线段 AB 五等分的作图方法如图 2-9 所示，作图步骤如下：

(1) 过端点 A 作直线 AC，与已知线段 AB 成任意锐角，如图 2-9（a）所示；

(2) 用分规在 AC 上以任意相等长度截得 1、2、3、4、5 各等分点，如图 2-9（b）所示；

(3) 连 5B，过 1、2、3、4 等分点作 5B 的平行线并与 AB 相交，在 AB 线上得 4′、3′、2′、1′各等分点。

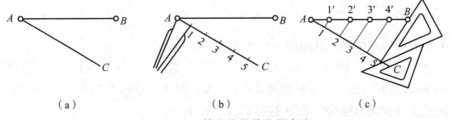

图 2-9 五等分线段的作图方法

三、等分圆周作正多边形

1. 正六边形

根据对角线长度作正六边形,如图 2-10 所示。由于正六边形的对角线就是其外接圆的直径 D,且正六边形的边长就等于这个外接圆的半径,因此,以半径在外接圆上截取各顶点,即可画出正六边形,如图 2-10(a)所示。

正六边形也可以利用丁字尺与 30°×60° 直角三角板配合作出,如图 2-10(b)所示。

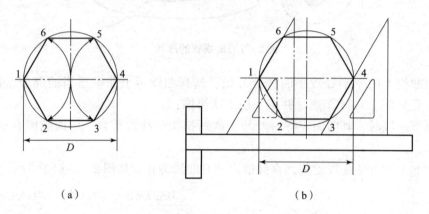

图 2-10 已知对角线长度画正六边形的方法
(a) 利用外接圆半径作图;(b) 利用三角板和丁字尺配合作图

根据对边距离作正六边形,如图 2-11(a)所示。完成正六边形,如图 2-11(b)所示。

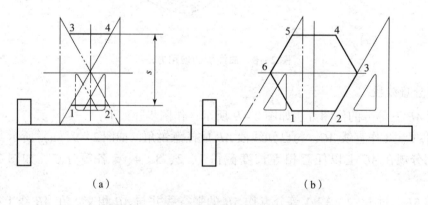

图 2-11 已知对边距离画正六边形的方法
(a) 根据尺寸 S 求得 4 个顶点;(b) 完成正六边形

2. 正五边形

已知正五边形的外接圆,其作图方法如图 2-12 所示。

平分半径 Ob 得点 e,如图 2-12(a)所示;以 e 为圆心、ce 为半径,画圆弧交 Oa 于点 f,直线段 cf 即为正五边形的边长,如图 2-12(b)所示;以 cf 为边长,用分规依次在圆周上截取正五边形的顶点后连线,如图 2-12(c)所示。

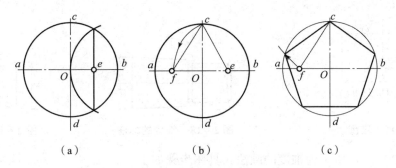

图 2-12　已知外接圆作内接正五边形的方法

四、锥度与斜度

1. 斜度

一直线（或平面）对另一直线（或平面）的倾斜程度称为斜度，其大小用两直线（或平面）间夹角的正切来表示，通常把比值化成 1:n 的形式，如图 2-13 所示。

机件上斜度的标注采用斜度符号和比值，如图 2-14 所示。标注斜度时，符号的方向应与斜度方向一致。斜度符号如图 2-15 所示，h 为字高，线宽为 $h/10$。

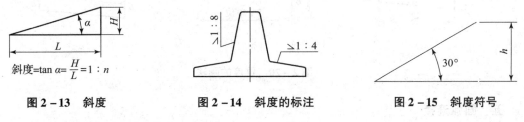

图 2-13　斜度　　　　图 2-14　斜度的标注　　　　图 2-15　斜度符号

如图 2-16（a）所示为斜度的画法，具体步骤如下。

(1) 画图 2-16（b），使 AB 为 5 个单位，BC 为 1 个单位。

(2) 延长 BA 至 F，使 BF 为 50。由 F 作 FE 垂直于 BF 且 FE=8。过 E 作 ED 平行于 AC，最后连接 BD，作图完成，如图 2-16（c）所示。

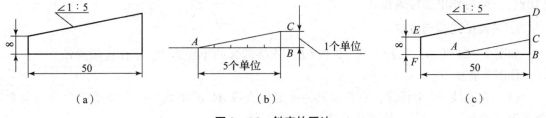

图 2-16　斜度的画法

2. 锥度

圆锥底圆直径与其高度之比称为锥度。若是圆台，则锥度为两底圆直径之差与其高度之比。通常也把锥度写成 1:n 的形式，如图 2-17 所示。

锥度的标注如图 2-18 所示，符号的方向应与锥度方向一致。必要时，可在标注锥度的同时，在括号中注出其角度值。锥度符号如图 2-19 所示，h 为字高，线宽为 $h/10$。

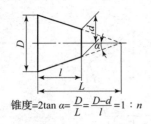
锥度=$2\tan\alpha=\dfrac{D}{L}=\dfrac{D-d}{l}=1:n$

图 2-17 锥度

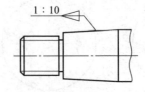

图 2-18 锥度的标注

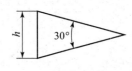

图 2-19 锥度符号

如图 2-20（a）所示为锥度的画法，具体步骤如下。

（1）画图 2-20（b），其中 AB 为 1 个单位（AC、CB 分别为 0.5 个单位），CD 为 5 个单位。

（2）延长 CD 至 E，使 CE 为 32。延长 AB 至 FG，使 FG 为 16。过 F 作 FH 平行 AD，过 G 作 GK 平行 BD。过 E 作 CE 的垂线分别与 FH 交于 H，与 GK 交于 K，作图完成，如图 2-20（c）所示。

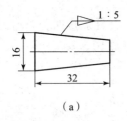

（a）

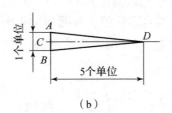

（b）

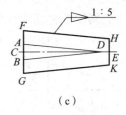

（c）

图 2-20 锥度的画法

五、圆弧连接

绘制平面图形时，经常需要用圆弧将两条直线、一圆弧与一直线或两个圆弧之间光滑地连接起来，这种连接作图称为圆弧连接，用来连接已知直线或已知圆弧的圆弧称为连接圆弧。圆弧连接的要求就是光滑，而要做到光滑连接就必须使连接圆弧与已知直线、圆弧相切，切点称为连接点。为了能准确连接，作图时必须先求出连接圆弧的圆心，再找连接点（切点），最后作出连接圆弧。

1. 用圆弧连接两直线

如图 2-21 所示，已知直线 AC 和 CB，连接圆弧的半径为 R，求作连接圆弧。

作图步骤如下。

（1）在直线 AC 上任找一点并以其为垂足作直线 AC 的垂线，再在该垂线上找到与垂足距离为 R 的另一点，并过该点作直线 AC 的平行线。

（2）用同样方法作出距离等于 R 的 BC 直线的平行线。

（3）两平行线的交点 O 即为连接圆弧的圆心。

（4）自点 O 分别向直线 AC 和 BC 作垂线，得垂足 1、2，即为连接圆弧的连接点（切点）。

（5）以 O 为圆心、R 为半径作圆弧 12，完成连接作图。

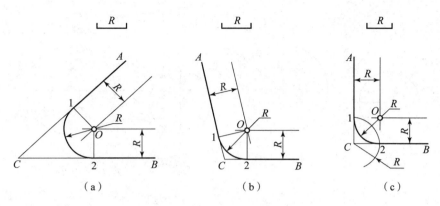

图 2-21 用圆弧连接两直线

2. 用圆弧连接一直线和一圆弧

如图 2-22 所示,已知连接圆弧的半径为 R,被连接的圆弧圆心为 O_1、半径为 R_1,以及直线 AB,求作连接圆弧(要求与已知圆弧外切)。

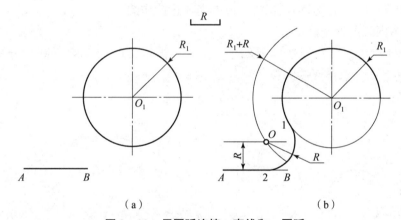

图 2-22 用圆弧连接一直线和一圆弧

作图步骤如下。

(1) 作已知直线 AB 的平行线,使其间距为 R,再以 O_1 为圆心、$R+R_1$ 为半径作圆弧,该圆弧与所作平行线的交点 O 即为连接圆弧的圆心。

(2) 由点 O 作直线 AB 的垂线得垂足 2,连接 OO_1,与圆弧 O_1 交于点 1,1、2 即为连接圆弧的连接点(两个切点)。

(3) 以 O 为圆心、R 为半径作圆弧 12,完成连接作图。

3. 用圆弧连接两圆弧

1) 与两个圆弧外切连接

如图 2-23 所示,已知连接圆弧半径为 R,被连接的两个圆弧的圆心分别为 O_1、O_2,半径分别为 R_1、R_2,求作连接圆弧。

作图步骤如下。

(1) 以 O_1 为圆心、$R+R_1$ 为半径作一圆弧,再以 O_2 为圆心、$R+R_2$ 为半径作另一圆弧,两圆弧的交点 O 即为连接圆弧的圆心。

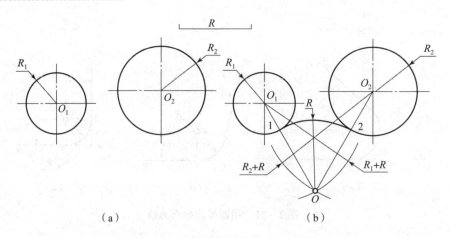

(a) (b)

图 2-23 用圆弧连接两圆弧（外切）

（2）作连心线 OO_1，它与圆弧 O_1 的交点为 1，再作连心线 OO_2，它与圆弧 O_2 的交点为 2，则 1、2 即为连接圆弧的连接点（外切的切点）。

（3）以 O 为圆心、R 为半径作圆弧 12，完成连接作图。

2）与两个圆弧内切连接

如图 2-24 所示，已知连接圆弧的半径为 R，被连接的两个圆弧圆心分别为 O_1、O_2，半径分别为 R_1、R_2，求作连接圆弧。

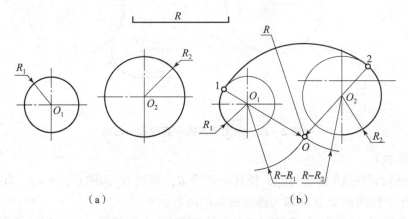

(a) (b)

图 2-24 用圆弧连接两圆弧（内切）

作图步骤如下。

（1）以 O_1 为圆心、$R-R_1$ 为半径作一圆弧，再以 O_2 为圆心、$R-R_2$ 为半径作另一圆弧，两圆弧的交点 O 即为连接圆弧的圆心。

（2）作连心线 OO_1，它与圆弧 O_1 的交点为 1，再作连心线 OO_2，它与圆弧 O_2 的交点为 2，则 1、2 即为连接圆弧的连接点（内切的切点）。

（3）以 O 为圆心、R 为半径作圆弧 12，完成连接作图。

3）与一个圆弧外切，与另一个圆弧内切

如图 2-25 所示，已知连接圆弧半径为 R，被连接的两个圆弧圆心分别为 O_1、O_2，半径分别为 R_1、R_2，求作一连接圆弧，使其与圆弧 O_1 内切，与圆弧 O_2 外切。

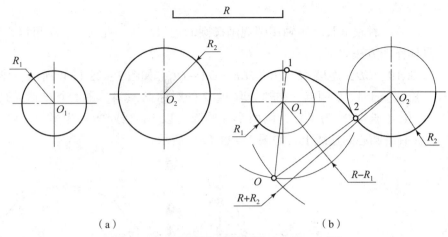

图 2-25 用圆弧连接两圆弧（外切、内切）

作图步骤如下。

（1）分别以圆弧 O_1、O_2 为圆心，$R-R_1$、$R+R_2$ 为半径作两个圆弧，两圆弧交点 O 即为连接圆弧的圆心。

（2）作连心线 OO_1，与圆弧 O_1 相交于 1，再作连心线 OO_2，与圆弧 O_2 相交于 2，则 1、2 即为连接圆弧的连接点（前者为内切切点、后者为外切切点）。

（3）以 O 为圆心、R 为半径作圆弧 12，完成连接作图。

六、椭圆的画法

椭圆是常见的非圆曲线。图 2-26 是一凸轮廓零件，其外形轮廓为椭圆。下面介绍常用的两种椭圆画法。

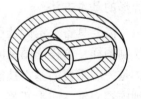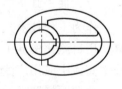

图 2-26 椭圆形凸轮

1. 同心圆法

已知椭圆的长、短轴，用同心圆法画椭圆的步骤如下：

已知椭圆的长轴 AB 及短轴 CD，如图 2-27（a）所示；以中心 O 为圆心、OA 及 OC 为半径作同心圆，再过中心 O 作一系列直径与两同心圆相交，如图 2-27（b）所示；过大圆上的各交点作 CD 的平行线，过小圆上的各交点作 AB 的平行线，它们的交点即为椭圆上的点，如图 2-27（c）所示；用曲线板光滑地连接各点，即可作出椭圆，如图 2-27（d）所示。

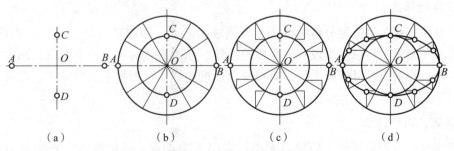

图 2-27 用同心圆法画椭圆

2. 四心圆弧法

四心圆弧法是一种根据长、短轴用圆规画椭圆的近似画法，此法一般不可以作为制造零件的依据，具体作图方法如下：

画长、短轴 AB、CD，连接 AC，并取 $CE = OA - OC$，如图 2-28（a）所示；作 AE 的中垂线，与长、短轴交于 1、2 两点，在轴上取 1、2 的对称点 3、4，得 4 个圆心，如图 2-28（b）所示；以 $2C$（或 $4D$）为半径，画两个大圆弧，以 $1A$（或 $3B$）为半径，画两个小圆弧，4 个切点在有关圆心的连线上，如图 2-28（c）所示。

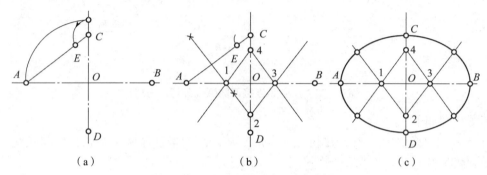

图 2-28　用四心圆弧法画近似椭圆

2.2.2　绘制平面图形

一、徒手画平面图形的基本方法

作为工程技术人员，需要具备一定的徒手画图能力。徒手画图是指不借助绘图仪器、工具，用目测比例徒手绘制图样，这样的图又叫草图。绘制草图在机器测绘、讨论设计方案和技术交流中应用广泛，是一项重要的基本技能。

草图同样要求做到内容完整、图形正确、图线清晰、比例匀称、字体工整、尺寸准确，同时绘图速度要快。

初学徒手画图，最好在方格纸上进行，以便控制图线的平直和图形的大小。经过一定的训练后，最后要能在空白图纸上画出比例匀称、图面工整的草图。

徒手画图运笔力求自然，能看清笔尖前进的方向，并随时留意线段的终点，以便控制图线。在画各种图线时，手腕要悬空，小指接触纸面。草图纸不固定，为了顺手，可随时将图纸转动适当的角度。

1. 直线的画法

图形中的直线应尽量与分格线重合。将笔放在起点，而眼睛要盯着终点，要均匀用力，匀速运笔一气完成，切忌一小段、一小段地描绘。画垂直线时自上而下运笔；画水平线时以顺手为原则；画斜线时可斜放图纸，对特殊角度的斜线，可根据它们的斜率，按近似比值画出，如图 2-29 所示。

2. 椭圆、圆的画法

画椭圆时，可先根据长、短轴的大小，定出 4 个端点，然后画图，并注意图形的对称性，如图 2-30 所示。

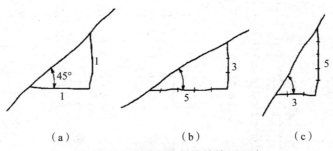

图 2-29 特殊角度斜线的徒手画法

(a) 45°；(b) 30°；(c) 60°

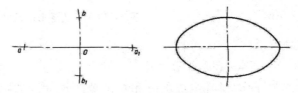

图 2-30 椭圆的徒手画法

画小圆时，先画出对称中心线，在对称中心线上定出半径的 4 个端点，然后过这 4 个点连接成圆，如图 2-31（a）所示。

画大圆时，除在对称中心线上定出 4 个点外，还可过圆心画两条 45°的斜线，再取 4 个点，然后通过这 8 个点连接成圆，如图 2-31（b）、(c) 所示。

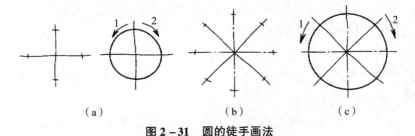

图 2-31 圆的徒手画法

(a) 画小圆；(b) 定出 8 个点；(c) 画大圆

3. 草图示例

图 2-32 为在方格纸上画草图示例。画图时，圆的中心线或其他直线尽可能参照方格纸上的线条，尺寸也可按方格纸的读数来控制。

二、分析平面图形

平面图形是由若干段线段所围成的，而线段的形状与大小是根据给定的尺寸确定的。现以图 2-33 所示的平面图形为例，说明尺寸与线段的关系。

1. 平面图形的尺寸分析

1）尺寸基准

尺寸基准是标注尺寸的起点。平面图形的长度方向和高度方向都要确定一个尺寸基准。尺寸基准常常选用图形的对称线、底边、侧边、图中圆周或圆弧的中心线等。在图 2-33 所示的平面图形中，水平中心线 B 是高度方向的尺寸基准，端面 A 是长度方向的尺寸基准。

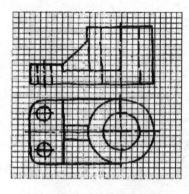

图 2-32 画草图示例

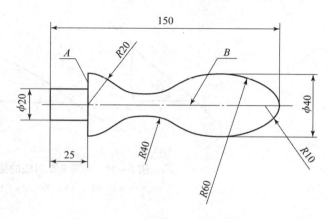

图 2-33 平面图形的尺寸与线段分析

2) 定形尺寸和定位尺寸

定形尺寸是确定平面图形各组成部分大小的尺寸，如图 2-33 中的 $R60$、$R40$、$R10$、$\phi20$ 等；定位尺寸是确定平面图形各组成部分相对位置的尺寸，如图 2-33 中的 $\phi40$、25 等，该图中有的定位尺寸需经计算后才能确定，如圆弧 $R10$，其圆心在水平中心线 B 上，且到端面 A 的距离为 $[150-(25+10)]=115$。从尺寸基准出发，通过各定位尺寸，可确定图形中各组成部分的相对位置；通过各定形尺寸，可确定图形中各组成部分的大小。

3) 尺寸标注的基本要求

平面图形的尺寸标注要做到正确、完整、清晰。

尺寸标注应符合国家标准的规定；标注的尺寸应完整，没有遗漏的尺寸；标注的尺寸要清晰、明显，并标注在便于看图的地方。

2. 平面图形的线段分析

在绘制有连接作图的平面图形时，需要根据尺寸的条件进行线段分析。平面图形的圆弧连接处的线段，根据尺寸是否完整可分为 3 类。

(1) 已知线段。根据给出的尺寸可以直接画出的线段称为已知线段，即这个线段的定形尺寸和定位尺寸都完整。如图 2-33 中，圆心位置由尺寸 25、$[150-(25+10)]=115$ 确定的圆弧 $R20$、$R10$ 是已知线段（也称为已知弧）。

(2) 中间线段。有定形尺寸，缺少一个定位尺寸，需要依靠两端相切或相接的条件才能画出的线段称为中间线段。如图 2-33 中的圆弧 $R60$ 是中间线段（也称为中间弧）。

(3) 连接线段。图 2-33 中圆弧 $R40$ 的圆心，其两个方向的定位尺寸均未给出，而需要用与两侧相邻线段的连接条件来确定其位置，这种只有定形尺寸而没有定位尺寸的线段称为连接线段（也称为连接弧）。

三、绘图方法和步骤

为了提高绘图效率，除了要熟悉国家制图标准、掌握几何作图方法和正确使用绘图工具外，科学、合理的画图步骤也是必不可少的。

1. 绘图前的准备工作

1) 准备工具

准备好画图的仪器和工具，将双手清洗干净，用软布把图板、丁字尺、三角板等擦拭干净，以保持图纸纸面整洁。按线型要求削好铅笔：粗实线用标号为"B"的铅笔，按宽度削成扁平状或圆锥状；虚线、细实线和点画线用标号为"H"或"2H"的铅笔，按宽度削成四棱柱状或圆锥状；写字用标号为"HB"的铅笔，削成圆锥状。

2）整理工作地点

将暂不用的物品从工作地点移开，需要使用的工具用品放在取用方便的地方。

3）固定图纸

先分析图形的尺寸和线段，按图样的大小选择比例和图纸的幅面，然后用胶带纸将图纸固定在绘图板左下方的适当位置。

2. 底稿的画法和步骤

（1）按照国家标准关于图纸幅面的要求，画出图框和标题栏。

（2）画出主要基准线、轴线、中心线和主要轮廓线；按先画已知线段，再画中间线段和连接线段的顺序依次进行绘制，直至完成图形。

（3）画尺寸界线和尺寸线，完成尺寸标注。

（4）仔细检查底稿，更正图上的错误，轻轻擦去多余的线条。

3. 描深底稿的方法和步骤

底稿描深应做到线型正确、粗细分明、连接光滑、图面整洁。描深底稿的一般步骤如下。

（1）描深图形。描深图形时应遵循如下顺序：

①先曲后直，保证连接平滑；

②先细后粗，保证图面清洁，提高画图效率；

③先水平（从上至下）后垂、斜（从左至右先画垂直线，后画倾斜线），保证图面整洁；

④先小（指圆弧半径）后大，保证图形准确。

（2）描深图框和标题栏。

①画箭头、标注尺寸和填写标题栏；

②修饰校对，完成全图。

2.2.3　AutoCAD 常用绘图、编辑命令

要熟练地使用 AutoCAD 绘图，首先必须掌握 AutoCAD 的常用绘图命令，下面介绍常用绘图和编辑命令的启动方法。

1. "直线"命令启动方法

（1）菜单栏："绘图"→"直线"。

（2）工具栏：单击"绘图"工具栏中的 ∕ 按钮。

（3）命令行：输入 LINE 或 L。

LINE 命令可在二维或三维空间中创建线段，发出命令后，用户通过光标指定线段的端点或利用键盘输入端点坐标，AutoCAD 就将这些点连接成线段。

常用的点坐标形式如下。

（1）绝对或相对直角坐标。

绝对直角坐标的输入格式为"x, y"，相对直角坐标的输入格式为"@x, y"。x 表示点的 X 轴坐标值，y 表示点的 Y 轴坐标值，两坐标值之间用","号分隔开。例如，（-60，

30)、(40，70) 分别表示图 2-34 中的 A、B 点。

(2) 绝对或相对极坐标。

绝对极坐标的输入格式为"$R<\alpha$"，相对极坐标的输入格式为"$@R<\alpha$"。R 表示点到原点的距离，α 表示极轴方向与 X 轴正向间的夹角。若从 X 轴正向逆时针旋转到极轴方向，则 α 为正；否则，α 为负。例如，(70<120)、(50<-30) 分别表示图 2-34 中的 C、D 点。

画线时若只输入"$<\alpha$"，而不输入"R"，则表示沿 α 角度方向画任意长度的线段，这种画线方式称为角度覆盖方式。

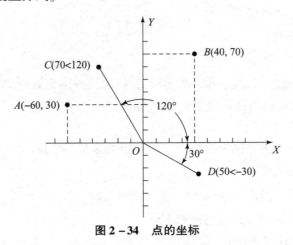

图 2-34　点的坐标

2. "对象捕捉"命令启动方法

绘图过程中，当 AutoCAD 提示输入一个点时，用户可单击如图 2-35 所示的"对象捕捉"工具栏中的"对象捕捉"按钮或输入"对象捕捉"命令代号来启动对象捕捉，然后将光标移动到要捕捉的特征点附近，AutoCAD 就自动捕捉该点。

图 2-35　"对象捕捉"工具栏

启动"对象捕捉"命令的另一种方法是利用快捷菜单。发出 AutoCAD 命令后，按下〈Shift〉键并右击，弹出快捷菜单，通过此菜单，用户可以选择捕捉何种类型的点。

前面所述的捕捉方式仅对当前操作有效，命令结束后，捕捉模式自动关闭，这种捕捉方式称为覆盖捕捉方式。除此之外，用户还可以采用自动捕捉方式来定位点，单击状态栏中的 对象捕捉 按钮，就打开这种方式。

3. "偏移"命令启动方法

(1) 菜单栏：单击"修改"→"偏移"。

(2) 工具栏：单击"修改"工具栏中的 ⌒ 按钮。

(3) 命令行：输入 OFFSET 或 O。

4. "延伸"命令启动方法

(1) 菜单栏：单击"修改"→"延伸"。

(2) 工具栏：单击"修改"工具栏中的 ─/ 按钮。

(3) 命令行：输入 EXTEND 或 EX。

5. "修剪"命令启动方法

(1) 菜单栏：单击"修改"→"修剪"。

(2) 工具栏：单击"修改"工具栏中的 按钮。

(3) 命令行：输入 TRIM 或 TR。

6. "圆"命令启动方法

(1) 菜单栏：单击"绘图"→"圆"。

(2) 工具栏：单击"绘图"工具栏中的 按钮。

(3) 命令行：输入 CIRCLE 或 C。

7. "移动"及"复制"命令启动方法

1) "移动"命令启动方法

(1) 菜单栏：单击"修改"→"移动"。

(2) 工具栏：单击"修改"工具栏中的 按钮。

(3) 命令行：输入 MOVE 或 M。

2) "复制"命令启动方法

(1) 菜单栏：单击"修改"→"复制"。

(2) 工具栏：单击"修改"工具栏中的 按钮。

(3) 命令行：输入 COPY 或 CO。

8. "阵列"命令启动方法

(1) 菜单栏：单击"修改"→"阵列"。

(2) 工具栏：单击"修改"工具栏中的 按钮。

(3) 命令行：输入 ARRAY 或 AR。

9. "倒角"命令启动方法

1) "圆角"命令启动方法

(1) 菜单栏：单击"修改"→"圆角"。

(2) 工具栏：单击"修改"工具栏中的 按钮。

(3) 命令行：输入 FILLET 或 F。

2) "倒角"命令启动方法

(1) 菜单栏：单击"修改"→"倒角"。

(2) 工具栏：单击"修改"工具栏中的 按钮。

(3) 命令行：输入 CHAMFER 或 CHA。

10. "旋转"命令启动方法

(1) 菜单栏：单击"修改"→"旋转"。

(2) 工具栏：单击"修改"工具栏中的 按钮。

(3) 命令行：输入 ROTATE 或 RO。

2.3 任务实施

2.3.1 用 AutoCAD 绘制直线构成的平面图形

练习 1 绘制图 2-36 所示的图形。

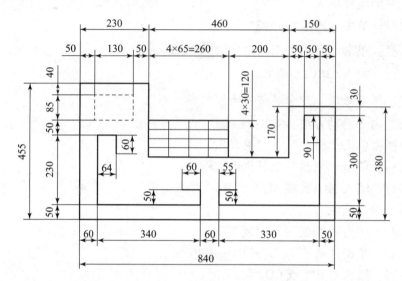

图 2-36 画直线构成的平面图形

(1) 创建表 2-1 所示的 3 个图层。

表 2-1 绘制图 2-36 所示图形需用到的图层

名称	颜色	线型	线宽/mm
粗实线	白色	Continuous	0.7
细实线	白色	Continuous	默认
虚线	白色	Dashed	默认

(2) 设定绘图区域大小为 1 200×1 200，线型全局比例因子为 30。

(3) 绘制两条作图基准线 A 和 B，如图 2-37 所示。线段 A 的长度约为 500，线段 B 的长度约为 1 000。

(4) 以 A、B 线为基准线，使用 OFFSET 及 TRIM 命令绘制图 2-38 所示的轮廓线。

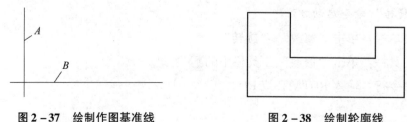

图 2-37 绘制作图基准线　　　　图 2-38 绘制轮廓线

（5）使用 OFFSET 及 TRIM 命令绘制图形的其余细节，结果如图 2-39 所示。
（6）将线条调整到相应的图层上，结果如图 2-36 所示。

2.3.2 用 AutoCAD 绘制直线、圆弧构成的平面图形

练习 2 绘制如图 2-40 所示的图形。

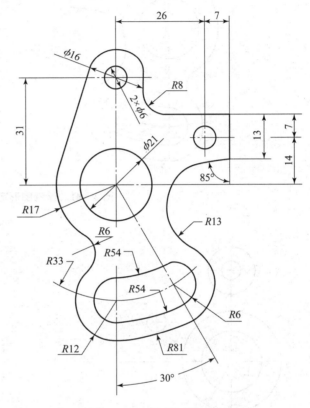

图 2-39 绘制图形细节　　　　图 2-40 画切线及圆弧连接

（1）创建表 2-2 所示的两个图层。

表 2-2 绘制图 2-40 所示图形需用到的图层

名称	颜色	线型	线宽/mm
轮廓线层	白色	Continuous	0.7
中心线层	白色	Center	默认

（2）设置作图区域的大小为 100×100，再设定全局线型比例因子为 0.2。
（3）利用 LINE 和 OFFSET 命令绘制图形元素的定位线 A、B、C、D 和 E 等，结果如图 2-41 所示。
（4）使用 CIRCLE 命令绘制如图 2-42 所示的圆。
（5）利用 LINE 命令绘制圆的切线 A，再利用 FILLET 命令绘制过渡圆弧 B，结果如图 2-43 所示。

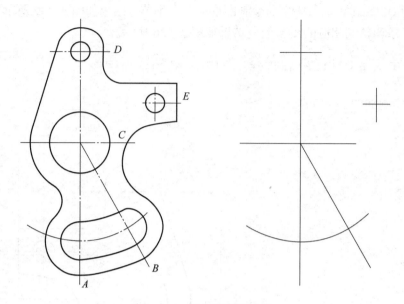

图 2-41 绘制图形定位线

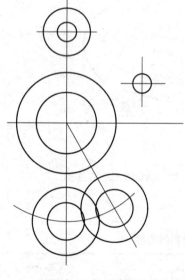

图 2-42 绘制圆

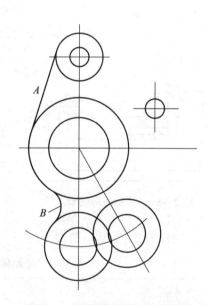

图 2-43 绘制切线及过渡圆弧

（6）使用 LINE 和 OFFSET 命令绘制平行线 C、D 及斜线 E，结果如图 2-44 所示。

（7）使用 CIRCLE 和 TRIM 命令绘制过渡圆弧 G、H、M 和 N，结果如图 2-45 所示。

（8）修剪多余线段，再将定位线的线型修改为中心线，结果如图 2-46 所示。

2.3.3 用 AutoCAD 绘制多边形、椭圆等对象组成的平面图形

练习 3 用 RECTANG、POLYGON 及 ELLIPSE 等命令绘图，如图 2-47 所示。

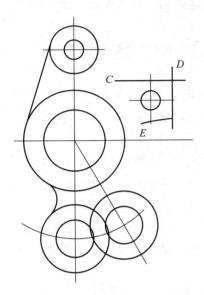

图 2-44 绘制线段 C、D、E

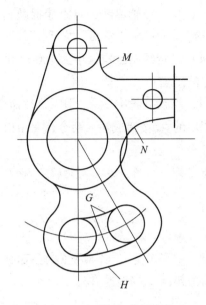

图 2-45 绘制过渡圆弧

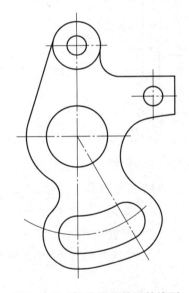

图 2-46 修剪线段并调整线型

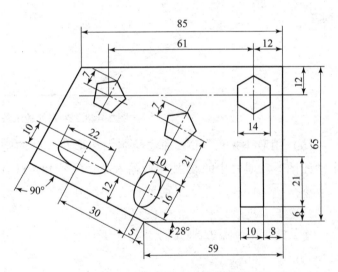

图 2-47 绘制矩形、正多边形及椭圆

（1）创建表 2-3 所示的两个图层。

表 2-3 绘制图 2-47 所示图形需用到的图层

名称	颜色	线型	线宽/mm
轮廓线层	白色	Continuous	0.5
中心线层	蓝色	Center	默认

（2）单击"线型控制"下拉列表打开"线型管理器"对话框，在此对话框中设定线型全局比例因子为"0.2"。

(3) 打开极轴追踪、对象捕捉及自动追踪功能。指定极轴追踪角度增量为"90°"，设定对象捕捉方式为"端点""交点"。

(4) 设定绘图区域大小为100×100。单击"标准"工具栏中的 ![btn] 按钮，使绘图区域充满整个绘图窗口。

(5) 切换到轮廓线层，用LINE命令绘制图形的外轮廓线，再绘制矩形。单击"绘图"工具栏中的 ![btn] 按钮或输入命令代号RECTANG，启动"矩形"命令。

命令：rectang
指定第一个角点或 [倒角(C)/标高(E)/圆角(F)/厚度(T)/宽度(W)]：from
                                //使用正交偏移捕捉
基点：   //捕捉交点A
<偏移>：@ -8,6   //输入点B的相对坐标
指定另一个角点或[面积(A)/尺寸(D)/旋转(R)]：@ -10,21 //输入点C的相对坐标
结果如图2-48所示。

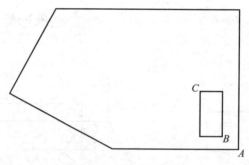

图2-48 绘制外轮廓线

(6) 用OFFSET、LINE命令绘制六边形及椭圆的定位线，然后绘制六边形及椭圆。单击"绘图"工具栏中的 ![btn] 按钮或输入命令代号POLYGON，启动"多边形"命令。

命令：polygon 输入边的数目<4>：6   //输入多边形的边数
指定正多边形的中心点或 [边(E)]：   //捕捉交点D
输入选项 [内接于圆(I)/外切于圆(C)] <I>：c   //按外切于圆的方式画多边形
指定圆的半径：@ 7<0   //输入点E的相对坐标
单击"绘图"工具栏上的 ![btn] 按钮或输入命令代号ELLIPSE，启动"椭圆"命令。

命令：ellipse
指定椭圆的轴端点或 [圆弧(A)/中心点(C)]：c   //使用"中心点(C)"选项
指定椭圆的中心点：   //捕捉点F
指定轴的端点：@ 8<62   //输入点G的相对坐标
指定另一条半轴长度或[旋转(R)]：5   //输入另一半轴长度
结果如图2-49所示。

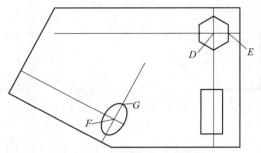

图 2-49 绘制六边形及椭圆

（7）请读者绘制图形的其余部分，然后修改定位线所在的图层。

2.3.4 用 AutoCAD 绘制倾斜图形

练习 4 使用 OFFSET、ROTATE 及 ALIGN 等命令绘制图 2-50 所示的图形。

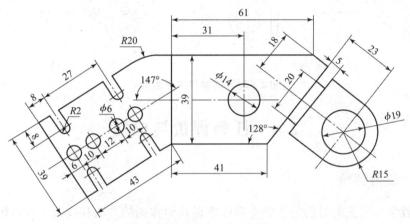

图 2-50 绘制倾斜图形

（1）创建表 2-4 所示的两个图层。

表 2-4 绘制图 2-50 所示图形需用到的图层

名称	颜色	线型	线宽/mm
轮廓线层	绿色	Continuous	0.5
中心线层	红色	Center	默认

（2）设定线型全局比例因子为"0.2"。设定绘图区域大小为 150×150，单击"标准"工具栏中的 ⊕ 按钮使绘图区域充满整个绘图窗口。

（3）打开极轴追踪、对象捕捉及自动追踪功能。指定极轴追踪角度增量为"90°"，设定对象捕捉方式为"端点""交点"。

（4）切换到轮廓线层，绘制闭合线框及圆，如图 2-51 所示。

（5）绘制图形 A，如图 2-52（a）所示。将图形 A 绕点 B 旋转 33°，然后创建圆角，如图 2-52（b）所示。

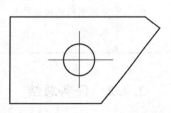

图 2-51 绘制闭合线框及圆

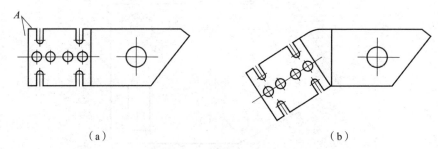

图 2-52 绘制并旋转图形 A

(6) 绘制图形 C，如图 2-53（a）所示。用 ALIGN 命令将图形 C 定位到正确的位置，如图 2-53（b）所示。

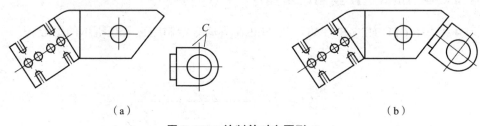

图 2-53 绘制并对齐图形 C

2.4 任务评价与总结

2.4.1 任务评价

本任务教学与实施的目的是使学生熟练掌握几何作图的方法和技巧，具备机械制图的基本绘图技能，能分析识读并正确使用 AutoCAD 绘制机件的平面图形。本任务的实施结果主要从基本几何作图的正确性与熟练程度、平面图形分析的正确程度和使用 AutoCAD 绘制平面图形的准确性与规范性三方面进行评价。评价方式采用工作过程考核评价和综合任务考核评价。任务实施评价项目如表 2-5 所示。

表 2-5 任务实施评价项目

序号	评价项目		配分权重	实得分
1	基本几何作图的正确性与熟练程度		15%	
2	平面图形分析的正确程度		15%	
3	使用 AutoCAD 绘制平面图形的准确性与规范性	图形绘制的准确性	25%	
		图线绘制与运用的正确程度	25%	
		图面的整洁、美观程度	20%	

2.4.2 任务总结

几何作图方法是我们绘图的基本技能，如等分线段和圆周、斜度和锥度的画法、圆弧连接(找圆心、找切点、画连接弧)的作图方法和步骤等。

平面图形的画法中,主要应掌握尺寸分析和线段分析的目的和方法,找出图形中的已知线段、中间线段和连接线段,以确定正确合理的绘图步骤。

使用 AutoCAD 的常用绘图和编辑命令,遵照几何作图法和平面图形分析的要求进行画图,有效地锻炼了命令的使用和图形分析的方法。

具备了对平面图形的尺寸和线段进行分析的能力及绘图软件的使用技巧,并按照制图国家标准的有关规定进行绘图,则图面的质量和绘图的效率就有了基本的保证。在本任务的实施过程中,应注意培养学生平面图形分析的能力,和使用 AutoCAD 绘图时的耐心和细心等心理素质。

2.5 练习

1. 如何五等分和六等分圆周?
2. 如何绘制和标注斜度和锥度?
3. 如何用一段半径已知的圆弧光滑地连接另外两条已知线段(直线或圆弧)?
4. 如何确定平面图形的作图步骤?
5. 在 AutoCAD 中如何输入相对直角坐标和相对极坐标?
6. 用 AutoCAD 绘制平面图形,如图 2-54 所示。

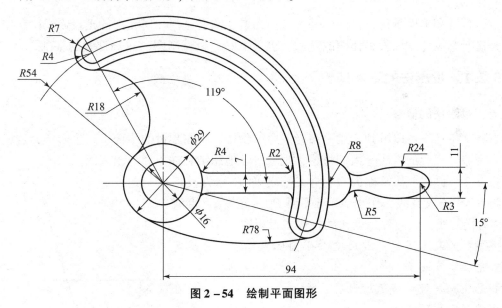

图 2-54 绘制平面图形

任务3 绘制简单形体的三视图

3.1 任务描述及目标

通过学习正投影基本原理和点的投影规律,进行点、直线和平面的三面投影作图训练,学生能建立三面投影体系的概念,能正确分析判断各种位置的直线和平面及其投影特性,能熟练地分析和绘制常见基本体的三面投影图,初步具备一定的空间思维和分析想象能力。

3.2 任务资讯

要能正确表达机件的形状结构,首先必须掌握正投影原理,掌握点、直线和平面的投影特性和作图方法。

点、直线和平面是构成机件的基本几何元素,掌握这些几何元素的正投影规律和作图方法,是进行基本体三面投影作图的基础,也是学好"机械制图"这门课程的基础。

3.2.1 投影法的基本知识

一、投影法的概念

在日常生活中可以看到,用一束光线照射物体,会在预设的平面上产生影子,这就是一种投影现象。投影的方法是人们将这类现象科学地总结和抽象后提出来的。

在图3-1中,点 S 称为投射中心,平面 P 称为投影面。将 S、A 连成直线,作出 SA 与平面 P 的交点 a,直线 SAa 称为投射线,点 a 称为点 A 的投影或投影图。

注意:为表达清楚,常用空心小圆圈表示点。另规定投射线用细实线表示。

投影法就是投射线通过物体,向选定的面投射,并在该面上得到图形的方法。

所有投射线的起源点,称为投射中心。

发自投射中心且通过被表示物体上各点的直线,称为投射线。

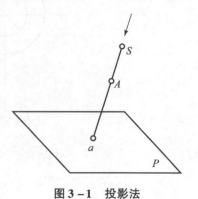

图3-1 投影法

根据投影法所得到的图形,称为投影或投影图。

在投影法中得到投影的面,称为投影面。

二、投影法的种类及应用

投影法分中心投影法和平行投影法两种。

1. 中心投影法

如图3-2所示,投射中心 S 在距离投影面 P 有限远的地方,将△ABC放在它们之间,则△abc 即是△ABC 在投影面 P 上的投影,投射线 SAa、SBb、SCc 交于一点 S。这种投射中心位于有限远处,投射线汇交于一点的投影法,称为中心投影法。

中心投影法所得的投影称为透视投影或透视图。

用中心投影法所得的投影一般不能反映物体的真实形状和大小,且度量性差,因此在机械图样中很少采用。但采用该投影法得到的图形直观性好、立体感强,常用来绘制建筑物或产品的立体图,如图3-3所示。

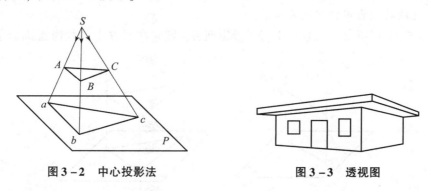

图3-2 中心投影法　　　　图3-3 透视图

2. 平行投影法

如果将投射中心 S 移到无穷远处,则所有的投射线都互相平行。如图3-4所示,投射线 Aa、Bb、Cc 按给定的投射方向互相平行,这种投射线都相互平行的投影法,称为平行投影法。

平行投影法所得的投影称为平行投影。

根据投射线与投影面是否垂直,平行投影法又分为斜投影法和正投影法。

1) 斜投影法

如图3-4(a)所示,斜投影法是投射线与投影面相倾斜的平行投影法。根据斜投影法所得的投影称为斜投影或斜投影图。斜投影法主要用来绘制斜轴测图。

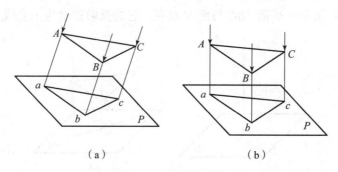

(a)　　　　　　　　　　(b)

图3-4 平行投影法
(a) 斜投影;(b) 正投影

2) 正投影法

如图 3-4（b）所示，正投影法是投射线与投影面相垂直的平行投影法。正投影法所得的投影称为正投影或正投影图。

由于正投影法在投影图上容易表达空间物体的形状和大小，不仅好度量，而且作图也比较方便，因此机械图样采用正投影法绘制。本书将"正投影"简称为"投影"。

三、正投影的基本特性

1. 真实性

当直线或平面与投影面平行时，则直线的投影反映实长，平面的投影反映实形，这种投影性质称为正投影的真实性。

如图 3-5（a）所示，线段 AB 平行于投影面 H，则它在面 H 上的投影 $ab = AB$。

注意：线段的投影用粗实线表示。

如图 3-5（b）所示，△ABC 平行于投影面 H，则它在面 H 上的投影 △$abc \cong$ △ABC。

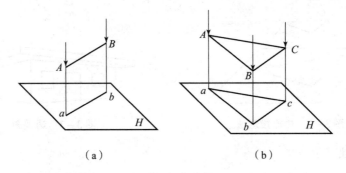

图 3-5　正投影的真实性

2. 积聚性

当直线垂直于投影面时，投影积聚为一点；平面垂直于投影面时，投影积聚为一直线。这种投影性质称为正投影的积聚性。

如图 3-6（a）所示，直线 AB 与面 H 垂直，它的投影积聚为一点 $a(b)$。在从上向下的投射过程中，由于直线 AB 上的点 A 比点 B 离投影面更远，因此点 B 将被点 A 遮住，通常点 B 的投影加上括号，如（b）。

如图 3-6（b）所示，平面 ABC 与面 H 垂直，它的投影积聚为一直线 abc。

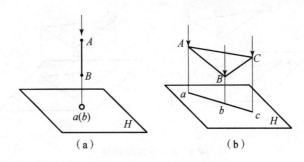

图 3-6　正投影的积聚性

3. 类似性

当直线倾斜于投影面时，则该直线的投影长度较其实长更短，但直线的投影仍然是直线；当平面倾斜于投影面时，该平面的投影面积较其实形更小，但它的投影形状与原形状相类似（称类似形）。例如，三角形的投影仍为三角形；四边形的投影仍为四边形；圆的投影为椭圆等，这种投影性质叫作正投影的类似性。

如图 3-7（a）所示，线段 AB 的投影为 ab，由于 AB 倾斜于面 H，所以 ab<AB。如 AB 与面 H 的倾角为 α，则 $ab = AB\cos\alpha$。

如图 3-7（b）所示，△ABC 倾斜于投影面，它的投影△abc 的面积小于△ABC 的面积。

图 3-7　正投影的类似性

3.2.2　三视图

一、视图的基本概念

在机械制图中，按照国家标准，用一定的投影方法将机件向投影面投影所得到的图形，称为视图。

应当指出，视图并不是观察者看物体所得到的直观印象，而是把物体放在观察者和投影面之间，将观察者的视线视为一组相互平行且与投影面垂直的投射线，对物体进行投射所获得的正投影，如图 3-8 所示。

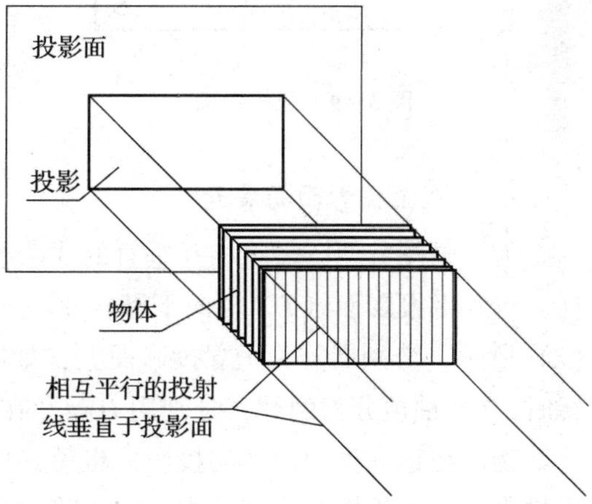

当一个正投影无法完全反映出物体的全部信息时，可根据情况增加其他方向的投影，通过这种方法得到的视图叫作多面正投影。工程上一般用多面正投影表达物体的形状。常用的是主、俯、左 3 个视图，简称三视图。

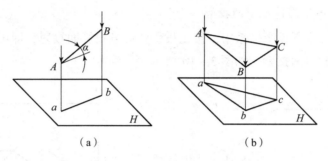

图 3-8　正投影

二、三视图的形成过程

1. 投影体系的建立

三视图的投影体系由 3 个相互垂直的投影面所组成，如图 3-9 所示。
3 个投影面分别为：

(1) 正立投影面，简称正面，用 V 表示；

(2) 水平投影面，简称水平面，用 H 表示；

(3) 侧立投影面，简称侧面，用 W 表示。

相互垂直的投影面之间的交线，称为投影轴，它们分别是：

(1) OX 轴，是 V 面与 H 面的交线，它代表长度方向；

(2) OY 轴，是 H 面与 W 面的交线，它代表宽度方向；

(3) OZ 轴，是 V 面与 W 面的交线，它代表高度方向。

3 根投影轴相互垂直，其交点 O 称为原点。

2. 物体在三视图投影体系中的投影

将物体放置在三视图投影体系中，按正投影法向各投影面投射，即可分别得到物体的正面投影、水平投影和侧面投影，如图 3-10 所示。

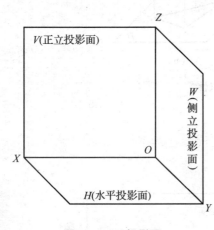

图 3-9 三投影面

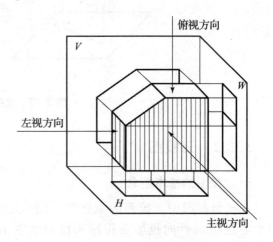

图 3-10 物体的三面投影

3. 三视图投影面的展开

为了画图方便，需将相互垂直的 3 个投影面摊平在同一个平面上。规定：正立投影面不动，将水平投影面绕 OX 轴向下翻转 90°，将侧立投影面绕 OZ 轴向右翻转 90°，如图 3-11 (a) 所示，分别展开到正立投影面上，如图 3-11 (b) 所示。水平投影面和侧立投影面翻转时，OY 轴被分为两处，分别用 OY_H（在 H 面上）和 OY_W（在 W 面上）表示。

物体在正立投影面上的投影，也就是由前向后投射所得的视图，称为主视图；物体在水平投影面上的投影，也就是由上向下投射所得的视图，称为俯视图；物体在侧立投影面上的投影，也就是由左向右投射所得的视图，称为左视图。

在机械制图中，不必画出投影面的范围，因为它的大小与视图无关，这样，三视图则更加清晰，如图 3-11 (c) 所示。

三、三视图之间的对应关系

1. 位置关系

以主视图为准，俯视图在它的下方，左视图在它的右方。

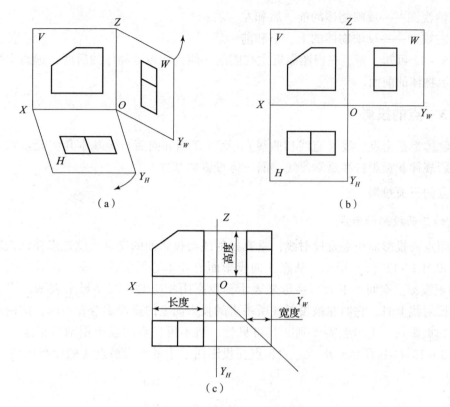

图 3-11 三视图投影面的展开

2. 尺寸关系

从三视图的形成过程中，可以看出：

（1）主视图反映物体的长度（X）和高度（Z）；
（2）俯视图反映物体的长度（X）和宽度（Y）；
（3）左视图反映物体的宽度（Y）和高度（Z）。

由此可归纳得出：

（1）主、俯视图——长对正（等长）；
（2）主、左视图——高平齐（等高）；
（3）俯、左视图——宽相等（等宽）。

应当指出，无论是整个物体或物体的局部，其三面投影都必须符合"长对正、高平齐、宽相等"的规律。

3. 方位关系

所谓方位关系，指的是以绘图者面对正面（即主视图的投射方向）来观察物体为准，判断物体的上、下、左、右、前、后6个方位在三视图中的对应关系，如图 3-12 所示，即：

（1）主视图——反映物体的上、下和左、右；

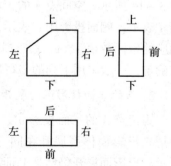

图 3-12 方位关系

(2) 俯视图——反映物体的前、后和左、右；

(3) 左视图——反映物体的上、下和前、后。

由图 3-12 可知，俯、左视图靠近主视图的一侧，均表示物体的后面；远离主视图的一侧，均表示物体的前面。

3.2.3 点的投影

任何物体都是由点、线（直线和曲线）、面（平面和曲面）等基本几何元素构成的。研究点的投影规律和投影特性是学习线、面、体投影的基础。

一、点的三面投影

1. 点的三面投影的形成

过空间点向投影面作垂直投射线，垂直投射线与投影面的交点，就是点在该投影面上的正投影。如图 3-13（a）所示，从点 A 向投影面 P 作垂直投射线，垂足 a 就是点 A 在投影面 P 上的正投影。空间点用大写字母来表示，投影用相应的小写字母来表示。当空间两点处于同一投射线上时，它们在该投射线所垂直的投影面上的投影重合在一起，这两点称为对该投影面的重影点。重影点需要判断其可见性，将不可见点的投影用括号括起来，以示区别。如图 3-13（b）所示，B、C、D 3 点在投影面 P 上的投影被点 A 的投影挡住。

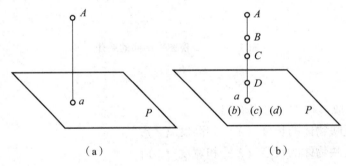

图 3-13 点的投影的形成

点的三面投影就是过空间点分别向正面、水平面和侧面作垂直投射线，垂直投射线与正面、水平面和侧面的交点，分别是点在正面、水平面和侧面上的正投影，如图 3-14 所示。空间点 A 的正面投影用 a' 表示，水平投影用 a 表示，侧面投影用 a'' 表示。点到各投影面的距离，为相应的坐标数值 x、y、z。空间点的位置可由直角坐标值来确定，一般采用下列的书写形式：$A(x, y, z)$。

2. 点的三面投影图的展开

为使点 A 的三面投影 a'、a、a'' 处在同一平面上，仍要把三投影面体系展开在同一平面内，如图 3-15（a）所示。投影面展开仍然是 V 面不动，H 面向下翻转 90°，W 面向右翻转 90°，去掉坐标面的外框，如图 3-15（b）所示。

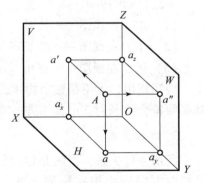

图 3-14 点的三面投影的形成

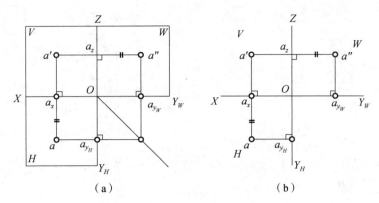

图 3-15 点的三面投影图的展开

3. 点的三面投影规律

从图 3-14 中可以看出：

(1) $Aa'' = aa_y = a'a_z = a_xO = x_A =$ 点 A 到 W 面的距离；

(2) $Aa' = aa_x = a''a_z = a_yO = y_A =$ 点 A 到 V 面的距离；

(3) $Aa = a'a_x = a''a_y = a_zO = z_A =$ 点 A 到 H 面的距离。

点的三面投影规律如下：

(1) $a'a \perp OX$ 轴；

(2) $a'a'' \perp OZ$ 轴；

(3) a 到 OX 轴的距离 $= a''$ 到 OZ 轴的距离 $=$ 点 A 到 V 面的距离 $=$ 点 A 的 Y 轴坐标值。

【例 3-1】 已知点 A 的坐标为 (20, 22, 24)，求作点 A 的三面投影图。

【解】 作图步骤如下。

(1) 作投影轴，如图 3-16 (a) 所示。

(2) 量取：$Oa_x = 20$、$Oa_z = 24$、$Oa_{y_H} = Oa_{y_W} = 22$，得到 a_x、a_z、a_{y_H}、a_{y_W} 等点，如图 3-16 (b) 所示。

(3) 过 a_x、a_z、a_{y_H}、a_{y_W} 等点分别作所在轴的垂线，交点 a、a'、a'' 即为所求，如图 3-16 (c) 所示。

【例 3-2】 如图 3-17 (a) 所示，已知点的两个投影，求第三投影。

【解】 作图步骤如下。

(1) 通过点 O 作 45°辅助线 OK。

(2) 过点 a' 作 OZ 轴的垂线 $a'a_z$。

(3) 过点 a 作 OY_H 轴的垂线，交 45°辅助线 OK 于点 M，过点 M 作 OY_W 轴的垂线，交 $a'a_z$ 于点 a''，如图 3-17 (b) 所示。

二、点的空间位置

点在投影体系中有 4 种位置情况，如图 3-18 所示。

1. 在空间 (x, y, z)

由于 x、y、z 均不为零，与 3 个投影面都有一定距离，因此点的 3 个投影都不在轴上，如图 3-18 所示的点 A。

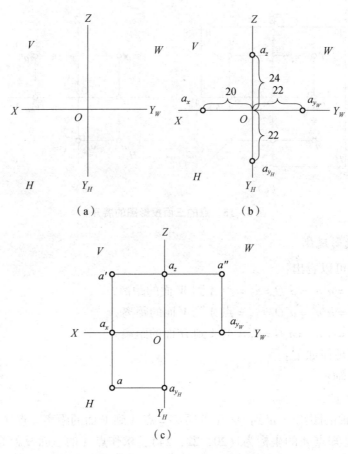

图 3-16 求作点 A 的三面投影图

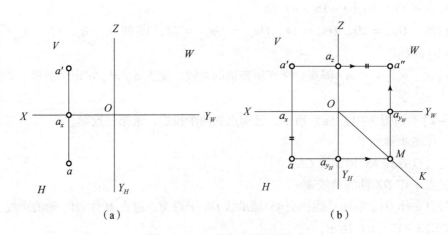

图 3-17 求作点 A 的侧面投影

2. 在投影面上

在 H 面上 $(x, y, 0)$，在 V 面上 $(y, 0, z)$，在 W 面上 $(0, y, z)$。

由于点在投影面上，点与该投影面的距离为零，因此点在该投影面上的投影与空间点重合，另两投影在该投影面的两根投影轴上，如图 3-18 所示的点 B。

3. 在投影轴上

在 X 轴上 $(x, 0, 0)$，在 Y 轴上 $(0, y, 0)$，在 Z 轴上 $(0, 0, z)$。

由于点在投影轴上，点与该轴所在的两个投影面的距离为零，因此点在这两个投影面上的投影与空间点重合，即在轴上，而另一个投影在原点，如图 3-18 所示的点 C。

4. 在原点上

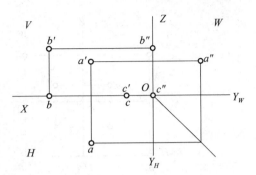

图 3-18　点的空间位置

由于点在原点上，点与 3 个投影面的距离均为零，因此点在 3 个投影面上的投影与空间点重合，都在原点。

三、两点的相对位置

两点的相对位置指两点在空间的上下、前后、左右的位置关系。判断方法：x 坐标值大的在左；y 坐标值大的在前；z 坐标值大的在上。如图 3-19 所示，点 B 在点 A 的左、上、前方。

当空间两点处于同一投射线上时，它们在该投射线所垂直的投影面上的投影重合在一起，这两点称为对该投影面的重影点。重影点需要判断其可见性，将不可见点的投影用括号括起来，以示区别。如图 3-20 所示，点 A、B 在 H 面重影，被挡住的点 B 在 H 面的投影 b 需加括号。

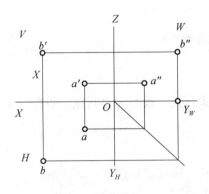

图 3-19　两点的相对位置

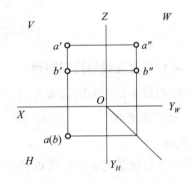

图 3-20　重影点

【例 3-3】 已知线段 AB 端点坐标 $A(15, 15, 10)$、$B(35, 30, 25)$ 的三面投影。求线段 AB 的三面投影。

【解】　作图步骤如下。

(1) 作点 A、B 的三面投影，如图 3-21 (a) 所示。

(2) 连接点 A、B 的同面投影，并加粗，如图 3-21 (b) 所示。

3.2.4　直线的投影

一、直线的投影

直线的投影一般为直线，可由直线上两点的同面投影连线确定，如图 3-22 所示。

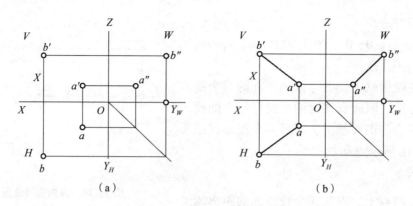

图 3-21 求线段 AB 的三面投影

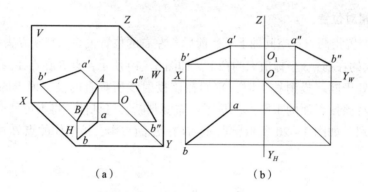

图 3-22 直线 AB 的三面投影

二、各种位置直线的投影特性

直线按相对于投影面的位置分为 3 类：一般位置直线、投影面平行线、投影面垂直线。

1. 一般位置直线

1）概念

一般位置直线是与 3 个投影面都倾斜的直线，其三面投影如图 3-22 所示。

2）投影特性

3 个投影都缩短了，即都不反映空间线段的实长及与 3 个投影面的夹角，且都倾斜于 3 根投影轴。

2. 投影面平行线

1）概念

投影面平行线是指平行于某一投影面并倾斜于其余两投影面的直线，其立体图和投影图如表 3-1 所示。

2）分类

（1）正平线是指平行于正面（V 面）而倾斜于水平面与侧面的直线。

（2）侧平线是指平行于侧面（W 面）而倾斜于水平面与正面的直线。

（3）水平线是指平行于水平面（H 面）而倾斜于正面与侧面的直线。

表 3−1 投影面平行线的立体图和投影图

类别	立体图	投影图
正平线	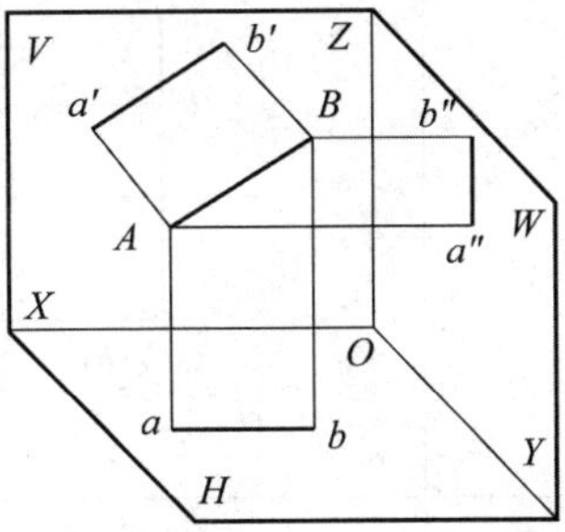	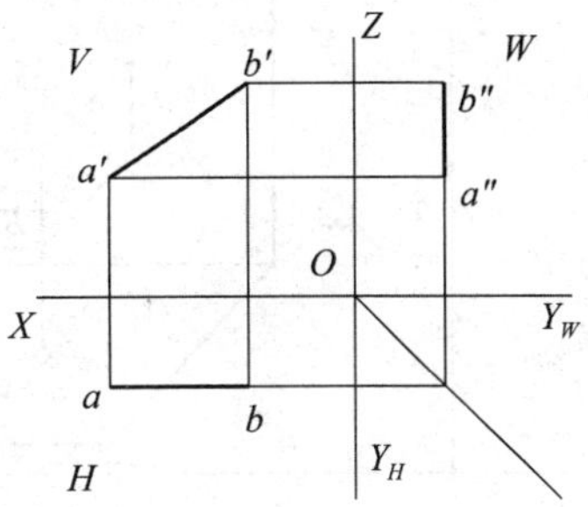
水平线	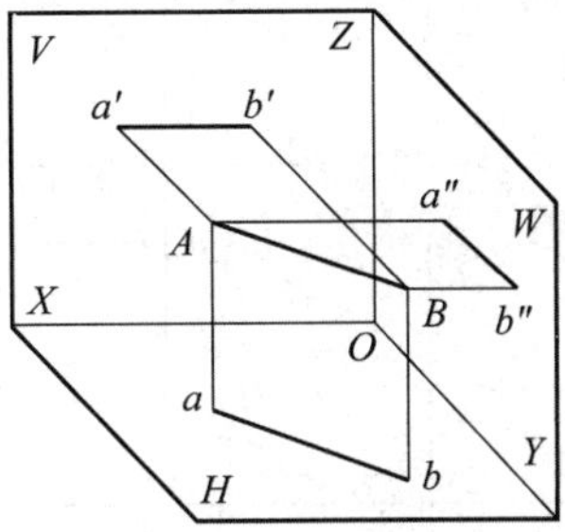	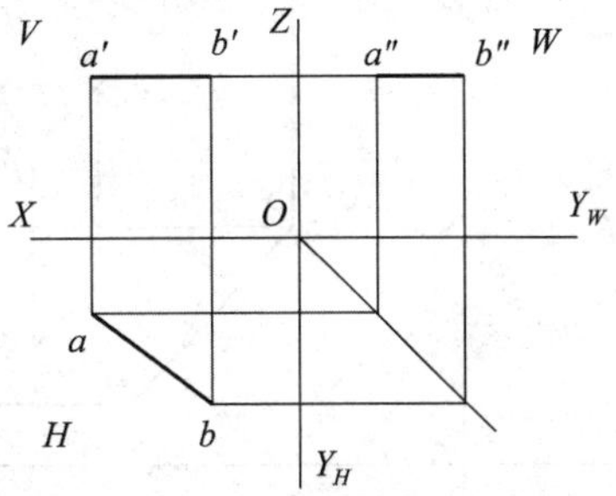
侧平线	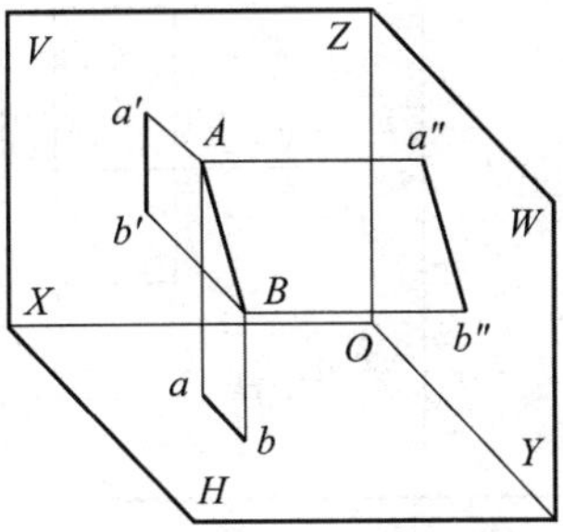	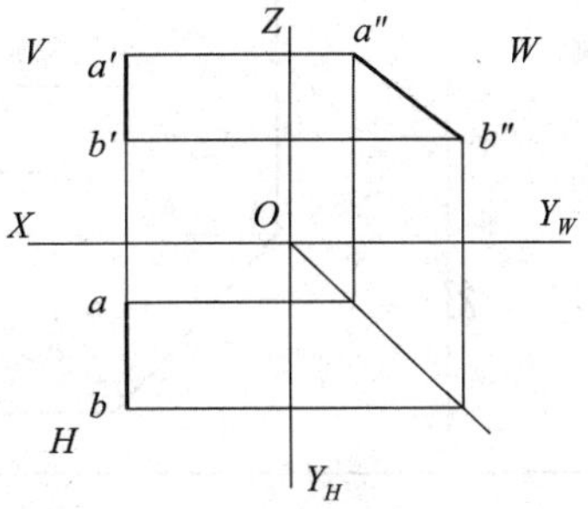

3）投影特性

（1）在其平行的那个投影面上的投影反映实长，投影与轴的夹角反映直线与另外两投影面的倾角。

（2）另两个投影面上的投影平行于或垂直于相应的投影轴。

3. 投影面垂直线

1）概念

投影面垂直线是指垂直于某一投影面的直线，其立体图和投影图如表 3−2 所示。

2）分类

（1）正垂线是指垂直于正面（V面）的直线。

（2）侧垂线是指垂直于侧面（W面）的直线。

（3）铅垂线是指垂直于水平面（H面）的直线。

表 3-2 投影面垂直线的立体图和投影图

类别	立体图	投影图
铅垂线	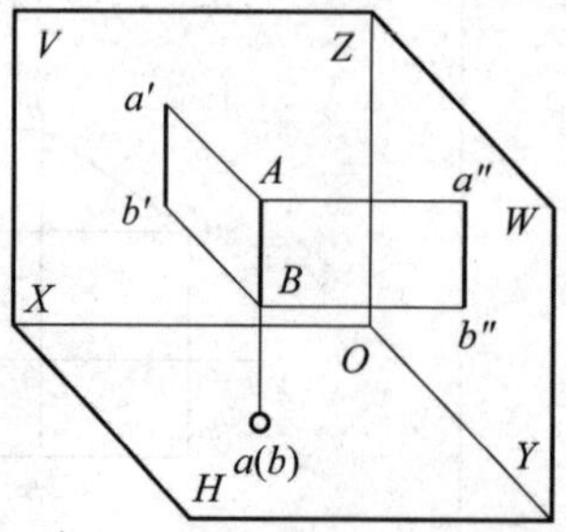	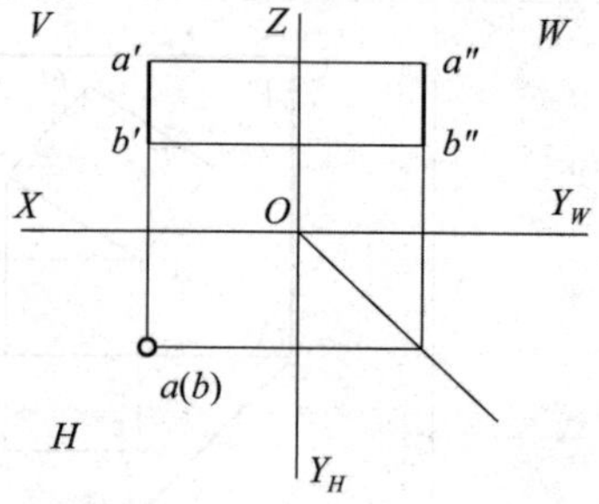
正垂线	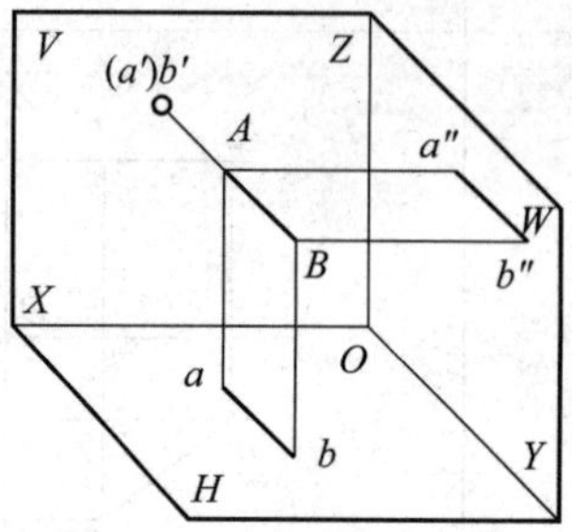	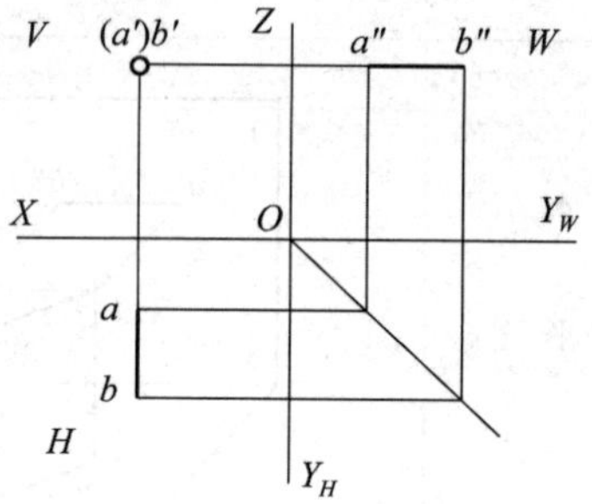
侧垂线	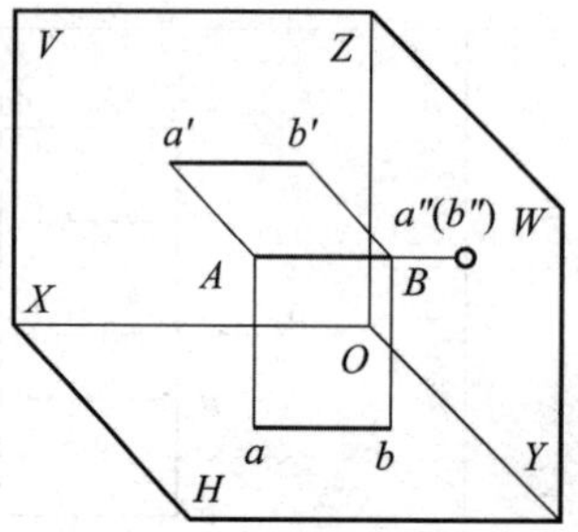	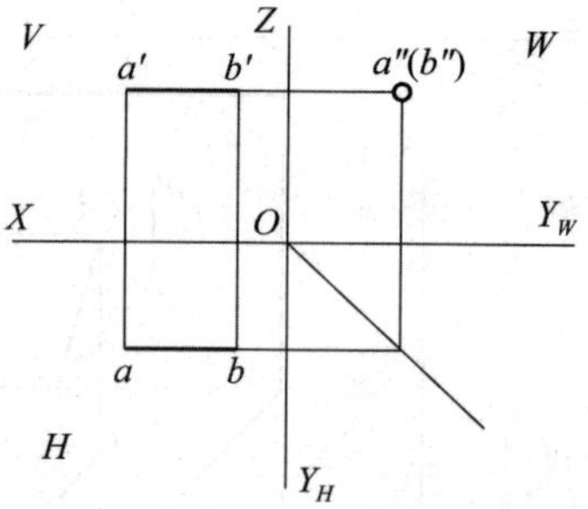

3) 投影特性

（1）在其垂直的投影面上的投影积聚为点。

（2）另外两个投影面上的投影反映线段实长，且垂直于或平行于相应的投影轴。

三、点与直线的相对位置

点与直线的相对位置关系有两种，即点在直线上和点不在直线上。若点在直线上，则点的投影必在直线的同面投影上。如图 3-23 所示，点 C 在直线 AB 上，点 C 的三面投影就在直线 AB 的同面投影上。若点不在直线上，则点的投影不一定在直线的同面投影上。

3.2.5 平面的投影

一、平面的投影

平面的投影一般为类似形，可由平面上 3 个点的同面投影连线确定。平面按相对于投影面的位置分为 3 类：一般位置平面、投影面平行面、投影面垂直面。

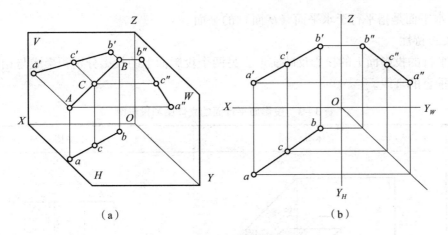

(a)　　　　　　　　　　　　(b)

图 3-23　点与直线的相对位置

二、各种位置平面的投影特性

1. 一般位置平面

1）概念

一般位置平面是指与 3 个投影面都倾斜的平面，如图 3-24 所示。

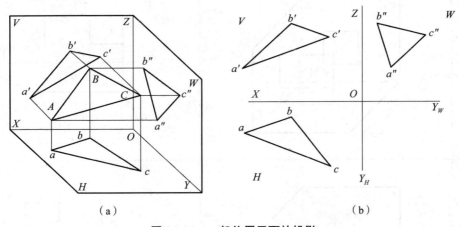

(a)　　　　　　　　　　　　(b)

图 3-24　一般位置平面的投影

2）投影特性

一般位置平面在 3 个投影面上的投影是一个比实形小，但形状类似，边数相等的类似图形。

2. 投影面平行面

1）概念

投影面平行面是指平行于某一投影面，而垂直于另两个投影面的平面，其立体图和投影图如表 3-3 所示。

2）分类

（1）正平面是指平行于正面（V 面）的平面。

（2）侧平面是指平行于侧面（W 面）的平面。

（3）水平面是指平行于水平面（H 面）的平面。

3）投影特性

在所平行的投影面上的投影反映实形，另两个投影面上的投影分别积聚成与相应的投影轴平行或垂直的直线。

表 3 – 3 投影面平行面的立体图和投影图

类别	立体图	投影图
水平面	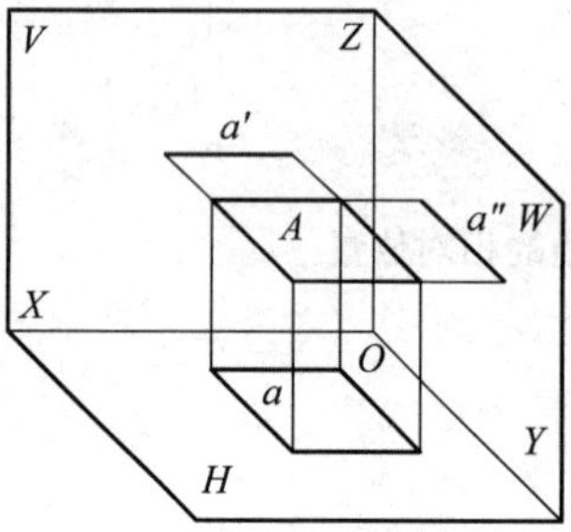	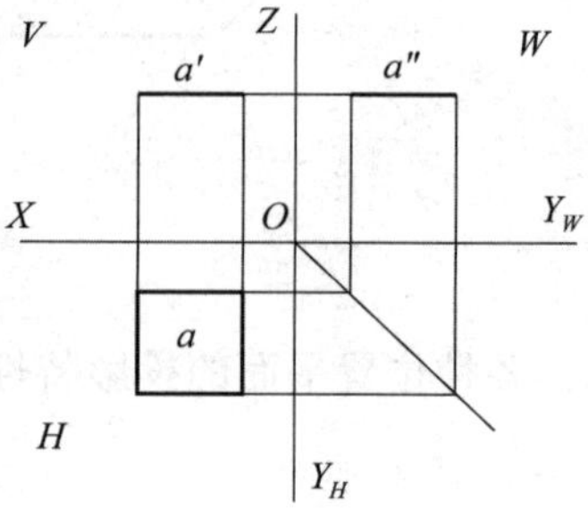
正平面	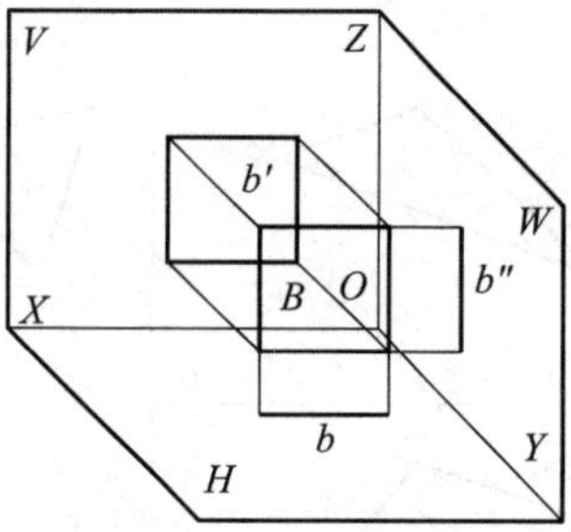	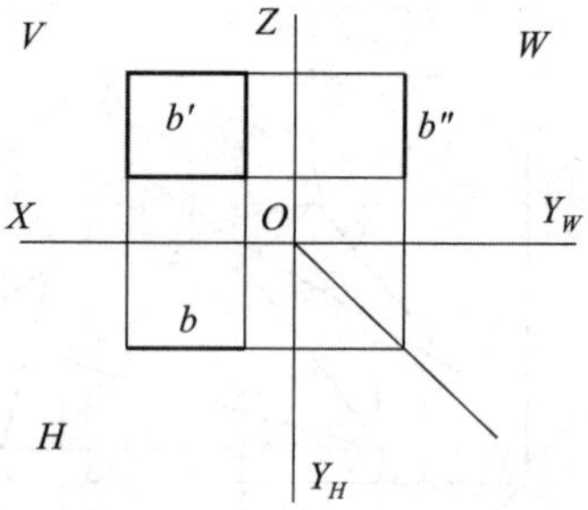
侧平面	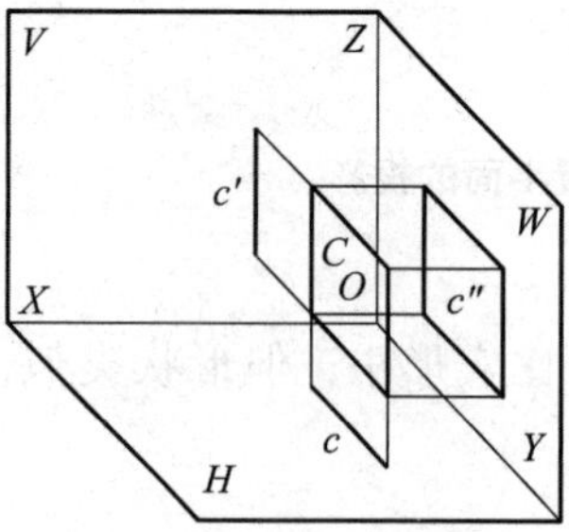	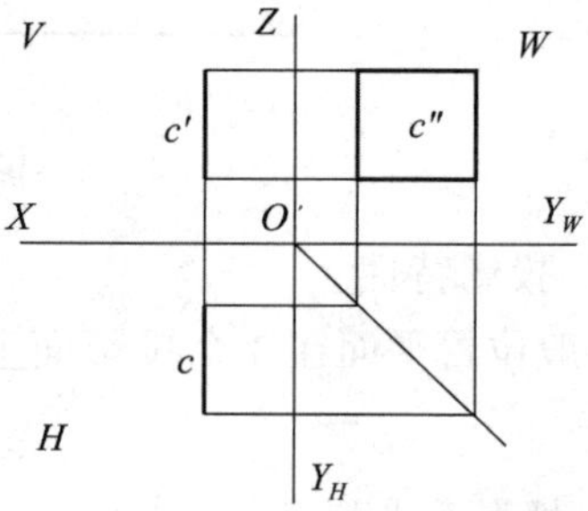

3. 投影面垂直面

1）概念

投影面垂直面是指垂直于某一投影面而与另两个投影面倾斜的平面，其立体图和投影图如表 3 – 4 所示。

表3-4 投影面垂直面的立体图和投影图

类别	立体图	投影图
铅垂面		
正垂面		
侧垂面		

2) 分类

(1) 正垂面是指垂直于正面（V面）而倾斜于侧面和水平面的平面。

(2) 侧垂面是指垂直于侧面（W面）而倾斜于正面和水平面的平面。

(3) 铅垂面是指垂直于水平面（H面）而倾斜于正面和侧面的平面。

3) 投影特性

在垂直的投影面上的投影积聚成直线，该投影与投影轴的夹角反映空间平面与另两个投影面夹角的大小，另两个投影面上的投影为类似形。

三、点与平面的相对位置

点在平面内的一条直线上，则点就在平面内。如图3-25所示，点 e 在平面 abc 内的直线 ad 上，点 e 就在平面 abc 内。

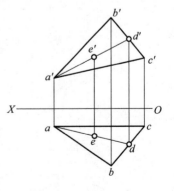

图3-25 点与平面的相对位置

四、直线与平面的相对位置

1. 定理一

若一直线过平面内的两点,则此直线必在该平面内。

2. 定理二

若一直线过平面内的一点,且平行于该平面内的另一直线,则此直线在该平面内。

【例 3-4】 如图 3-26 (a) 所示,已知五边形 ABCDE 的 V 面投影及 AB、BC 的 H 面投影,完成 H 面投影。

【解】 作图步骤如下。

(1) 连接 a 和 c,连接 a′ 和 c′。

(2) 连接 b′ 和 e′,交 a′c′ 于 n′;连接 b′ 和 d′,交 a′c′ 于 m′。

(3) 过 n′ 和 m′ 向下作 X 轴的垂线,分别交 ac 于 n、m。

(4) 连接 b 和 n 并延长,过 e′ 向下作 X 轴的垂线,交 bn 于 e;连接 b 和 m 并延长,过 d′ 向下作 X 轴的垂线,交 bm 于 d。

(5) 连接 a、e、d、c,五边形 abcde 就是五边形 ABCDE 的 H 面投影,如图 3-26 (b) 所示。

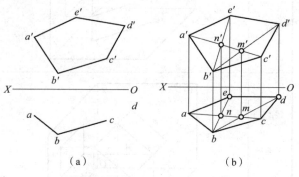

图 3-26 完成 H 面投影

【例 3-5】 如图 3-27 (a) 所示,在 △ABC 内取一点 M,使点 M 距 V 面 9 mm,距 H 面 14 mm,求作点 M 在 V 面和 H 面的投影。

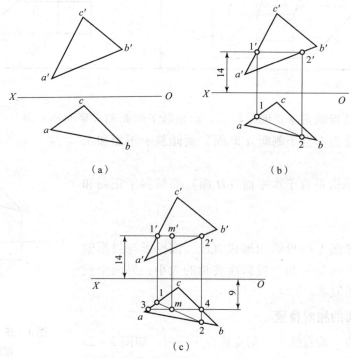

图 3-27 求作点 M 的投影

【解】 作图步骤如下:

(1) 在正面作距离 X 轴 14 mm 的 X 轴的平行线,分别交 $a'c'$ 和 $a'b'$ 于 $1'$、$2'$,过 $1'$ 和 $2'$ 向下作 X 轴的垂线,分别交 ac、ab 于 1、2,连接 1 和 2,如图 3 – 27 (b) 所示。

(2) 在水平面作距离 X 轴 9 mm 的 X 轴的平行线,分别交 ac 和 bc 于 3、4,连接 3 和 4,与直线 12 相交于 m,过 m 向上作 X 轴的垂线,交 $1'2'$ 于 m',如图 3 – 27 (c) 所示。

m' 和 m 就是点 M 在 V 面和 H 面的投影。

平面上取点的方法:首先找出过此点而又在平面内的一条直线作为辅助线,然后再在该直线上确定点的位置。

3.3 任务实施

3.3.1 点的三面投影作图

练习 1 已知点 A 的坐标为 (15, 10, 20),求作其三面投影图。

从点 A 的 3 个坐标值可知,点 A 到 W 面的距离为 15 mm,到 V 面的距离为 10 mm,到 H 面的距离为 20 mm。根据点的投影规律和点的三面投影与其 3 个坐标值的关系,即可求得点 A 的三面投影。作图步骤如下。

(1) 画出投影轴,并标出相应的符号,如图 3 – 28 (a) 所示。

(2) 自原点 O 沿 OX 轴向左量取 $x = 15$ mm,得 a_x;然后过 a_x 作 OX 轴的垂线,由 a_x 沿该垂线向下量取 $y = 10$ mm,即得点的水平投影 a;向上量取 $z = 20$ mm,即得点的正面投影 a',如图 3 – 28 (b) 所示。

(3) 根据点的投影规律,可求出侧面投影 a'',如图 3 – 28 (c) 所示。

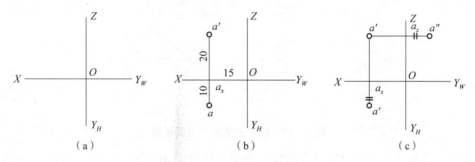

图 3 – 28 求作点的三面投影

3.3.2 直线的三面投影作图

练习 2 如图 3 – 29 (a) 所示,已知平面图形的正面投影和水平投影,求其侧面投影。

由图 3 – 29 (a) 可知,该平面图形为垂直于水平面的六边形,只要求出其 6 个顶点的侧面投影,并依次连接即可。作图步骤如下。

(1) 将六边形正面投影中的 6 个顶点依次标上字母 a'、b'、c'、d'、e'、f',即为 6 个顶点的正面投影。

(2) 根据投影面垂直面的投影特性可知,六边形的水平投影具有积聚性,由此可直接求得6个顶点的水平投影（a）、（b）、c、d、（e）、f。

（3）由各点的正面投影和水平投影，求得其侧面投影 a''、b''、c''、d''、e''、f''。

（4）依次连接 a''、b''、c''、d''、e''、f''，即得六边形的侧面投影，如图 3-29（b）所示。

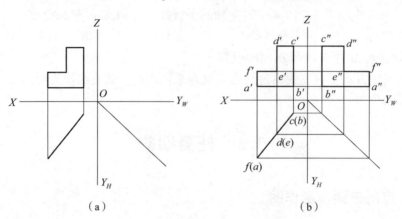

（a）　　　　　　　　　　　　　（b）

图 3-29　求作直线的三面投影

3.3.3　平面的三面投影作图

练习 3　如图 3-30（a）所示，已知平面五边形 $ABCDE$ 的水平投影及 AB 的正面投影，且其对角线 AC 为水平线，试完成其正面投影。

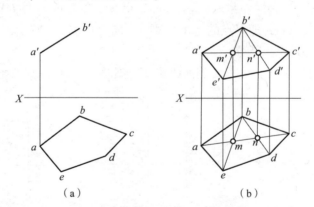

（a）　　　　　　　　　　　　　（b）

图 3-30　求作五边形的正面投影

在给定的投影中，直线 AB 投影完整，由于条件给定 AC 为水平线，且 a、c 为已知，故 AC 确定，因此平面的位置由相交两直线 AB、AC 确定。作图步骤如下。

（1）过 a' 作 X 轴的平行线，过 c 作 X 轴的垂线，两直线相交于 c'。

（2）分别连接 ac、be、bd，ac 与 be、bd 分别相交于 m、n，由 m、n 分别作 X 轴的垂线，求出 m'、n'。

（3）分别连接 $b'm'$、$b'n'$ 并延长，使其与过 e、d 所作 X 轴的垂线相交于 e'、d'。

（4）分别连接 $a'e'$、$e'd'$、$d'c'$、$c'b'$ 并加粗，即得五边形的正面投影，如图 3-30（b）所示。

练习 4　如图 3-31（a）所示，已知 △ABC 上一点 K 的正面投影 k'，求作它的水平投影 k。

先过 K 在三角形上作辅助直线,再从直线上求点 K 的水平投影 k。作图步骤如下。
（1）连接 $a'k'$ 并延长至 d',由 d' 作 X 轴的垂线与 bc 交于 d,连接 ad。
（2）由 k' 作 X 轴的垂线与 ad 交于 k,则 k 即为所求,如图 3-31（b）所示。

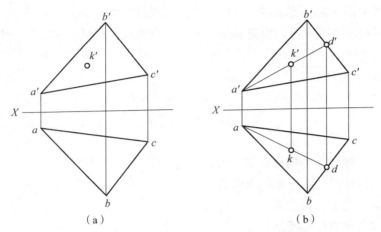

图 3-31　求作 △ABC 上点的正面投影

3.4　任务评价与总结

3.4.1　任务评价

本任务教学与实施的目的是,通过对正投影基本原理和点的投影规律的讲解,对点、直线和平面的三面投影进行作图训练,使学生建立三面投影体系概念,能正确分析判断各种位置的直线和平面及其投影特性,进而能熟练分析如何进行面上取点,具备一定的空间思维和分析想象能力。

本任务实施结果的评价主要从点、直线和平面投影作图的正确与熟练程度,以及平面上取点的正确与熟练程度两方面进行。评价方式采用工作过程考核评价和作业质量考核评价。任务实施评价项目如表 3-5 所示。

表 3-5　任务实施评价项目

序号	评价项目	配分权重	实得分
1	点、直线和平面投影作图的正确与熟练程度	60%	
2	平面上取点的正确与熟练程度	40%	

3.4.2　任务总结

任务实施过程中,要注重对学生空间概念的培养,先讲透点的投影,然后以点带线,以线带面。

通过任务实施,学生应明确正投影法是投射线相互平行且与投影面垂直的投影法,是绘制机械图样所采用的方法。要求学生能熟练掌握并运用点的投影规律进行投影作图。

直线按其与投影面的位置关系分为投影面垂直线（正垂线、铅垂线和侧垂线）、投影面平行线（正平线、水平线和侧平线）和一般位置直线3类；平面按与其投影面的位置关系则分投影面垂直面（正垂面、铅垂面、侧垂面）、投影面平行面（正平面、水平面、侧平面）和一般位置平面3类。要求重点掌握其概念和投影特性，做到会作图、会辨认。

两直线的相对位置有平行、相交和交叉3种，应重点掌握其投影特性。平面内取点须取自该平面的已知直线上；平面内取直线须取自通过该平面内的两点或通过该平面内一点且平行于该平面内的一条直线。

3.5　练习

1. 投影法分为哪几类？机械制图一般运用的是哪一种投影法？
2. 点的投影规律是什么？如何求作点的投影？
3. 直线分为哪几类？其投影特性是什么？
4. 如何求作各种直线的投影？
5. 平面分为哪几类？其投影特性是什么？
6. 如何求作各种平面的投影？
7. 如何在平面内取点？

任务4　绘制基本体的三视图

4.1　任务描述及目标

通过三面投影及求截交线和相贯线的作图训练,学生能熟练地分析和绘制常见基本体的三面投影,了解截交线和相贯线的性质并掌握其求作方法,为识读和绘制复杂组合体三视图打下基础。

4.2　任务资讯

根据基本体的形体构成特点,一般将基本体分为平面几何体和回转几何体两类。平面几何体的每个表面都是平面,如棱柱、棱锥等;回转几何体的表面至少有一个是曲面,如圆柱、圆锥、圆台等。

生产实际中的零件通常并不是单一、完整的基本体,而是按设计需要将基本体进行截切或组合而形成的综合形体。在截切、组合的过程中会自然地产生一些交线。

4.2.1　基本体的三视图

一、平面几何体的三视图

常见的平面几何体有棱柱和棱锥两类。

棱柱的两个底面是全等的多边形,侧面为平行四边形,侧面交线称为侧棱,棱柱的侧棱相互平行,如图4-1(a)所示;棱锥只有一个底面,侧面为三角形,侧棱汇交于一点,如图4-1(b)所示。

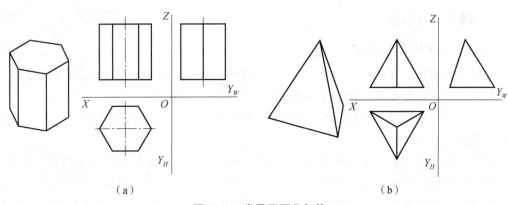

图4-1　常见平面几何体
(a) 六棱柱;(b) 三棱锥

二、回转几何体的三视图

回转面可以看作母线绕回转轴线回转而形成的曲面。曲面上任一位置的母线，称为该曲面的素线。回转面形成后，表面有一些特殊的素线，它们通常位于最前、最后、最左、最右，或是最上、最下这些位置。它们的回转面分为可见和不可见两部分的界限，称为转向轮廓线。常见回转几何体的三视图如图 4-2 所示。

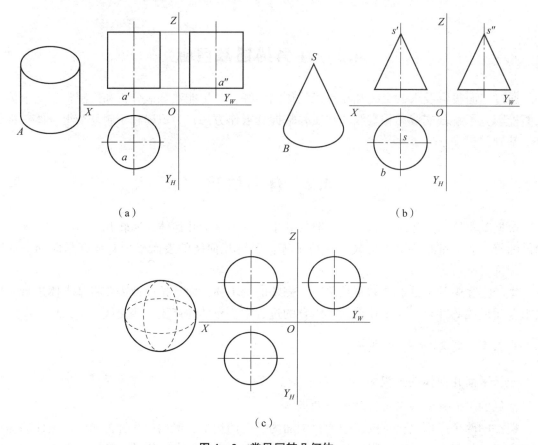

图 4-2 常见回转几何体
(a) 圆柱；(b) 圆锥；(c) 圆球

三、基本体表面取点

1. 棱柱、圆柱的表面取点

棱柱分为斜棱柱、直棱柱，本节主要讨论直棱柱。棱柱和圆柱的侧棱或素线彼此平行，正放时其侧面或圆柱面在某一视图中有积聚性，表面取点可以充分利用这一特点。

如图 4-3 所示，已知六棱柱的三面投影以及表面一点 A 在 V 面的投影 a'，求点 A 在其余两面的投影。

分析　点在空间中有 3 个方向的坐标，如果知道其中两个投影就可以求得第三个投影，本题已知正面投影，要求其他两面投影，是否少条件？对此，我们要分析其特点，棱柱的侧面在特征视图上反应积聚性，即投影为一条线，利用点的投影关系可以很容易地找出这个投影 a，再利用两面投影求出第三面投影 a''。

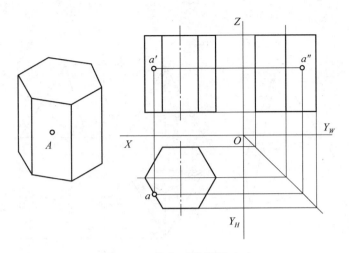

图 4-3 求点 A 的投影（1）

如图 4-4 所示，已知圆柱的三面投影以及表面一点 A 在 V 面的投影 a'，求点 A 的另两面投影。

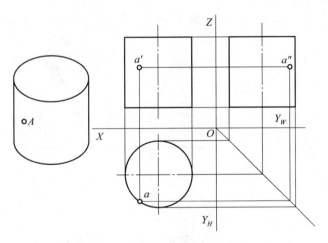

图 4-4 求点 A 的投影（2）

分析 方法同棱柱表面取点。

2. 锥体的表面取点

常见的锥体有棱锥和圆锥。对锥体进行表面取点，常用的方法有辅助线法和辅助面法两种。辅助线法的做法同平面内取点。这里使用辅助面法求解。

【例 4-1】 如图 4-5 所示，已知三棱锥的三视图以及表面上一点 A 的正面投影 a'，求点 A 的另两面投影。

分析 用一个和底面平行的面切开该三棱锥，切出来的这个面为三角形，且与底面相似，即对应的边相互平行，我们可在俯视图中作出其截面形状，再利用点的投影关系求得投影。

【解】（1）过点 a' 作一水平线，交 $s'b'$ 于点 m'，求出 M 的水平面投影 m，过点 m 作与底面相似的三角形，利用长对正求出点 a。

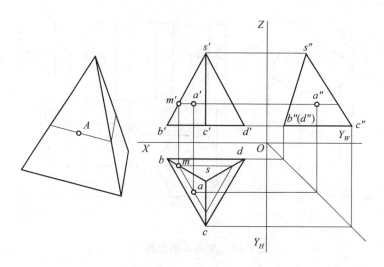

图 4-5 求点 A 的投影 (3)

(2) 根据 a 和 a′求出侧面投影 a″。

如图 4-6 所示，已知圆锥三视图及表面上一点 A 的正面投影，求 A 的另两面投影。

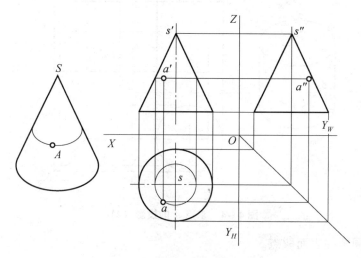

图 4-6 求点 A 的投影 (4)

分析 用一个和底面平行的面切开该圆锥，切出来的这个面为圆形，作出该截断面，再利用点的投影关系求得点 A 的各面投影。

3. 圆球表面取点

圆球的母线圆在绕轴线回转时，其上任一点的旋转轨迹都是圆，这一系列的圆正是求作圆球表面上的点的辅助线。

如图 4-7 所示，已知圆的三视图及表面上一点 A 的正面投影，求其另两面投影。

分析 略（请读者自行分析）。

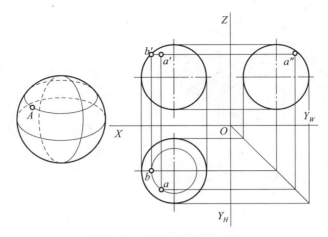

图 4-7 求点 A 的投影（5）

4.2.2 基本体的截交线

平面与立体相交，立体表面所得到的交线就是截交线，与立体相交的平面称为截平面。截交线的基本性质有以下两点：

（1）截交线是截平面和立体的公共线，截交线上的点是截平面和立体表面的公共点；
（2）截交线一般情况下是封闭的空间曲线，也可能是封闭的平面线条。

一、平面几何体表面的截交线

平面与立体相交，其截交线是由多段直线围成的平面多边形，多边形的边就是截平面与平面几何体的交线，多边形的顶点就是截平面与平面几何体棱线的交点。因此，求平面几何体表面上的截交线的投影就可理解成求截平面与平面几何体表面的交线或截平面与平面几何体棱线的交点。

1. 棱柱表面的截交线

1）分析

如图 4-8（a）所示，两个相交的截平面分别与正六棱柱相交，其中一个截平面为正垂面，与正六棱柱的 5 个侧面相交；另外一个截平面为侧平面，与正六棱柱的两个侧面和上表面相交。所以，这两部分截交线的轮廓分别为平面七边形和矩形。

2）作图

由于正六棱柱的侧面在俯视图中的投影具有积聚性，因此截交线上的所有端点都可以在俯视图中的正六边形上直接得到；先确定主视图中截交线的各个端点，然后向俯视图作垂线得到这些端点在俯视图中的投影，最后利用投影的"三等规律"确定这些端点在左视图中的投影即可。找到端点在各个平面内的投影后，按先后顺序将各个点连接起来就得到截交线的三面投影。

3）判别可见性

根据正六棱柱的投影特性，截交线的三面投影都是可见的；由于被切掉部分轮廓，因此左视图中正六棱柱的一根棱线要求部分画成虚线，如图 4-8（b）所示。

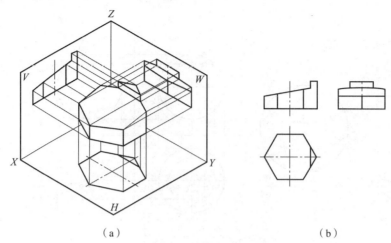

(a)　　　　　　　　　　　　　　　　　(b)

图 4-8　被切割正六棱柱的立体图和三视图

(a) 立体图；(b) 三视图

2. 棱锥表面的截交线

1) 分析

当棱锥被多个平面截切时，应该逐个分析和作图。如图 4-9 (a) 所示，正三棱锥被两个平面截切，其中一个截平面为水平面，另外一个截平面为正垂面；水平面位置的截平面与棱锥的 3 个侧面都相交，形成的截交线为平面四边形；正垂面位置的截平面同样与棱锥的 3 个侧面相交，形成的截交线为平面四边形，而且这两个四边形有一条公共边。

2) 作图

由于两个截平面在主视图中的投影都具有积聚性，因此先在主视图中确定截交线上的 6 个端点的投影，再从主视图分别向左视图和俯视图作垂线，就可以得到棱线上 4 个端点的投影；然后，根据主视图中水平位置截平面的投影与底边平行，可以作辅助线得到俯视图中棱锥两侧面上端点的投影；最后，按端点的顺序把俯视图和左视图中的各个端点的投影连接起来即可。

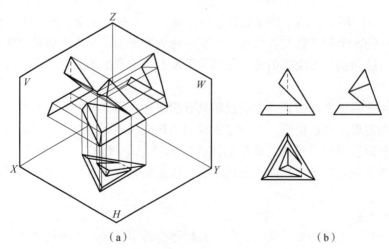

(a)　　　　　　　　　　　　　　　　　(b)

图 4-9　被切割正三棱锥的立体图和三视图

(a) 立体图；(b) 三视图

3)判别可见性

根据棱锥的摆放位置可知,棱锥表面上的所有线条都是可见的,唯一不可见的轮廓线是棱锥面上两个端点之间的连线,因为在俯视图的投影中这条轮廓线被剩余部分棱锥体挡住。这条轮廓线应画成虚线,如图4-9(b)所示。

二、回转几何体表面的截交线

1. 圆柱表面的截交线

当一个截平面与圆柱相交形成截交线时,由于截平面与圆柱轴线位置的不同,截交线就会有3种不同情况,下面分别介绍。

(1)截平面与圆柱轴线平行。当截平面与圆柱轴线平行时,它与圆柱面相交的轮廓线是两条平行线,只要确定两条平行线上的4个端点,就可以确定截交线的投影,如图4-10所示。

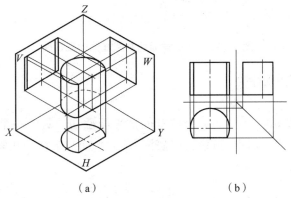

(a) (b)

图4-10 被正平面切割圆柱体的立体图和三面投影
(a)立体图;(b)三面投影

(2)截平面与圆柱轴线垂直相交。当截平面与圆柱轴线垂直相交时,它与圆柱面相交的轮廓线是和底面平行、大小相等的一个圆,只要确定截平面的位置就可以确定截交线,如图4-11所示;如果截平面没有贯穿圆柱,那么得到的截交线轮廓是一段圆弧。

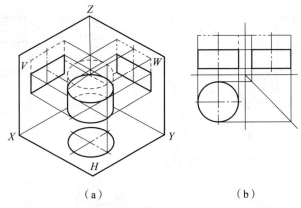

(a) (b)

图4-11 被水平面切割圆柱体的立体图和三面投影
(a)立体图;(b)三面投影

(3)截平面与圆柱轴线倾斜相交。当截平面与圆柱轴线倾斜相交时,它与圆柱面相交的轮廓线是一个椭圆,只要确定截平面的位置就可以确定椭圆的位置和大小,如图4-12所示。

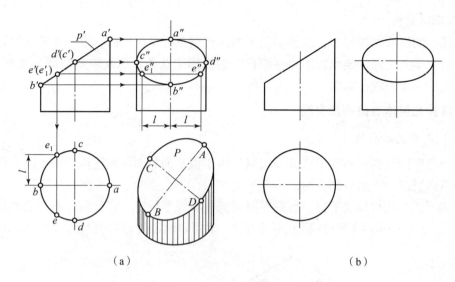

图 4－12 被正垂面切割圆柱体的三视图

（4）圆柱截交线应用示例。

①分析。

如图 4－13（a）所示，圆柱被两个位置的截平面截切，其中一个截平面与圆柱轴线平行，得到的截交线轮廓为一对平行直线；另外一个截平面与圆柱轴线倾斜相交，得到的截交线轮廓为一段椭圆弧。

②作图。

由于在给定的主视图中两个截平面的投影都具有积聚性，因此先在主视图中确定截交线上的点，其中投影为两条平行线的截交线确定两线的端点，投影为椭圆弧的截交线要确定所有的特殊点及一对一般点；在确定截交线上的点之后，由于俯视图中圆柱面的投影具有积聚性，因此先向俯视图作这些点的投影，然后按顺序连线即可；最后根据投影"三等规律"，利用主、俯视图来确定左视图中截交线各点投影后按顺序连线。

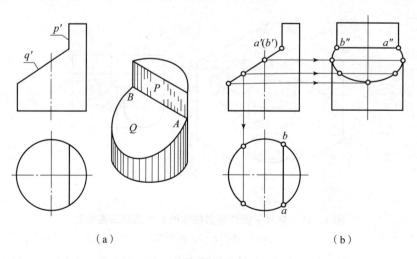

图 4－13 被切割圆柱体的三视图

③判别可见性。

由投影平面的位置可知,俯视图和左视图中截交线上所有的点都是可见的,如图4-13(b)所示。

2. 圆锥表面的截交线

当一个截平面与圆锥相交形成截交线时,由于截平面与圆锥轴线位置的不同,截交线就会有3种不同情况,下面分别介绍。

(1) 截平面与圆锥轴线垂直相交。当截平面与圆锥轴线垂直相交时,它与圆锥表面相交的轮廓是与底面轮廓平行的一个圆,如图4-14所示。只要确定截平面的位置,就可以确定该圆的大小(半径为轴线到圆锥素线之间的距离),而且在圆锥底面投影为圆的投影面内,截交线的投影同样为一个圆(这个圆和底面的投影圆是同心的)。

(2) 截平面过圆锥顶点与圆锥相交。当截平面过圆锥顶点与圆锥相交时,它与圆锥表面形成的截交线轮廓是过锥顶的两条直线,这两条直线同时是一个等腰三角形的两腰,由于圆锥顶点的三面投影已知,所以只要确定截平面与底面的两个交点,就可以确定截交线的投影,如图4-15所示。

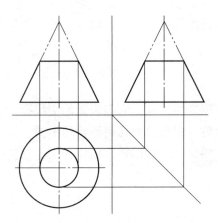

图4-14 被水平面切割圆锥的三视图

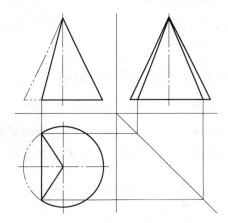

图4-15 被过锥顶正垂面切割圆锥的三视图

(3) 截交线与圆锥轴线倾斜相交。当截平面与圆锥轴线倾斜相交时,它与圆锥表面相交的轮廓线是一条曲线,由于形状不完全确定,因此这种情况下确定截交线的投影,就要求找到截交线上的所有特殊点以及至少一对一般点(一般情况下在每两个特殊点之间选一个一般点)。如图4-16所示,在确定所有点的三面投影之后,要求按点的先后顺序将各个投影连接起来,并判别可见性。

(4) 圆锥截交线应用示例。

①分析。

如图4-17所示,圆锥被两个相交的截平面截切,两个截平面分别垂直于圆锥轴线、过圆锥顶点与圆锥表面相交。由以上所介绍圆锥与不同位置平面相交所得到截交线的特点,可以知道这两个截平面与圆锥相交所得到截交线的轮廓是由一段圆弧与一个等腰三角形组合而成。

②作图。

根据给定的视图确定与圆锥轴线垂直相交的截平面所形成截交线圆弧的半径以及这段圆

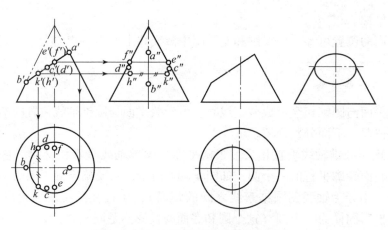

图4-16 被正垂面切割圆锥三视图

弧的两个端点,然后确定其他两个投影面内这两个端点的投影,最后根据投影特性将截交线轮廓表达出即可。

③判别可见性。

两部分截交线中,除了俯视图中两截平面交线被圆锥挡住,要画成虚线以外,其他部分投影都是可见的。

4.2.3 基本体的相贯线

两立体相交,其表面就会产生交线,相交的立体称为相贯体,它们表面的交线称为相贯线,如图4-18所示。因此,两立体相交也常称为相贯。根据表面几何形状的不同,相贯体可分为两平面几何体相交、平面几何体与回转几何体相交以及两回转几何体相交3种情况。

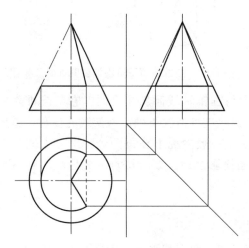

图4-17 被两平面切割圆锥的三视图

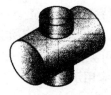

图4-18 相贯线示例

1. 相贯线的性质

当相交两基本体的形状、大小及相对位置不同时,相贯线的形状也不同,但相贯线都具有下列两个基本性质:

(1)相贯线是相交两立体表面的公有线,是一系列公有点的集合;

（2）相贯线一般为封闭的空间曲线，特殊情况为平面曲线或直线。

2. 求相贯线的常用方法

根据相贯线的性质，求相贯线的实质就是求出两基本体表面上的一系列公有点。常用的求相贯线方法有积聚性法和辅助平面法。具体步骤如下：

（1）找出一系列特殊点；

（2）求出一般点；

（3）顺次连接各点的同面投影并判别其可见性。

相贯线可见性判别原则如下：凡同时处于两回转体可见表面上的点，其投影是可见的，否则为不可见。

一、平面几何体与回转几何体相贯的相贯线

平面几何体与回转几何体相贯，相贯线为封闭的空间折线，折线每一段为平面几何体的侧棱面与回转几何体表面的交线。所以，求相贯线的实质是求平面几何体的棱面与回转几何体表面的交线。

如图 4-19 所示，四棱柱与圆柱体相交，已知俯视图和左视图，求作主视图。

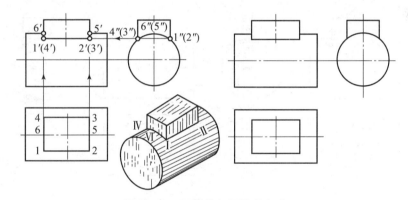

图 4-19　四棱柱与圆柱体相交

分析　相贯线由四棱柱的 4 个侧面与圆柱表面的交线组成，其中，前、后两个侧面与圆柱轴线平行，交线为两段与圆柱轴线平行的直线；左、右两个侧面与圆柱轴线垂直，交线为两段圆弧。相贯线在左视图上积聚在圆弧 4″6″1″和 3″5″2″上，在俯视图上积聚在四边形 1234 上。利用点的投影规律，分别求出各点的正面投影，依次连接成相贯线的投影。

二、两回转几何体正交相贯的相贯线

1. 两圆柱正交

【例 4-2】　如图 4-20（e）所示，求不等径两圆柱轴线正交的相贯线。

分析　横、竖的不等径两圆柱的轴线分别垂直于侧面和水平面，相贯线的水平投影和侧面投影分别积聚在小圆上和大圆一段圆弧上，利用积聚性法求得相贯线的正面投影。

【解】　（1）求特殊点。点 a'、b' 是大、小圆柱正面轮廓相交点，也是最左、最右点；c'、d' 由点 c''、d'' 求得，它是小圆柱正面前、后轮廓线与大圆柱表面相交点，是最低点，也是最前、最后点，如图 4-20（b）所示。

（2）求一般点。利用积聚性，在相贯线水平投影定出 e、f、g、h 的对称点，在侧面投

影求得对应点 $e''(f'')$、$h''(g'')$，求得点 $e'(h')$、$f'(g')$，如图 4-20（c）所示。

（3）连曲线。把各点正面投影按水平投影各点顺序（a'、e'、c'、f'、b'）光滑连接即为所求，如图 4-20（d）所示。

（4）判别可见性。两回转几何体表面在投影面上投影可见，则相贯线可见，除此之外都不可见。由于相贯线前、后对称，因此前半部可见，后半部不可见。

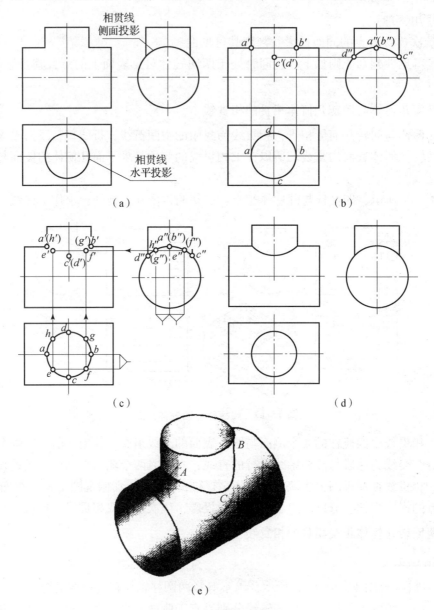

图 4-20　不等径两圆柱正交

2. 相贯线的形式

（1）两外圆柱面相交，其相贯线为外相贯线，如图 4-21 所示。

（2）外圆柱面与内圆柱面相交，其相贯线为外相贯线，如图 4-22 所示。

（3）两内圆柱面相交，其相贯线为内相贯线，如图 4-23 所示。

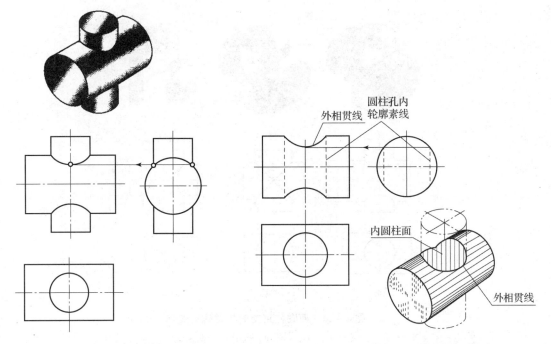

图 4-21 两外圆柱面相交的外相贯线　　图 4-22 外圆柱面与内圆柱面相交的外相贯线

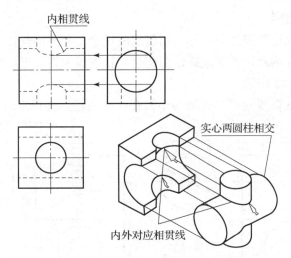

图 4-23 两内圆柱面相交的内相贯线

3. 相贯线的变化

当正交两圆柱（直径分别为 ϕ、ϕ_1）的相对位置不变，相对大小发生变化时，相贯线的形状和位置也将随之变化。

（1）当 $\phi_1 > \phi$ 时，相贯线的正面投影为上、下对称的曲线，如图 4-24（a）所示。

（2）当 $\phi_1 = \phi$ 时，相贯线在空间为两个相交的椭圆，正面投影为两条垂直的相交直线，如图 4-24（b）所示。

（3）当 $\phi_1 < \phi$ 时，相贯线的正面投影为左右对称的曲线，如图 4-24（c）所示。

可见，直径不等的两圆柱相交时，相贯线在非积聚性投影中，相贯线的弯向朝向较大直径圆柱的轴线。

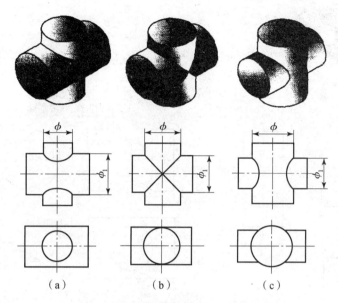

图 4-24 两圆柱正交时相贯线的变化

(a) $\phi_1 > \phi$；(b) $\phi_1 = \phi$；(c) $\phi_1 < \phi$

4. 相贯线的简化画法

国家标准规定，允许用简化画法作出相贯线的投影，允许用圆弧代替非圆曲线。当轴线垂直相交且平行于正面的两个不等径圆柱相交时，相贯线的正面投影以大圆柱的半径为半径画圆弧即可，如图 4-25 所示。

对于小圆柱孔，孔口线（圆柱外壁与小圆孔内壁的相贯线）可用直线画出。

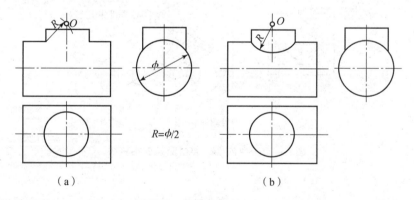

图 4-25 相贯线简化画法

三、圆台与圆柱相贯

由于圆锥表面的投影没有积聚性，因此，当圆台与圆柱相交时，不能利用积聚性法作图。如图 4-26（a）所示，圆台与圆柱正交，一般采用辅助平面法求出两立体表面若干共有点，从而作出相贯线的投影。

如图 4-26（b）所示，辅助平面 P 与圆台表面的截交线为圆，与圆柱表面的截交线为两条平行直线，这两组截交线的交点 E、G、H、F 是相贯线上的，其投影如图中所示。

任务4　绘制基本体的三视图

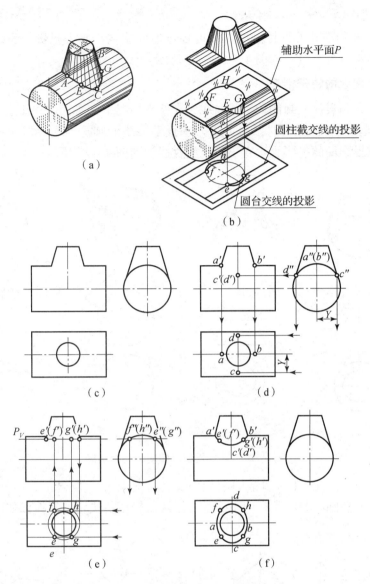

图 4-26　圆锥台与圆柱正交的相贯线

【例 4-3】　求作图 4-26（a）所示圆台和圆柱正交的相贯线。

分析　圆台和圆柱的轴线垂直相交，其相贯线是左右、前后对称的封闭空间曲线，由于圆柱轴线垂直于侧面，侧面投影积聚成圆，因此相贯线的侧面投影也积聚在该圆周上，是圆台与圆柱共有部分的一段圆弧。相贯线的正面和水平投影采用辅助平面求作。

【**解**】　（1）求特殊点。水平圆柱的最高素线与直立圆台最左、最右素线的交点 A、B 是相贯线上的最高点，也是最左、最右点。a'、b'，a、b 和 a''、b'' 均可直接作出。点 c''、d'' 反映相贯线的最前、最后点，也是最低点，是圆台侧面轮廓线与圆柱表面相交点，由 c''、d'' 可求得 $c'(d')$ 和 c、d，如图 4-26（d）所示。

（2）求一般点。按图 4-26（b）所示作辅助水平面，在水平面求得圆台表面与圆柱辅助截交线的投影（圆与两平行直线），得交点 e、f、g、h 和 $e''(g'')$、$f''(h'')$，再求得点 e'

· 91 ·

(f')、$g'(h')$，如图 4-26（e）所示。

（3）连曲线并判别其可见性。按顺序把各点连成曲线；水平投影相贯线可见，正面投影相贯线可见与不可见重合，如图 4-26（f）所示。

四、相贯线投影的特殊情况

一般情况下，相贯线是封闭的空间曲线，在特殊情况下为平面曲线或直线。

（1）两个同轴回转体相交时，相贯线为垂直于轴线的圆。当回转体轴线平行于投影面时，这个圆在该投影面的投影为垂直于轴线的直线，如图 4-27 所示。

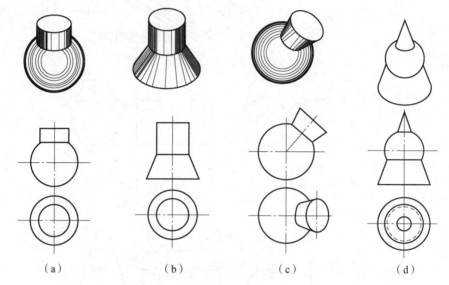

图 4-27 两相贯回转体同轴的相贯线

（2）圆柱与圆柱、圆柱与圆锥的轴线斜交，并公切于一圆球时，其相贯线是平面曲线——两个相交的椭圆。椭圆所在的平面垂直于两条轴线所决定的平面，如图 4-28 所示。

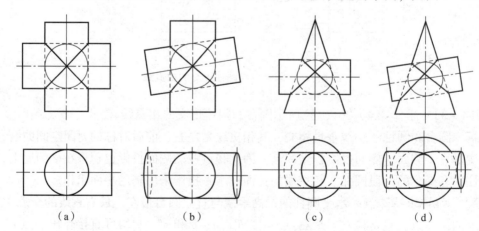

图 4-28 两回转体公切于一圆球的相贯线

（3）当两圆柱的轴线平行时，相贯线为直线，如图 4-29 所示。当两圆锥共顶时，相贯线为直线，如图 3-30 所示。

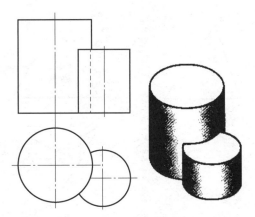

图 4-20　相交两圆柱轴线平行的相贯线

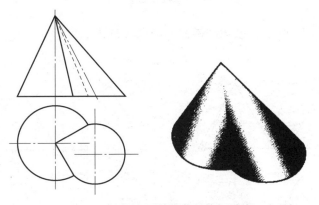

图 4-30　相交两圆锥共顶的相贯线

4.3　任务实施

4.3.1　立体表面上点的投影作图

练习 1　如图 4-31（a）所示，已知三棱锥表面上的点 M 的正面投影 m'，作出它的水平投影和侧面投影。

由于 m' 可见，故可断定点 M 在左前侧棱面上。作图思路：点在棱面上，故点一定在棱面上过该点的一条直线上，先在棱面上过该点作一条辅助线，求出辅助直线的投影，再从辅助直线的投影上求出该点的投影。作图过程如图 4-32（b）所示，其步骤如下。

（1）过点 s' 与 m' 作一直线与底面交于点 k'（点 k' 是棱面上的直线 SM 与底面 ABC 的边 AC 的交点 K 的正面投影）；过点 k' 向下作垂线，与底面的水平投影的边相交于点 k，过点 s 和 k 作一直线 sk（sk 是直线 SM 的水平投影）；由点 k 和 k' 得点 k''，过点 s'' 与 k'' 作一直线 $s''k''$（$s''k''$ 是直线 SM 的侧面投影）。这一步是求过点 M 的辅助直线 SM 的投影。

（2）过点 m' 向下作垂线与直线 sk 相交，得交点 m，m 即为点 M 的水平投影。过点 m' 作一水平线向右与 $s''k''$ 交于 m''，m'' 即为点 M 在侧面上的投影。这一步是从辅助直线 SM 的投影上求作点 M 的另两面投影。

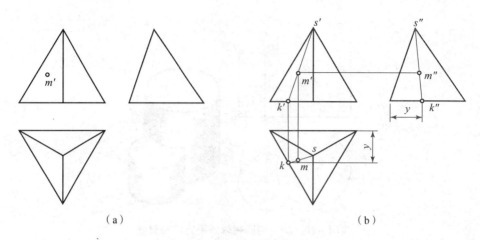

图 4-31 棱锥表面上点的投影

练习 2 如图 4-32 所示，已知圆锥面上的点 A 的正面投影 a'，求作它的水平投影和侧面投影。

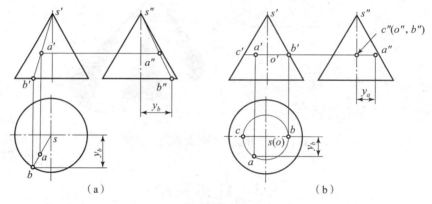

图 4-32 圆锥表面上点的投影
(a) 辅助线法；(b) 辅助圆法

因为 a' 可见，所以点 A 位于前半圆锥面上。由于圆锥面的 3 个投影都没有积聚性，所以求作点 A 的另两面投影常采用辅助线法或辅助圆法。辅助线法是在圆锥面上通过点 A 作一条辅助线，先求作辅助线的投影，再从辅助线的投影上作出点 A 的投影。辅助圆法是在圆锥面上通过点 A 作一垂直于轴线的圆，先求作辅助圆的投影，再从辅助圆的投影上作出点 A 的投影。分述如下。

辅助线法 作图过程如图 4-32（a）所示，其步骤如下。

(1) 连 s' 和 a'，延长 $s'a'$，与底圆的正面投影相交于 b'。根据 b' 在前半底圆的水平投影上作出 b，再由 b 在底圆的侧面投影上作出 b''。分别连 s 和 b、s'' 和 b''。SB 就是过点 A 且在圆锥面上的一条辅助线，sb、$s'b'$、$s''b''$ 是其三面投影。

(2) 由 a' 分别在 sb、$s''b''$ 上作出 a、a''。由于圆锥面的水平投影是可见的，因此 a 也可见；又因 A 在左半圆锥面上，所以 a'' 也可见。

辅助圆法 作图过程如图 4-32（b）所示，其步骤如下。

(1) 过点 A 作垂直于轴线的水平辅助圆，其正面投影为直线，其长度就是过 a' 的 $b'c'$；

其水平投影是以 $o'b'$（即 ob）为半径的圆，它反映辅助圆的实形，其侧面投影也是直线。

（2）因为 a' 可见，所以点 A 应在前半圆锥面上，于是就可由 a' 在水平圆的前半圆的水平投影上作出 a。

（3）由 a'、a 作出 a''。可见性的判别在辅助线法中已阐述，不再重复。

4.3.2 截交线的投影作图

练习3 如图 4-33（a）所示，已知被切槽半球的正面投影，求其水平投影和侧面投影。

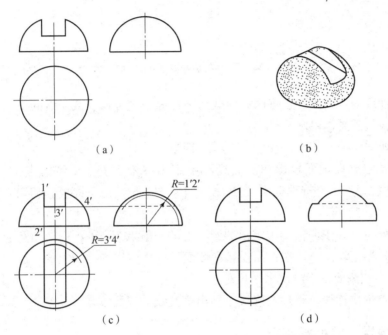

图 4-33 切槽半球的投影

分析 半球上部切口是由一个水平面截面和两个侧平面截面对称截切而成。如图 4-33（b）所示，水平面截面截得的交线的水平投影为圆弧；侧平面截面截得的交线的侧面投影为圆弧；两截平面之间的交线为直线段。作图时只需要定出各圆弧的半径，用圆规在其投影面中直接画出即可。作图步骤如下。

（1）作侧平面截面的截交线投影。如图 4-33（c）所示，在正面投影中定出 $1'2'$ 为侧面投影圆弧的半径，以 $1'2'$ 为半径，画出侧面投影中的圆弧；画出两截平面的水平投影为直线。

（2）作水平面截平面的截交线投影。如图 4-33（c）所示，在正面投影中定出 $3'4'$ 为水平投影圆弧半径，以 $3'4'$ 为半径画出水平投影中的圆弧；画出截交线的侧面投影为水平直线；圆弧部分为不可见，画成虚线。

（3）加深。如图 4-33（d）所示，判别可见性，整理轮廓线。

练习4 如图 4-34（a）所示，求作顶尖左端的截交线的三面投影。

分析 从顶尖的立体图可看出，顶尖头部是由圆锥和圆柱同轴组合而成，被水平面 P 和正垂面 Q 所截切。截交线由三部分组成：水平面截面截切圆锥面截得双曲线，截切圆柱

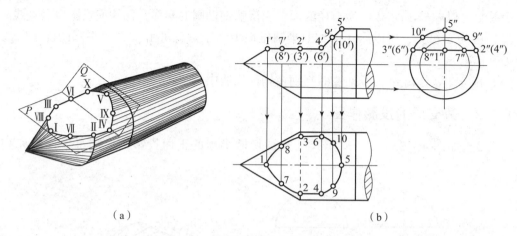

图 4-34 顶尖左端截交线的三面投影

面得两平行于轴线的直线段，正垂面截面截切圆柱面得椭圆弧。截交线的正面投影和侧面投影都有积聚性，只需要作出水平投影。

作图过程如图 4-34（b）所示，其步骤如下。

（1）求特殊点。在正面投影和侧面投影中定出圆锥面上 3 个特殊点 1′、2′、3′和 1″、2″、3″；定出圆柱面上 3 个特殊点 4′、5′、6′和 4″、5″、6″。由正面投影和侧面投影画出水平投影 1、2、3、4、5、6。

（2）求一般点。在正面投影中定出圆锥面上的一般点 7′、8′；用辅助圆的方法画出侧面投影 7″、8″和水平投影 7、8。在正面投影和侧面投影中定出圆柱面上的一般点 9′、10′和 9″、10″；由正面投影和侧面投影画出水平投影 9、10。

（3）将各点依次连线，整理轮廓线，画出截交线的三面投影。

4.3.3 相贯线的投影作图

练习 5　如图 4-35（a）所示，求圆柱与圆锥轴线正交相贯的相贯线的三面投影。

分析　由图 4-35（a）可知，圆柱与圆锥的左侧相贯，且轴线正交。因此，圆柱的侧面投影积聚为圆，其相贯线的侧面投影与该圆重合。

如图 4-35（b）所示，作辅助平面 P 与圆锥轴线垂直并与圆柱轴线平行，与圆锥的截交线为水平圆，与圆柱截交线为直线，其圆与直线的交点即为相贯线上的一对点。

用此方法作几个辅助平面，求出几对共有点，最后将各点依次连线即可。

作图过程如图 4-35（c）所示，其步骤如下。

（1）求特殊点。根据 1″、2″定出正面投影 1′、2′和水平投影 1、2。

（2）求一般点。画辅助平面 R 的投影，定出一般点 5、6 和 5′、6′；画辅助平面 Q 的投影，定出一般点 7、8 和 7′、8′。

（3）判别可见性连线。如图 4-35（d）所示，正面投影 1′2′3′可见，连成粗实线；水平投影 314 可见，连成粗实线，324 不可见，连成虚线。

（4）整理轮廓线。正面投影中，1′2′之间轮廓线不存在，不必画出；水平投影中，圆柱的轮廓线画到特殊点 3、4。

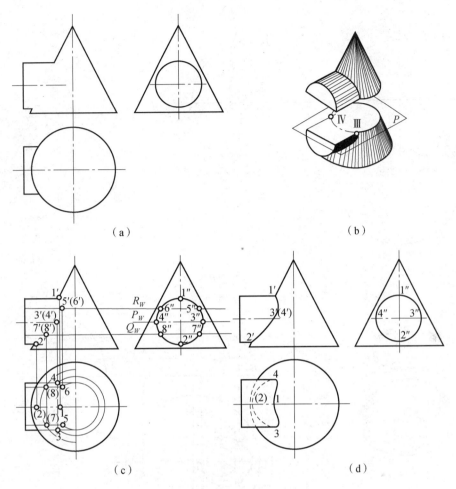

图 4-35　圆柱与圆锥相贯

练习6　如图 4-36（a）所示，求圆台与半球的相贯线的三面投影。

分析　从投影图可知，两相贯体的 3 个投影均无积聚性，必须采用辅助平面法求相贯线。如图 4-36（b）所示，当辅助平面 P 通过圆台的锥顶，并且平行于侧面时，其交线分别为直线和圆弧，交点是一对特殊点；如图 4-36（c）所示，当辅助平面垂直于圆台轴线并水平截切两立体时，其交线为两个圆弧，交点是一对一般点。

作图过程如图 4-36（d）所示，其步骤如下。

（1）求特殊点。根据两回转体的投影特征，可定出正面投影 1′、2′；水平投影 1、2；侧面投影 1″、2″。作辅助平面 P_V，与半球的交线在侧面投影为圆弧；与圆台的交线侧面投影为通过锥顶的直线；得侧面投影 3″、4″。根据投影关系画出正面投影 3′、4′；水平投影 3、4。

（2）求一般点。在正面投影中作辅助平面 Q_V，辅助平面与圆台交线的水平投影为圆；与半球交线的水平投影为圆；画出水平投影的两个圆弧，其交点即为一般点 7、8；定出正面投影 7′、8′；侧面投影 7″、8″。

（3）判别可见性连线。正面投影 1′3′5′2′可见，连成粗实线；水平投影各点可见，连成粗实线；侧面投影 4″6″2″5″3″可见，连成粗实线，3″1″4″不可见，连成虚线。

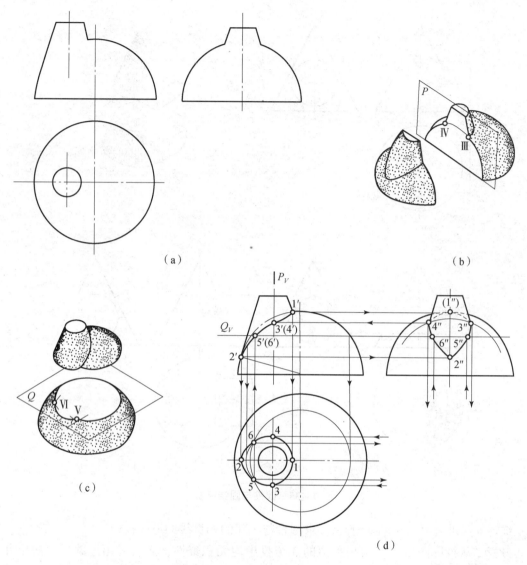

图 4-36 圆台与半球相贯

（4）整理轮廓线。正面投影中，半球 1′2′之间轮廓线不存在，不必画出；侧面投影中半球的轮廓线均存在，但是不可见，连成虚线。

4.4 任务评价与总结

4.4.1 任务评价

本任务教学与实施的目的是，通过三面投影及求截交线和相贯线的投影的作图训练，使学生能熟练地分析和绘制常见基本体的三面投影图，了解截交线和相贯线的性质并掌握求作其投影的方法，为识读和绘制复杂组合体的三视图打下基础。

本任务实施结果的评价主要从基本体的三视图、截交线和相贯线投影作图的正确和熟练程度,以及立体表面取点的正确与熟练程度两方面进行。评价方式采用工作过程考核评价和作业质量考核评价。任务实施评价项目如表 4-1 所示。

表 4-1 任务实施评价项目

序号	评价项目	配分权重	实得分
1	三视图、截交线和相贯线投影作图的正确和熟练程度	70%	
2	立体表面取点的正确与熟练程度	30%	

4.4.2 任务总结

基本体分为平面几何体和回转几何体。由若干平面围成的立体,称为平面几何体。由曲面或曲面和平面围成的立体,称为回转几何体。常见的基本体有棱柱、棱锥、圆柱、圆锥、圆球、圆环等。为了更好地绘制和读懂各种形状的基本体,必须将其投影特性研究清楚。

通过任务实施,学生应掌握平面几何体三视图的画法及其表面上点的投影,以及回转几何体三视图的画法及其表面上点的投影;掌握截交线和相贯线的定义和性质;能正确分析截交线和相贯线的特性;能运用已有的知识和技能正确画截交线和相贯线。

4.5 练习

1. 基本体分为哪两种?各是怎么组成的?
2. 在棱柱、棱锥、圆柱、圆锥和圆球的表面取点和线有哪些方法?
3. 什么情况下,圆柱的截交线是圆、椭圆及两条平行线?
4. 什么情况下,圆锥的截交线是圆、椭圆、抛物线、双曲线及相交两直线?
5. 求相贯线的常用方法有哪些?

任务5 绘制组合体的三视图

5.1 任务描述及目标

通过对组合体三视图的识读和绘制训练,学生能够掌握组合体的形体分析法和线面分析法,掌握组合体三视图的画法、尺寸标注方法,为零件图的识读和绘制打下良好的基础。

5.2 任务资讯

任何复杂的零件,从形体的角度分析,都可以认为是由一些基本体(柱、锥、球、环等)通过切割和叠加组合而成,这种形体称为组合体。在学习了机械制图、投影原理、基本体的投影、截交线及相贯线的基础知识后,接下来进一步研究组合体的构成形式、组合体的画法、标注尺寸以及识读组合体视图的基本方法等问题。

5.2.1 组合体的形体分析

一、形体分析法

任何复杂的物体,仔细分析起来,都可看成是由若干个基本体组合而成的。如图5-1(a)所示的轴承座,可看成是由两个尺寸不同的四棱柱和一个半圆柱叠加起来后,再切出一个大圆柱和两个小圆柱而成的,如图5-1(b)、(c)所示。既然如此,画组合体的三视图时,就可采用"先分后合"的方法。也就是说,先在想象中把组合体分解成若干个基本体,然后按其相对位置逐个画出各基本体的投影,综合起来即得到整个组合体的视图。这样,就可把一个复杂的问题分解成几个简单的问题加以解决。这种为了便于画图和看图,通过分析将物体分解成若干个基本体,并搞清它们之间相对位置和组合形式的方法,称为形体分析法。

二、组合体的组合形式

组合体的组合形式,一般可分为叠加、相切、相交和切割等。

1. 叠加

叠加是两形体组合的简单形式。两形体如以平面相接触,就叫叠加。它们之间的分界线为直线或平面曲线。因此,只要知道它们所在的平面,就可以画出它们的投影。如图5-2(a)和图5-3(a)所示,这两个物体均由底板和立板等组成,底板的上面和立板的下面是平面接触,属于叠加。可见,这类组合体的视图,实际上是由若干个基本形体各按其在实物上的相对位置逐一投影并叠加而成的。

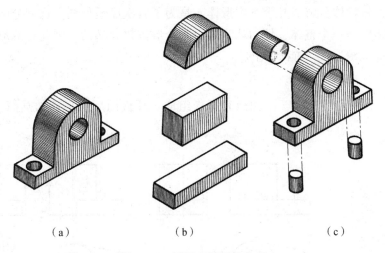

(a)　　　　　　　　(b)　　　　　　　　(c)

图 5－1　轴承座的形体分析

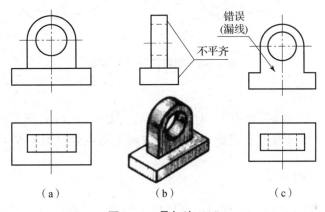

图 5－2　叠加法（1）

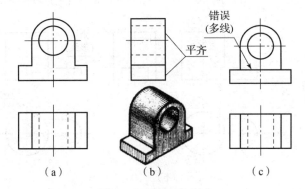

图 5－3　叠加法（2）

画图时，对两形体表面之间的接触处，应注意以下两点：

（1）当两形体的表面不平齐时，中间应该画线，如图 5－2（a）所示。图 5－2（c）的错误是漏画了线。因为若两表面投影分界处不画线，就表示成为同一个表面了。

（2）当两形体的表面平齐时，中间不应该画线，如图 5－3（a）所示。图 5－3（c）的错误是多画了线。若多画一条线，就变成了两个表面了。

还应指出，将物体分解成几个基本形体，是为了有次序地作图。这种分解是在想象中进行的，而实际物体是一个整体，切勿认为是由几个形体拼起来的。因此，两形体的表面平齐时，相接触处的"缝"是不能画线的。

2. 相切

图 5-4（a）所示的物体，由圆筒和耳板组成。耳板前后两平面与圆筒表面光滑连接，这就是相切。

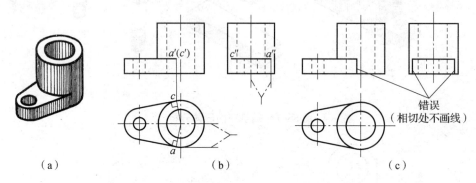

图 5-4　相切的特点及画法

视图上相切处的画法：

（1）两面相切处不画线，如图 5-4（b）所示。图 5-4（c）所示是错误的画法。

（2）相邻平面（如耳板的上表面）的投影应画至切点处，如图 5-4（b）中的 a'、a'' 和 c''。

3. 相交

图 5-5（a）所示的物体，其耳板与圆柱属于相交。两体相交，其表面交线（相贯线）的投影必须画出，如图 5-5（b）所示。图 5-5（c）的错误是多画和漏画了线。

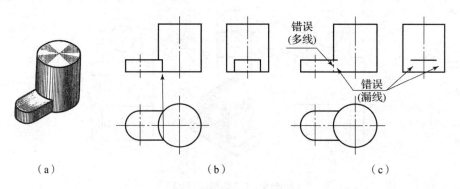

图 5-5　相交的特点及画法

4. 切割

图 5-6（a）所示的物体，可看成是长方体经切割而形成的，切割过程如图 5-6（b）所示。画图时，可先画完整长方体的三视图，然后逐个画出被切部分的投影，如图 5-6（c）、（d）所示。

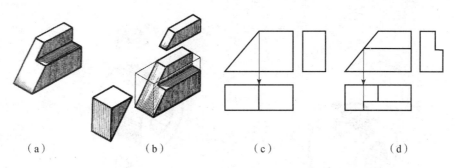

图 5-6 切割型组合体的画法

由作图可知,画切割体的关键在于求切割面与物体表面的截交线,以及切割面之间的交线。

总之,画组合体的视图时,要通过形体分析,首先搞清各相邻形体表面之间的连接关系和组合形式,然后选择适当的表达方案,按正确作图方法和步骤画图。

当然,在实际画图时,往往会遇到一个物体上同时存在几种组合形式的情况,这就要求我们更要注意形体分析。无论物体的结构多么复杂,相邻两形体之间的组合形式都是单一的,只要善于观察和正确地运用形体分析法作图,问题就不难解决。

5.2.2 组合体三视图的画法

要正确地画出组合体三视图,必须要分析组合体的组合形式、相邻表面的连接关系。根据形体的形状特征,可以采用形体分析法或线面分析法画三视图。形体分析法主要应用于以叠加为主的形体;线面分析法主要应用于以切割为主的形体,有的形体需要采用两种方法结合画图。

一、用形体分析法画三视图

形体分析法就是假想将组合体分解为若干基本体,并确定它们的组合形式,以及相邻形体的相对位置和表面的连接关系。

以图 5-7(a)所示的轴承座为例,说明画组合体三视图的方法步骤。

分析 轴承座可分解为为 5 个组成部分:圆柱凸台 1、圆柱筒 2、支承板 3、底板 4、肋板 5,如图 5-7(b)所示。支承板叠放在底板上,与底板的后面平齐,上方两侧面与圆柱面相切。肋板放在底板上面,紧靠支承板前面,上方与圆柱筒结合。圆柱筒放在支承板和肋板上面,后面与支承板后面相错。圆柱凸台放在圆柱筒的上面,并挖去一个通孔。这 5 个基本形体的对称面与轴承座的对称面重合。作图步骤如下。

(1)选择主视图。

①形体安放的位置:一般选择组合体的自然安放位置,同时,要尽可能使组合体的主要表面(或轴线)平行(或垂直)于投影面,以利于画图。

②主视图投影方向的确定:在主视图中要尽量多地反映组合体的形状特征,以及各形体之间的相对位置关系,同时还要考虑主视图确定后的其他视图应尽量减少虚线。

③考虑尺寸关系:在主视图中,应尽量反映形体的长度尺寸。

综合以上要求,确定轴承座的主视图投射方向为 B 方向,如图 5-8(c)所示。

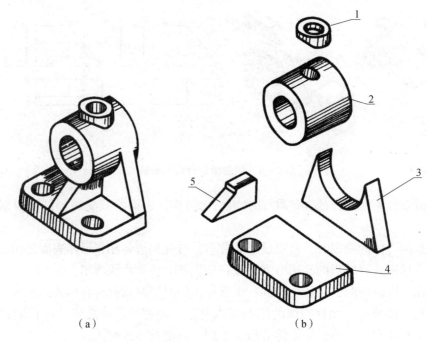

1—圆柱凸台；2—圆柱筒；3—支承板；4—底板；5—肋板。

图 5-7　轴承座的形体分析

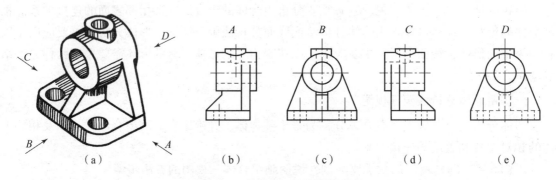

图 5-8　分析主视图的投射方向

(2) 选比例、定图幅。

画图时，尽量选择 1∶1 比例，考虑各视图之间应留出适当的距离及标注尺寸的位置，确定合适的标准图幅。

(3) 布置视图、画基准线、图框及标题栏。

根据估算的视图大小及间距，画出各视图的定位基准线及主要中心线，这样就确定了各视图在图样上的具体位置。

(4) 逐个画出各基本体的三视图。

一般先画出主要的、较大的形体，再画其他部分。每画一个形体时，先从反映实形或有特征的视图开始，再画其他视图。必须强调的是，每个基本体的三视图应按投影关系对应作图，以保证各基本体之间的正确的相对位置与投影关系；同时，注意形体表面的连接关系，保证正确作图。

（5）检查、清理图面及加深图线。

加深时，应对图中的各线进行检查，擦去多余线段，然后按先圆弧后直线的顺序，从上向下依次按线型要求加深图线。当所加深的图线重合时，一般按"粗实线、虚线、点画线、细实线"的顺序取舍。

（6）填写标题栏。

填写标题栏中的各项内容。

画轴承座三视图的步骤如图 5-9 所示。

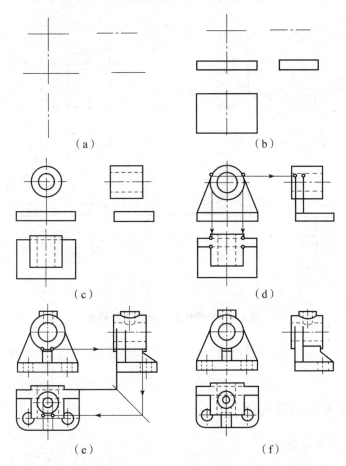

图 5-9　画轴承座三视图的步骤

(a) 定基准；(b) 画底板；(c) 画轴承；(d) 画肋板；(e) 检查；(f) 加深

二、用线面分析法画三视图

线面分析法主要应用于以切割为主的形体，经过多次切割后的形体与基本体有较大区别，各棱、面的投影不易想象。采用线面分析法主要是按形体表面和棱线的投影关系依次画出其三视图。

立体表面倾斜于投影面时，它的投影关系具有类似性，作图或读图时可按点、线的投影画出其类似形，如图 5-10 所示。

画图 5-11（a）所示形体的三视图。

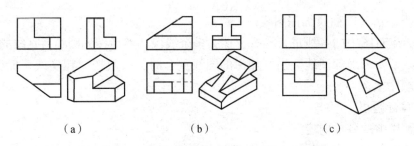

图 5-10 倾斜于投影面的截面的投影为类似形

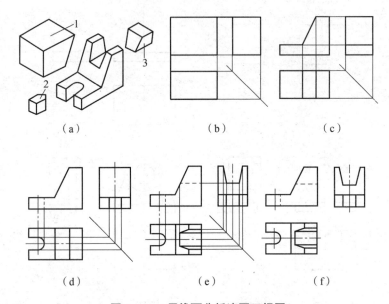

图 5-11 用线面分析法画三视图

分析 画图时,一般是形体分析法与线面分析法综合应用。作用步骤如图 5-11(a)~(f)所示。

5.2.3 组合体的尺寸标注

一、尺寸标注的基本要求

尺寸标注的基本要求如下。

(1) 正确。标注的尺寸数值应准确无误,标注方法要符合国家标准中有关尺寸注法的基本规定。

(2) 完整。标注尺寸必须能唯一确定组合体及各基本形体的大小和相对位置,做到无遗漏,不重复。

(3) 清晰。尺寸的布局要整齐、清晰,便于查找和看图。

二、尺寸基准

确定尺寸位置的几何元素称为尺寸基准。对于组合体,常选用其底面、重要的端面、对称平面、回转体的轴线以及圆的中心线等作为尺寸基准。

在组合体的长、宽、高 3 个方向中,每个方向至少要有一个主要尺寸基准。当形体复杂时,允许有一个或几个辅助尺寸基准。如图 5-12 (a) 所示,以通过圆筒轴线的侧平面作为长度方向的尺寸基准;以过圆柱孔轴线的正平面作为宽度方向的尺寸基准;以底板的底面作为高度方向的尺寸基准。

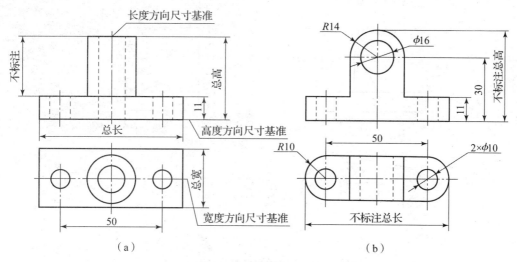

图 5-12 组合体的尺寸标注
(a) 尺寸基准;(b) 不注总体尺寸的情况

三、组合体的尺寸种类

(1) 定形尺寸:确定组合体中各基本体的形状和大小的尺寸。如图 5-12 (b) 中 R14、2×φ10、φ16 等尺寸均属于定形尺寸。

(2) 定位尺寸:确定组合体中各组成部分相对位置的尺寸。基本体的定位尺寸最多有 3 个,若基本体在某方向上处于叠加、平齐、对称、同轴之一者,则应省略该方向上的一个定位尺寸。如图 5-12 (a) 中,圆筒长度和宽度方向的定位尺寸均省略。

(3) 总体尺寸:确定组合体外形的总长、总宽和总高的尺寸。若定形、定位尺寸已标注完整,在加注总体尺寸时,应对相关的尺寸作适当调整,避免出现封闭尺寸链。如图 5-12 (a) 所示,删除圆筒的高度尺寸,标注总高。另外,当组合体的一端为有同心孔的回转体时,该方向上一般不注总体尺寸,如图 5-12 (b) 所示。

四、标注组合体尺寸的步骤

标注组合体的尺寸时,首先应运用形体分析法分析形体,找出该组合体长、宽、高 3 个方向的主要基准,分别注出各基本体之间的定位尺寸和各基本体的定形尺寸,再标注总体尺寸并进行调整,最后校对全部尺寸。

现以支座为例,说明标注组合体尺寸的具体步骤。

(1) 对组合体进行形体分析,确定尺寸基准。如图 5-13 所示,依次确定支座长、宽、高 3 个方向的主要尺寸基准:通过圆筒的轴线的侧平面作为长度方向的主要尺寸基准,通过圆筒的轴线的正平面作为宽度方向的主要尺寸基准,底板的底面作为高度方向的主要尺寸基准,耳板和圆筒顶面作为高度方向的辅助尺寸基准。

(2) 标注定位尺寸。从组合体长、宽、高 3 个方向的主要尺寸基准和辅助尺寸基准出发,依次注出各基本体的定位尺寸。如图 5-13 所示,标注出尺寸 80、56、52,确定底板和耳板相对于圆筒的左右位置；在宽度和高度方向上标注出尺寸48、28，确定凸台相对于圆筒的上下和前后位置。

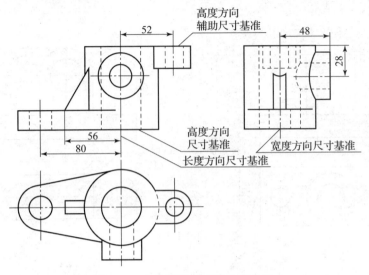

图 5-13 支座的尺寸基准和定位尺寸

（3）标注定形尺寸。依次标注支座各组成部分的定形尺寸，如图5-14所示。

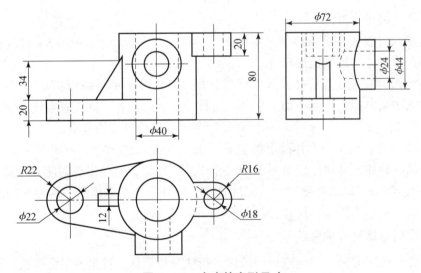

图 5-14 支座的定形尺寸

（4）标注总体尺寸。为了表示组合体外形的总长、总宽和总高，应标注相应的总体尺寸。如图5-15所示，总高：支座的总高尺寸为80，它也是圆筒的高度尺寸；总长：因为已标注了轴线的定位尺寸80、52以及圆弧半径 $R22$ 和 $R16$，所以不再标注总长（80+52+22+16=170）；总宽：左视图上标注了定位尺寸48后，不再标注总宽（48+72/2=84）。

五、标注尺寸需要注意的几个问题

标注尺寸除了要求正确、完整以外，为了便于读图，还要求所注尺寸清晰。为此，必须注意以下几点。

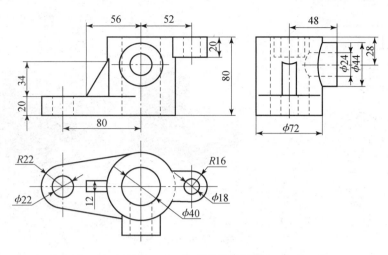

图 5-15 支座的总体尺寸

（1）尺寸应尽量标注在视图外面，与两个视图有关的尺寸最好布置在两个视图之间。

（2）定形、定位尺寸尽量标注在反映形状和位置特征的视图上。如图 5-15 所示，底板和耳板的高度 20，标注在主视图上比标注在左视图上要好；表示底板、耳板直径和半径的尺寸 R22、φ22、R16、φ18，标注在俯视图上比标注在主、左视图上更能表达形状特征；在左视图上标注尺寸 48 和 28，比标注在主、俯视图上更能明显反映位置特征。

（3）同一基本形体的定形、定位尺寸应尽量集中标注。如图 5-15 所示，主视图上的定位尺寸 56、52、80，左视图上的定位尺寸 48、28，俯视图上的定形尺寸 R22、φ22、R16、φ18、φ40 等就相对集中。

（4）直径尺寸尽量标注在投影为非圆的视图上。如图 5-15 所示，φ44 和 φ24 就标注在左视图上。而圆弧的半径则应标注在投影为圆的视图上，如图 5-15 所示俯视图上的 R22 和 R16。

（5）尺寸尽量不标注在虚线上。但为了布局需要和尺寸清晰，有时也可标注在虚线上，如图 5-15 所示左视图上的 φ24。

（6）尺寸线、尺寸界线与轮廓线尽量不要相交。同方向的并联尺寸，应使小尺寸注在里边（靠近视图），大尺寸注在外边。同方向的串联尺寸，箭头应互相对齐并排列在一条线上。

以上各点，并非标注尺寸的固定模式，在实际标注尺寸时，有时会出现不能完全兼顾的情况，应在保证尺寸标注正确、完整、清晰的基础上，根据尺寸布置的需要灵活运用和进行适当的调整。如图 5-15 所示，主视图上的 56，左视图上的 φ24、28、48，俯视图上的 φ40 等尺寸，均为调整后重新标注的尺寸。

5.3 任务实施

5.3.1 用 AutoCAD 绘制组合体三视图

练习1 如图 5-16 所示，已知机座的主、俯视图，请想象该组合体的形状并补画左视图。

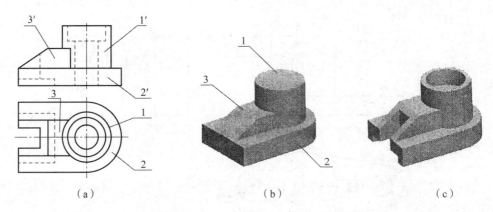

1、1′—圆柱；2、2′—底板；3、3′—厚肋板。

图 5-16 想象机座的形状

(a) 将机座分解成 3 个部分，找出对应的投影；(b) 想象 3 个形体的形状；
(c) 想象出机座左端的矩形凹槽、矩形通槽和阶梯圆柱孔位置和形状

(1) 分析。按主视图上的封闭线框，将机座分为圆柱 1、底板 2、右端与圆柱面相交的厚肋板 3，再分别找出这 3 个部分在俯视图上对应的投影，想象出它们各自的形状，如图 5-16 (a)、(b) 所示。再进一步分析细节，如主视图右边的细虚线表示阶梯圆柱孔，主、俯视图左边的细虚线表示矩形凹槽和矩形通槽。综合起来想象出机座的整体形状，如图 5-16 (c) 所示。

(2) 补画左视图。其步骤如图 5-17 所示。

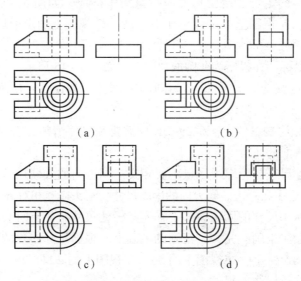

图 5-17 补画机座左视图的步骤

(a) 补画底板 2 的左视图；(b) 补画圆柱 1 和厚肋板 3 的左视图；
(c) 补画矩形凹槽和阶梯圆柱孔的左视图；(d) 最后补画矩形通槽的左视图

练习 2 如图 5-18 (a) 所示，已知切割型组合体的主、左视图，想象该组合体的形状并补画俯视图。

(1) 形体分析。由主、左视图可以看出，该组合体的原始形状是一个四棱柱。用正平面 P 和正垂面 Q 在左前方切去一块后，再用正平面 S 和侧垂面 R 在右前方切去一角，如图 5-18 (b) 所示。

(2) 线面分析。正平面 P 和 S 在主视图中分别是三角形和四边形，根据投影特性可知其在俯视图上必积聚为直线，如图 5 – 18（c）、(d) 所示。正垂面 Q 和侧垂面 R 在主、左视图上分别积聚为直线，侧面投影和正面投影分别为六边形和四边形，根据投影特性可知其在俯视图上为类似的六边形和四边形，如图 5 – 18（c）、(d) 所示。水平面 T 在主、左视图上积聚为直线，根据"长对正、宽相等"的对应关系和投影特性可求得俯视图上反映真实形状的六边形，如图 5 – 18（c）、(d) 所示。

(3) 补画俯视图。先分别画出正平面 P 和正垂面 Q 的俯视图，再分别画出侧垂面 R、正平面 S 和水平面 T 的俯视图，如图 6 – 26（d) 所示。

(4) 检查后按线型加粗图线，如图 5 – 18（e) 所示。

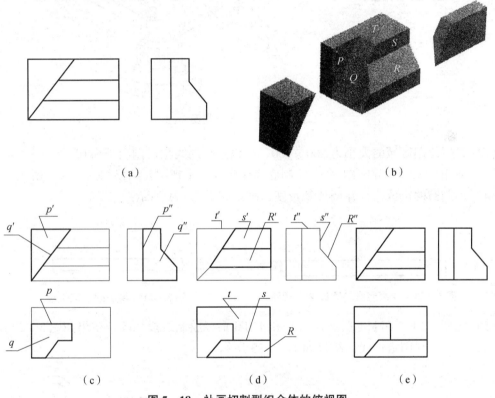

图 5 – 18　补画切割型组合体的俯视图

(a) 题目；(b) 形体分析；(c) 画正平面 P 和正垂面 Q；
(d) 画侧垂面 R、正平面 S 和水平面 T；(e) 检查、加深

练习 3　如图 5 – 19 所示，根据轴测图及视图轮廓，用 AutoCAD 绘制完整视图。

(1) 创建表 5 – 1 所示的 3 个图层。

表 5 – 1　绘制图 5 – 19 所示图形需用到的图层

名称	颜色	线型	线宽/mm
粗实线	白色	Continuous	0.7
中心线	白色	Center	默认
虚线	白色	Dashed	默认

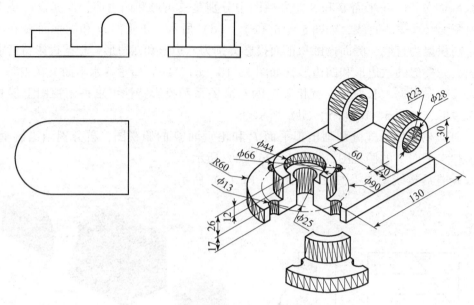

图 5-19　绘制三视图

（2）设置绘图区域的大小为 500×500，再设定全局线型比例因子为 0.3。
（3）使用 LINE 和 OFFSET 命令绘制底座轮廓线的主视图，结果如图 5-20 所示。
（4）绘制圆的定位线，并调整其长度，结果如图 5-21 所示。

图 5-20　绘制底座轮廓线的主视图　　　　图 5-21　绘制圆的定位线

（5）使用 LINE、OFFSET、CIRCLE 和 TRIM 命令绘制线段和圆，结果如图 5-22 所示。
（6）绘制俯视图定位线，结果如图 5-23 所示。

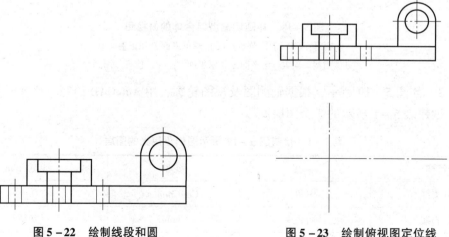

图 5-22　绘制线段和圆　　　　图 5-23　绘制俯视图定位线

（7）使用 LINE、CIRCLE 和 OFFSET 命令绘制俯视图，结果如图 5-24 所示。

（8）将俯视图复制到新位置并旋转 90°，结果如图 5-25 所示。

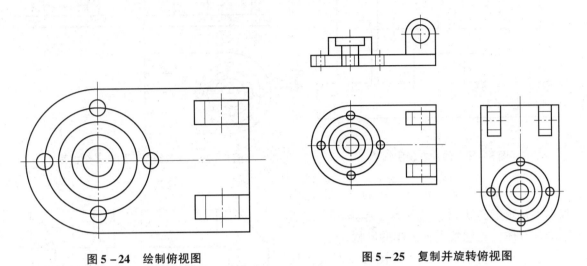

图 5-24　绘制俯视图　　　　　　图 5-25　复制并旋转俯视图

（9）使用 XLINE 命令通过主视图和复制并旋转后的俯视图绘制水平线和垂直线，结果如图 5-26 所示。

（10）修剪线条后形成左视图的轮廓线，结果如图 5-27 所示。

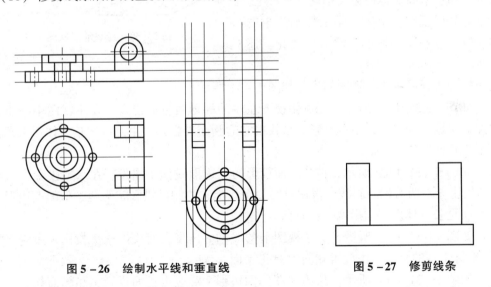

图 5-26　绘制水平线和垂直线　　　　　　图 5-27　修剪线条

（11）使用 LINE、OFFSET 等命令绘制左视图的其余细节，结果如图 5-28 所示。

（12）将线条调整到相应的图层上，并删除多余视图，结果如图 5-29 所示。

5.3.2　识读三视图

练习 4　以图 5-30 所示压块的三视图为例，说明用线面分析法读图的具体过程。

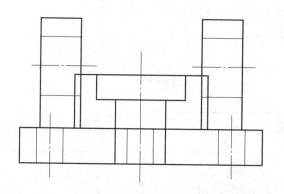

图 5-28 绘制左视图细节

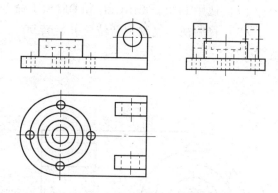

图 5-29 修改线型、删除多余视图

先分析整体形状：由于压块的三视图轮廓基本上是矩形，所以它的基本形体是一个被切割的长方体，先想象出长方体的形状。

进一步分析细节：从主视图可以看出，长方体左上方用正垂面切去一角；从俯视图可以看出，长方体右端前后分别用铅垂面对称切去两个角；从左视图可以看出，长方体下方前后分别用水平和正平面对称切去两小块。

从以上分析说明：该压块是以切割为主的组合体。但是它被切割后的形状有何变化，还需要用线面分析法进一步分析。

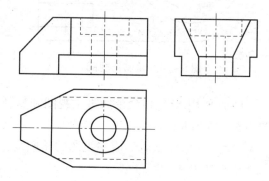

图 5-30 压块的三视图

线面分析法分析压块三视图的步骤如图 5-31 所示。

（1）如图 5-31（a）所示，先从俯视图左端的梯形线框 p 出发，在主视图中找出与它对应的投影 p' 是一条斜线，根据投影关系找出它的侧面投影 p''，由此可知长方体左上角的面 P 是垂直于正面的梯形平面。

（2）如图 5-31（b）所示，再从正面投影的七边形线框 q' 出发，在水平投影中找出与它对应的投影 q 是两对称的斜线，根据投影关系找出它的侧面投影 q'' 为两类似的七边形。由此可知面 Q 是长方体左端前后两个铅垂面。

（3）如图 5-31（c）所示，从主视图上的线框 r' 出发，对应出水平投影 r 和侧面投影 r''，是两平行于轴的直线，由此可知面 R 是正平面。

（4）如图 5-31（d）所示，从俯视图的四边形 s 对应出正面投影 s' 和侧面投影 s''，是两平行于轴的直线，由此可知面 S 是前后两个水平面。再分析，主视图中的 $a'b'$ 不是平面的投影，因为对应的水平投影是点 $a(b)$，所以它是面 R 与面 Q 交线的投影。同理，$c'd'$ 是面 Q 与面 T 交线的投影。

其余表面比较简单，不需要作进一步分析。这样，我们从形体分析的角度和线面分析的角度上，彻底弄清楚了压块的三视图中线、面投影关系，进而想象出压块的空间形状。

压块空间构思的过程如图 5-32 所示。

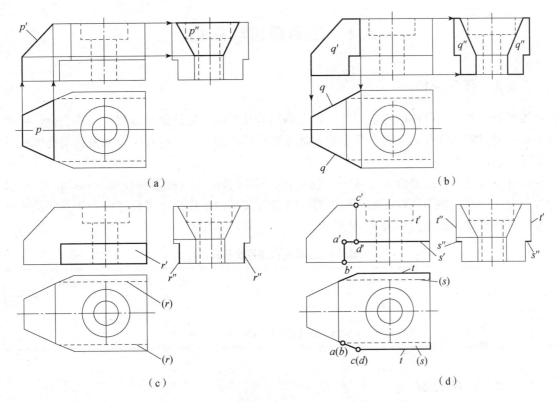

图 5-31 线面分析法分析压块三视图的步骤

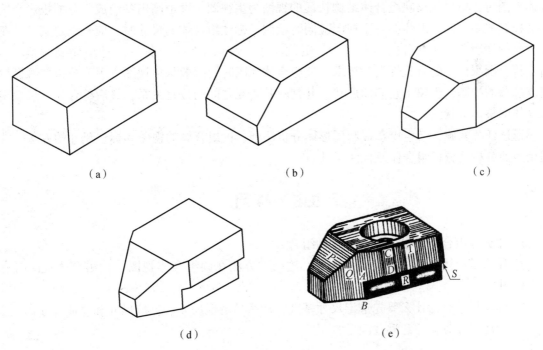

图 5-32 压块空间构思的过程

5.4 任务评价与总结

5.4.1 任务评价

本任务介绍了组合体的组合形式,以及画组合体视图、标注组合体尺寸及读组合体视图的方法。通过对本任务的学习,学生应掌握画组合体视图、标注组合体尺寸及读组合体视图的形体分析法。

本任务实施结果的评价主要从组合体识读、绘制组合体三视图和使用 AutoCAD 绘制组合体三视图的正确和熟练程度两方面进行。评价方式采用工作过程考核评价和作业质量考核评价。任务实施评价项目如表 5-2 所示。

表 5-2 任务实施评价项目

序号	评价项目	配分权重	实得分
1	组合体识读	50%	
2	绘制组合体三视图和使用 AutoCAD 绘制组合体三视图	50%	

5.4.2 任务总结

无论是画组合体视图、标注尺寸还是读组合体视图,均应首先对组合体进行分析。画组合体视图时,应以能反映组合体结构特征的视图为主视图,逐个画出各组成部分的投影。为保证投影关系,同一形体的各个视图应同时绘制。标注组合体的尺寸时,应先确定其尺寸基准,再标注出各组成部分的定形尺寸、定位尺寸以及总体尺寸。标注尺寸应做到完整、清晰,符合国家标准的有关规定和要求。读组合体视图时,一般从主视图入手,分析、看懂各组成部分的视图,想象出它们的形状,并判断其相互之间的位置关系,最后综合起来想象出组合体的整体形状。

通过任务实施,学生应掌握利用形体分析法画、读组合体的视图和标注尺寸的方法,能运用线面分析法分析组合体及标注尺寸。

5.5 练习

1. 什么是组合体?组合体有哪几种组合方式?
2. 什么是形体分析法和线面分析法?这两种方法在画组合体视图、读组合体视图时有什么作用?
3. 标注尺寸时为什么要先选定尺寸基准?什么是定形尺寸、定位尺寸和总体尺寸?
4. 标注尺寸时应注意哪些问题?

任务6 绘制轴测图

6.1 任务描述及目标

通过轴测图的作图训练,学生能了解轴测投影的基本概念、形成、分类及各种轴测图的特点,掌握正等轴测图的投影特点及画法,熟练地根据实物或投影图绘制物体的正等轴测图,了解斜二测图的作图特点,根据实物或投影绘制物体的斜二测图。

6.2 任务资讯

轴测图是一种单面投影图,在一个投影面上能同时反映出物体3个坐标面的形状,并接近于人们的视觉习惯,形象、逼真、富有立体感。但轴测图一般不能反映出物体各表面的实形,因而度量性差,同时作图较复杂。因此,在工程上常把轴测图作为辅助图样,来说明机器的结构、安装、使用等情况;在设计中,用轴测图帮助构思、想象物体的形状,以弥补正投影图的不足。

6.2.1 轴测图的基本知识

一、轴测图的形成

如图6-1所示,将物体及其直角坐标系一起,用平行投影法中的斜投影,按选定的投射方向 S,向投影面 P 投影,得到一个同时反映物体长、宽、高形状的图形。用这种方法得到的图形称为轴测投影图,简称轴测图。

在轴测投影中,投影面 P 称为轴测投影面;投射方向 S 称为轴测投射方向。

当投射方向 S 垂直于投影面时,所得图形称为正轴测图。

当投射方向 S 倾斜于投影面时,得到的图形称为斜轴测图。

二、轴测轴、轴间角、轴向伸缩系数

以图6-1为例进行说明。

(1) 轴测轴:直角坐标轴 OX、OY、OZ 在轴测投影面上的投影 O_1X_1、O_1Y_1、O_1Z_1,称为轴测投影轴,简称轴测轴(新制图标准规定轴测轴也可以用 OX、OY、OZ)。

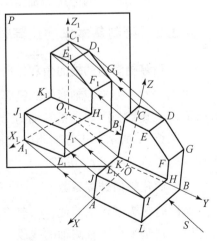

图6-1 轴测图的形成

(2) 轴间角：轴测轴之间的夹角 $\angle X_1O_1Y_1$、$\angle Y_1O_1Z_1$、$\angle X_1O_1Z_1$ 称为轴间角。

(3) 轴向伸缩系数：空间三坐标的长度与其轴测投影长度的比值，分别称为各轴的轴向伸缩系数。

X_1 轴的轴向伸缩系数：$p = O_1A_1/OA$

Y_1 轴的轴向伸缩系数：$q = O_1B_1/OB$

Z_1 轴的轴向伸缩系数：$r = O_1C_1/OC$

三、轴测图的投影特性

由于轴测图是根据平行投影法画出来的，因此它具有平行投影法的基本特性。

(1) 空间直角坐标轴在轴测投影中，其直角的投影一般已经不是直角了。但是沿轴测轴确定其长、宽、高 3 个坐标方向的性质不变，即可沿轴确定长、宽、高 3 个方向。

(2) 形体中互相平行的棱线，在轴测图中仍具有互相平行的性质。

(3) 形体中平行于坐标轴的棱线，在轴测图中仍平行于相应的轴测轴。凡是与坐标轴平行的线段，其轴测投影的长度为棱线原尺寸乘以轴向伸缩系数。

注意：形体上那些不平行于坐标轴的线段，它们的投影变化与平行于坐标轴的那些线段不同。因此，不能将非轴向线段的长度直接移到轴测图上。画非轴向线段的轴测投影时，需要应用坐标法定出其线段两端点在轴测坐标系中的位置，然后再连接成该线段的轴测投影。

四、轴测图的分类

1. 根据投射方向 S 与轴测投影面 P 的相对位置不同分类

(1) 正轴测图：轴测投射方向 S 垂直于轴测投影面 P。

(2) 斜轴测图：轴测投射方向 S 倾斜于轴测投影面 P。

2. 正轴测图和斜轴测图按其轴向伸缩系数的不同分类

(1) 正等轴测图：正轴测图中，轴向伸缩系数 $p = q = r$ 的轴测图，简称正等测图。

(2) 正二等轴测图：正轴测图中，轴向伸缩系数 $p = r = 2q$ 的轴测图，简称正二测图。

(3) 斜二等轴测图：斜轴测图中，轴向伸缩系数 $p = r = 2q$ 的轴测图，简称斜二测图。

工程中应用最多的是正等轴测图和斜二等轴测图。

6.2.2 绘制基本体的正等轴测图

一、正等轴测图的轴间角和轴向伸缩系数

将立体的 3 根坐标轴对轴测投影面的倾斜角度按相同位置放置，当投射方向垂直于轴测投影面时，其轴测图即是正等轴测图。

如图 6 – 2 所示，正等轴测图的轴间角均为 120°，可用丁字尺与三角板配合使用画出；轴向伸缩系数 $p = q = r = 0.82$。

二、简化轴向伸缩系数

画图时，为了作图简便，一般将轴向伸缩系数简化为 1，即 $p = q = r = 1$。这样，在画轴测图时，凡是平行于轴测轴的线段，就可以直接按立体上相应的线段实际长度作轴测图，而不需要换算。

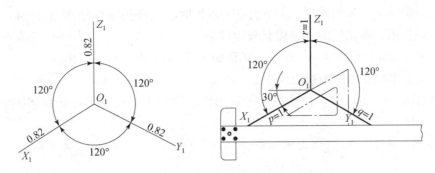

图 6-2 正等轴测图的轴间角和轴向伸缩系数

三、正等轴测图的基本画法

（1）根据形体结构的特点，选定坐标原点的位置。对于对称形体，一般将原点定在立体的对称线上，且放在底面上。对于回转体，一般将原点定在底面或顶面的圆心上。对于不对称形体，一般将原点定在形体的某一角点上。总之，原点的位置要定在便于度量尺寸、对作图较为有利的位置。

（2）画 3 根轴测轴。

（3）按点的坐标作出点、直线的轴测图。一般自上而下，根据轴测图的基本性质，逐个作出立体上各棱线或轮廓线的轴测图。对于不可见的棱线，通常不画出来或将其画成虚线。

四、平面几何体正等轴测图的画法

由于平面几何体用其表面的棱面表示，因此画平面几何体轴测图的实质是画出其表面的棱线及交点。下面介绍两种作轴测图的基本方法。

1. 坐标法

坐标法是根据平面几何体棱线各交点的坐标，画出各点在轴测图中的位置，然后按点连线作出平面几何体棱线的轴测图，这种方法称为坐标法。

【例 6-1】 如图 6-3（a）所示，已知三棱锥的投影图，求作三棱锥的正等轴测图。

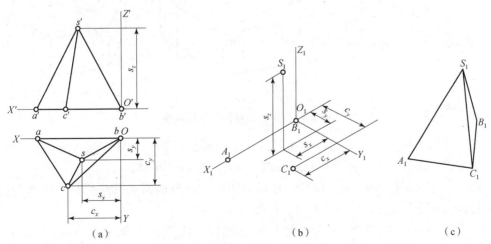

图 6-3 三棱锥的正等轴测图画法

分析 三棱锥上有6条棱线，4个顶点。画图时，只要用坐标法作出 S、A、B、C 4 个顶点的正等轴测图，将相应的点连接起来即可。

【解】 （1）如图 6-3（a）所示，在正面投影和水平投影中定出坐标原点、坐标轴；定出三棱锥上 4 个顶点的两面投影。

（2）如图 6-3（b）所示，画出正等轴测轴；分别按各点的坐标在轴测图中确定各点的位置：A_1、B_1、C_1、S_1。

（3）如图 6-3（c）所示，擦去多余的作图线，连接可见的棱线 A_1C_1、C_1B_1、A_1S_1、B_1S_1、C_1S_1。

2. 平移法

当平面几何体具有相同的两表面且互相平行时，可先作出一个可见表面的轴测图，然后用平移该面上各点、线的方法作出另一个面的轴测图，这种方法称为平移法。

【例 6-2】 如图 6-4（a）所示，已知六棱柱的投影图，作正六棱柱的正等轴测图。

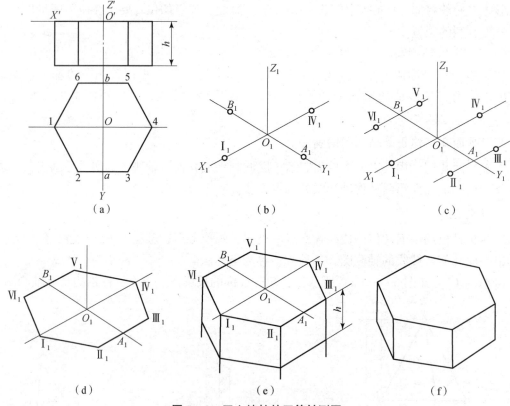

图 6-4 正六棱柱的正等轴测图

分析 正六棱柱的上、下底面为相同的正六边形，可用坐标法作出上底六边形的轴测图，然后用平移法确定下底面上可见的棱线，画出六棱柱的形体。

【解】 （1）如图 6-4（a）所示，在投影图中定出坐标原点及坐标轴。在水平投影上定出六棱柱的 6 个顶点 1、2、3、4、5、6 和 a、b。

（2）如图 6-4（b）所示，画出正等轴测轴。按坐标在轴测轴上量取 I_1、IV_1 和 A_1、B_1。

(3) 如图6-4 (c) 所示,分别过 A_1、B_1 作轴的平行线,在平行线上量取 II_1、III_1、V_1、VI_1。

(4) 如图6-4 (d) 所示,按点的顺序连线,即为顶面六边形的正等轴测图。

(5) 如图6-4 (e) 所示,过各点作可见棱线并平行于 Z 轴,将顶面上可见的棱下移 h 距离,即为底面的正等轴测图。

(6) 如图6-4 (f) 所示,擦去多余的作图线并加深图线,即为正六棱柱的正等轴测图。

五、回转几何体的正等轴测图画法

要掌握回转几何体的正等轴测图画法,首先要掌握圆的正等轴测图画法。

1. 平行于坐标面圆的正等轴测图画法

立体中的圆,若平行于坐标面,其正等轴测图是椭圆,为了简化作图,其椭圆可采用四心圆弧法(菱形法):定出椭圆的4个圆心,分别以这4个圆心作出椭圆上的4段圆弧。

如图6-5 (a) 所示为一个半径为 R 的水平圆的投影图,其正等轴测图的近似画法如下。

(1) 定出坐标系原点及坐标轴。如图6-5 (b) 所示,原点定在圆心上,过圆上点 a、b、c、d 作圆的外切正方形1234。

(2) 画轴测轴定点。如图6-5 (c) 所示,定出正等轴测轴;按圆的半径分别在轴上定出4点 A_1、B_1、C_1、D_1。

(3) 作菱形。如图6-5 (d) 所示,过点 A_1、B_1、C_1、D_1 分别作轴的平行线得菱形 I_1 II_1 III_1 IV_1。

(4) 定椭圆的4个圆心。如图6-5 (e) 所示,连接 $A_1 III_1$、$C_1 I_1$,分别与 $II_1 IV_1$ 相交于 O_2、O_3。即 O_2、O_3、I_1、III_1 分别是椭圆的4个圆心。

(5) 画椭圆。如图6-5 (f) 所示,分别以 I_1、III_1 为圆心,$A_1 III_1$ 为半径,画圆弧。再以 O_2、O_3 为圆心,$O_2 C_1$、$O_3 A_1$ 为半径,画圆弧。将4段圆弧光滑连接,即为近似椭圆。

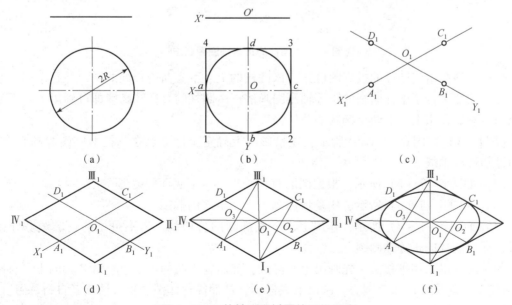

图6-5 正等轴测图椭圆的近似画法

2. 平行于坐标面圆的正等轴测图特性

平行于其他坐标面的圆,其正等轴测图的画法与图 6-5 类似。如图 6-6 所示,平行于正面的圆,其外切正方形的边平行于 X、Z 轴,只要用圆的外切正方形沿轴的方向作出菱形,则椭圆的方向就确定了。从图 6-6 中可以看出。

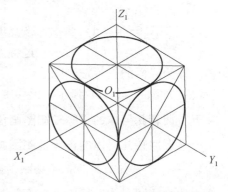

图 6-6 平行于三个坐标面圆的轴测图

(1) 3 个平行于坐标面的圆,其正等轴测图均为形状和大小完全相同的椭圆,但其长、短轴的方向各不相同。

(2) 椭圆的长轴在菱形的长对角线上;椭圆的短轴在菱形的短对角线上,并与长轴垂直。

画图时,必须注意椭圆长、短轴的方向,以免将椭圆的方向画错。

平行于其他坐标面圆的轴测图画法请读者自行练习,从中找出它们之间的区别。

【例 6-3】 如图 6-7 (a) 所示,已知圆柱的投影图,作出其正等轴测图。

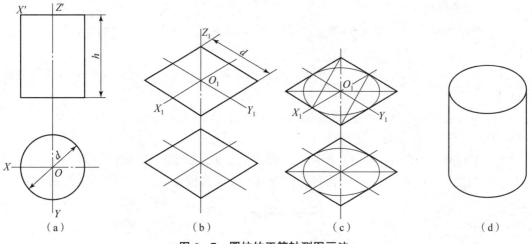

图 6-7 圆柱的正等轴测图画法

分析 根据给定圆柱的投影图可知,该圆柱的上、下底面为相同的圆,并且平行于水平坐标面。按照平行于坐标面圆的正等轴测图画法,由圆柱的直径和高度即可画出上、下底面的椭圆,然后作出上、下两个椭圆的公切线即可。

【**解**】(1) 如图 6-7 (a) 所示,在投影图上确定坐标原点在圆柱上底面的圆心上;Z 轴通过圆柱的轴线。

(2) 如图 6-7 (b) 所示,根据圆的直径画出上、下底面的菱形。

(3) 如图 6-7 (c) 所示,用菱形法画出上、下底的椭圆。

(4) 如图 6-7 (d) 所示,作出上、下底椭圆的公切线,将不可见的轮廓线和作图线擦去,即得圆柱的正等轴测图。

此题也可以采用平移法,先画出上底椭圆,然后将该圆的 4 个圆心沿 Z 轴向下平移距离 h,确定下底椭圆弧的 4 个圆心,画出下底椭圆,从而简化作图过程,请读者自行练习。

【例 6-4】 如图 6-8 (a) 所示,已知平板的投影图,试画出平板的正等轴测图。

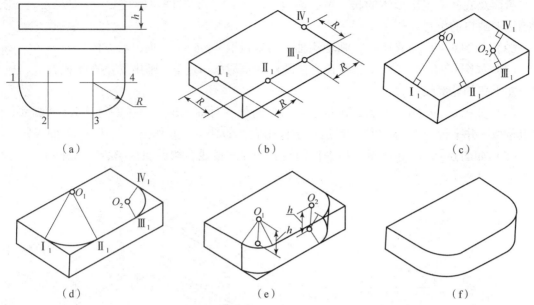

图 6-8 圆角正等轴测图的画法

分析 该形体是长方板前面两角加工成圆柱面,由于一角为 1/4 圆柱,因此,其正等轴测图正好是正等轴测图中椭圆上 4 段圆弧中的一段。

【解】 (1) 如图 6-8(a) 所示,在投影图上根据圆角的半径 R,作切点 1、2、3、4。

(2) 如图 6-8(b) 所示,画出平板的轴测图,在板的上面,沿着角的两棱边量取半径 R 得 I_1、II_1、III_1、IV_1 4 个点。

(3) 如图 6-8(c) 所示,分别过 I_1、II_1、III_1、IV_1 作其所在边的垂线,得交点 O_1、O_2。

(4) 如图 6-8(d) 所示,分别以 O_1、O_2 为圆心,以 O_1I_1、O_2III_1 为半径作圆弧,即得平板上底面圆角的正等轴测图。

(5) 如图 6-8(e) 所示,将圆心 O_1、O_2 沿 Z 轴下移 h 距离,定出下底面圆心,并画出与上底圆弧平行的圆弧和右端圆弧的公切线。

(6) 如图 6-8(f) 所示,擦去作图线,加深轮廓线,即为平板的正等轴测图。

6.2.3 绘制组合体的正等轴测图

组合体即是由基本体通过切割或叠加形成的各种复杂形状的形体。根据组合体的组合方式,常用切割法、叠加法和综合法画组合体的正等轴测图。

画组合体的正等轴测图时,主要画出切割或叠加时产生的可见交线,下面通过具体例子说明组合体轴测图的作图方法与步骤。

【例 6-5】 如图 6-9(a) 所示,已知垫块的投影图,试作其正等轴测图。

分析 由投影图的外轮廓分析,这个组合体是由长方体经切割而成。作图时,采用切割法,先画出长方体,然后垂直正面切去一楔块,另外从上向下再开一矩形缺口。切割时,一般按投影图的坐标,定出切割的位置,再画切割产生的棱线。

【解】 (1) 如图 6-9(a) 所示,在投影图上定出坐标原点和坐标轴,原点定在形体的右后面及底面。定出形体的长、宽、高（a、b、h）；定出楔块的位置（c、d、g）；定出切割矩形缺口的位置（e、f）。

(2) 如图 6-9 (b) 所示，画轴测轴，沿轴量取 a、b、h，画出长方体。

(3) 如图 6-9 (c) 所示，在长方体的前面量取 c、d、g，画出切割产生的棱线，擦掉切去左上角的轮廓线。

(4) 如图 6-9 (d) 所示，在左上面的中间处，对称量取 $f/2$ 并平行于 X_1 轴画线，在线上量取 e 并平行于 Y_1 轴画线。然后向下作出底面的缺口，并作出平行于 Z_1 轴的棱线。

(5) 如图 6-9 (e) 所示，擦去作图线和切掉的棱线，然后加深图线完成作图。

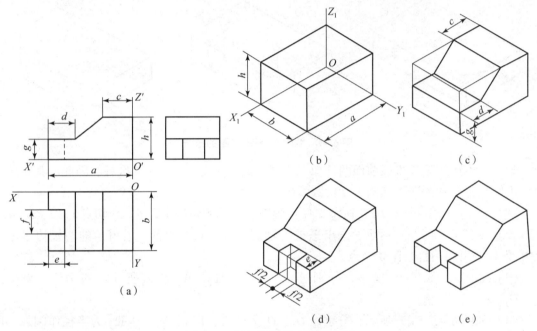

图 6-9　画组合体的正等轴测图

【例 6-6】　如图 6-10 (a) 所示，已知支架的投影图，求作其正等轴测图。

分析　由图 6-10 (a) 可分析出，支架由底板、支承座及两个三角形肋板叠加而成。底板为长方体，有两个圆角并挖切两个圆孔；支承座的 U 形是由半圆柱和长方体叠加而成的，其中间挖去一通孔，支承座两边的三角形肋为三棱柱。画正等轴测图时，按叠加法作图，底板及支承先按长方体画出，按其相对位置尺寸叠加，然后按典型示范画圆孔、圆角等细节。支架左、右对称，三部分的后表面共面，三部分均以底板上面为结合面，故坐标原点选在底板上面与后端面的交线的中点处。

【解】　(1) 如图 6-10 (a) 所示，在投影图上选定坐标原点及坐标轴。

(2) 如图 6-10 (b) 所示，画出轴测轴及坐标原点，并按完整的长方体画出底板的正等轴测图。

(3) 如图 6-10 (c) 所示，按整体的长方体画出支承座的正等轴测图。

(4) 如图 6-10 (d) 所示，先用菱形法画出上半个椭圆。

(5) 如图 6-10 (e) 所示，画出三角形肋板、底板圆角的正等轴测图。

(6) 如图 6-10 (f) 所示，画 3 个圆孔的正等轴测图。

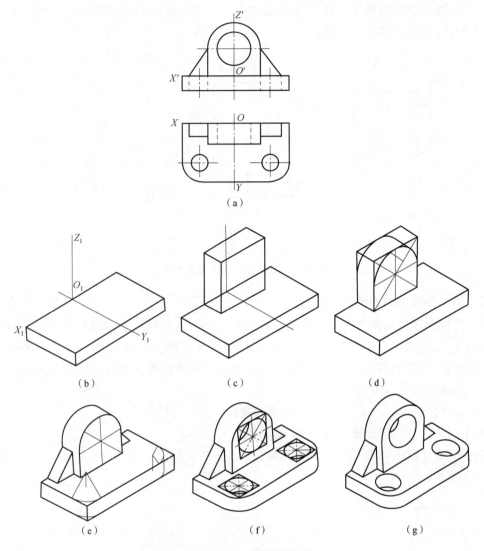

图 6-10 支架的正等轴测图的画法

(7) 如图 6-10 (g) 所示,擦去多余的作图线,加深可见的图线即得支架的正等轴测图。

6.2.4 斜二等轴测图

一、斜二等轴测图基本知识

1. 形成方法

如果使 XOZ 坐标面平行于轴测投影面,采用斜投影法,也能得到具有立体感的轴测图。当所选择的斜投射方向使 O_1Y_1 轴与 O_1X_1 轴的夹角为 135°,并使 O_1Y_1 轴的轴向伸缩系数为 0.5 时,这种轴测图称为斜二等轴测图。

2. 参数

图 6-11 表示斜二等轴测图的轴测轴、轴间角和轴向伸缩系数等参数及画法。从图中可

以看出，在斜二等轴测图中，O_1X_1 轴 $\perp O_1Z_1$ 轴，O_1Y_1 轴与 O_1X_1 轴、O_1Z_1 轴的夹角均为 135°，3 个轴向伸缩系数分别为 $p_1 = r_1 = 1$，$q_1 = 0.5$。

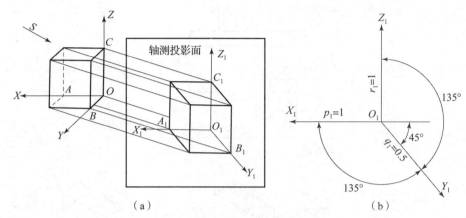

图 6-11 斜二等轴测图参数及画法

二、斜二等轴测图的画法

斜二等轴测图的画法与正等轴测图的画法基本相似，区别在于轴间角不同以及斜二等轴测图沿 O_1Y_1 轴的尺寸只取实长的一半。在斜二等轴测图中，物体上平行于 XOZ 坐标面的直线和平面图形均反映实长和实形，所以，当物体上有较多的圆或曲线平行于 XOZ 坐标面时，采用斜二等轴测图比较方便。

【例 6-7】 求作图 6-12（a）所示四棱台的斜二等轴测图。

【解】 （1）画出轴测轴 O_1X_1、O_1Y_1、O_1Z_1。

（2）作出底面的轴测图。在 O_1X_1 轴上按 1∶1 截取，在 O_1Y_1 轴上按 1∶2 截取，如图 6-12（b）所示。

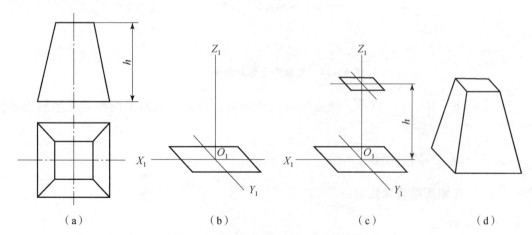

图 6-12 绘制四棱台的斜二等轴测图

（3）在 O_1Z_1 轴上量取正四棱台的高度 h，作出顶面的轴测图，如图 6-12（c）所示。

（4）依次连接顶面与底面对应的各点得侧面的轴测图，擦去多余的图线并描深，即得到正四棱台的斜二等轴测图，如图 6-12（d）所示。

【例 6-8】 求作图 6-13（a）所示圆台的斜二等轴测图。

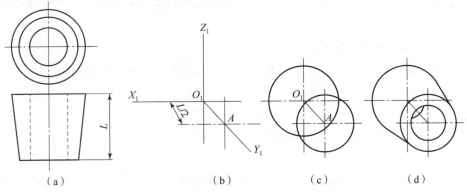

图 6–13 绘制圆台的斜二等轴测图

【解】 (1) 画出轴测轴 O_1X_1、O_1Y_1、O_1Z_1,在 O_1Y_1 轴上量取 $L/2$,定出前端面的圆心 A,如图 6–13 (b) 所示。

(2) 作出前、后端面的轴测图,如图 6–13 (c) 所示。

(3) 作出两端面圆的公切线及前孔口和后孔口的可见部分。

(4) 擦去多余的图线并描深,即得到圆台的斜二等轴测图,如图 6–13 (d) 所示。

必须注意,只有平行于 XOZ 坐标面的圆的斜二等轴测图才反映实形,即仍然是圆。而平行于 XOY 坐标面和平行于 YOZ 坐标面的圆的斜二等轴测图都是椭圆,其画法比较复杂,本书不作讨论。

6.2.5 使用 AutoCAD 绘制轴测图的准备

一、进入轴测投影模式

在 AutoCAD 菜单栏单击→"工具"→"绘图设置",打开"草图设置"对话框,进入"捕捉和栅格"选项卡,在"捕捉类型"分组框中选中"等轴测捕捉"单选按钮,激活轴测投影模式,该模式下绘制的为正等轴测图。

二、在轴测投影模式下绘制直线

在轴测投影模式下绘制直线常采用以下 3 种方法。

(1) 通过输入点的极坐标来绘制直线。当所绘直线与不同的轴测轴平行时,输入的极坐标角度值将不同,有以下几种情况。

①所画直线与 X 轴平行时,极坐标角度应输入 30°或 – 150°。

②所画直线与 Y 轴平行时,极坐标角度应输入 150°或 – 30°。

③所画直线与 Z 轴平行时,极坐标角度应输入 90°或 – 90°。

④如果所画直线与任何轴测轴都不平行,则必须先找出直线上的两点,然后连线。

(2) 激活正交模式辅助画线,此时所绘直线将自动与当前轴测面内的某一轴测轴方向一致。例如,若处于右轴测面且激活正交模式,那么所画直线的方向为 30°或 90°。

(3) 利用极轴追踪、自动追踪功能画线。激活极轴追踪、自动捕捉和自动追踪功能,并设定自动追踪的角度增量为 30°,这样就能很方便地画出 30°、90°或 150°方向的直线。

三、在轴测投影模式下绘制角

在轴测面内绘制角时,不能按角度的实际值进行绘制,因为在轴测图中,投影角度值与实际角度值是不相符合的。在这种情况下,应先确定角边上点的轴测图,并将点连线,以获得实际角的轴测图。

四、在轴测投影模式下绘制圆

圆的轴测图是椭圆,当圆位于不同轴测面内时,椭圆的长轴、短轴位置也将不同。手工绘制圆的轴测图比较麻烦,在 AutoCAD 中可直接使用 ELLIPSE 命令的"等轴测圆(I)"选项进行绘制,该选项仅在轴测投影模式被激活的情况下才出现。

输入 ELLIPSE 命令,命令行提示如下:

命令:_ellipse
指定椭圆轴的端点或[圆弧(A)/中心点(C)/等轴测圆(I)]:i   //输入"I"
指定等轴测圆的圆心: //指定圆心
指定等轴测圆的半径或[直径(D)]:   //输入圆半径

选择"等轴测圆(I)"选项,再根据提示指定椭圆中心并输入圆的半径值,系统会自动在当前轴测面中绘制出相应圆的轴测图。

绘制圆的轴测图时,首先要利用〈F5〉键切换到合适的轴测面,使之与圆所在的平面对应起来,这样才能使椭圆看起来是在轴测面内,如图 6-14(a)所示;否则,所画椭圆的形状是不正确的,如图 6-14(b)所示,圆的实际位置在正方体的顶面,而所绘轴测图却位于右轴测面内,结果圆的轴测图与正方体的轴测图就显得不匹配了。

绘制轴测图时经常要画线与线之间的圆滑过渡,此时过渡圆弧变为椭圆弧。绘制这个椭圆弧的方法是在相应的位置画一个完整的椭圆,然后使用 TRIM 命令修剪多余的线条,如图 6-15 所示。

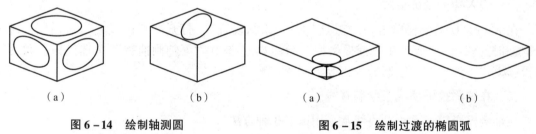

图 6-14 绘制轴测圆
(a) 正确;(b) 错误

图 6-15 绘制过渡的椭圆弧
(a) 绘制椭圆;(b) 修剪多余线条

6.3 任务实施

6.3.1 用 AutoCAD 绘制正等轴测图

练习1 用 AutoCAD 绘制图 6-16 所示的正等轴测图。

(1) 创建新图形文件。

(2) 激活轴测投影模式,再激活极轴追踪、对象捕捉及自动追踪功能。设置极轴追踪角度增量为"30",设定对象捕捉方式为"端点"和"交点",设置沿所有极轴角进行自动追踪。

(3) 切换到右轴测面,使用 LINE 命令绘制线框 A,如图 6-17 所示。

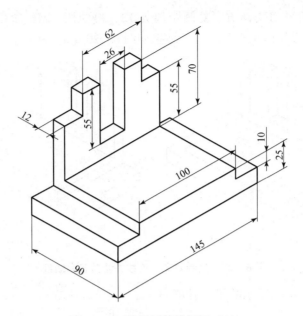

图 6-16 绘制正等轴测图（1）

（4）沿 150°方向复制线框 A，复制距离为 90，再使用 LINE 命令连线 B、C 等，如图 6-18（a）所示。延伸并修剪多余线条，结果如图 6-18（b）所示。

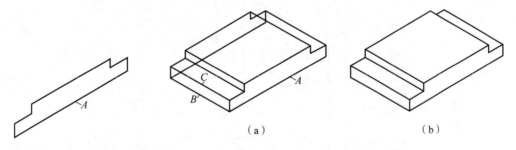

图 6-17 绘制线框 A　　　　　　图 6-18 复制对象及连线

（5）使用 LINE 命令绘制线框 D，使用 COPY 命令形成平行线 E、F、G，如图 6-19（a）所示。修剪及删除多余线条，结果如图 6-19（b）所示。

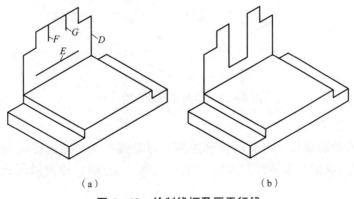

图 6-19 绘制线框及画平行线

(6) 沿 -30°方向复制线框 H，复制距离为 12，再使用 LINE 命令连线 I、J 等，如图 6-20（a）所示。修剪及删除多余线条，结果如图 6-20（b）所示。

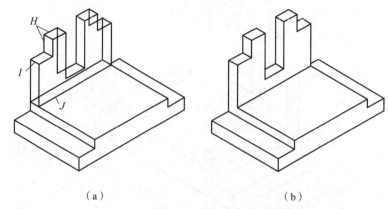

图 6-20　复制对象、连线并修剪多余线条

练习 2　绘制图 6-21 所示的正等轴测图。

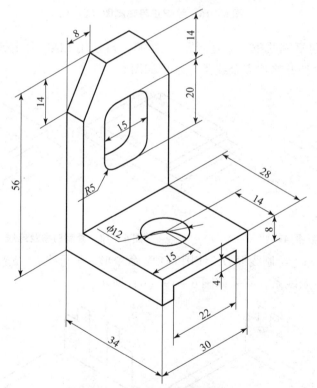

图 6-21　绘制正等轴测图（2）

（1）创建新图形文件。

（2）激活轴测投影模式，再激活极轴追踪、对象捕捉及自动追踪功能。设置极轴追踪角度增量为"30"，设定对象捕捉方式为"端点"和"交点"，设置沿所有极轴角进行自动追踪。

（3）切换到右轴测面，使用 LINE 命令绘制线框 A，如图 6-22 所示。

(4) 沿 150°方向复制线框 A，复制距离为 34，再使用 LINE 命令连线 B、C 等，如图 6-23（a）所示。修剪及删除多余线条，结果如图 6-23（b）所示。

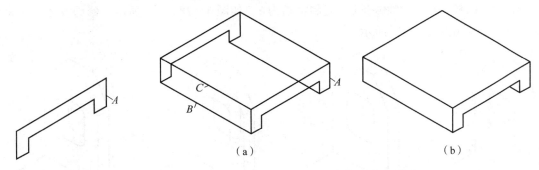

图 6-22 绘制线框 A　　　　图 6-23 复制对象及连线

(5) 切换到顶轴测面，绘制椭圆 D，并将其沿 -90°方向复制，复制距离为 4，如图 6-24（a）所示。修剪多余线条，结果如图 6-24（b）所示。

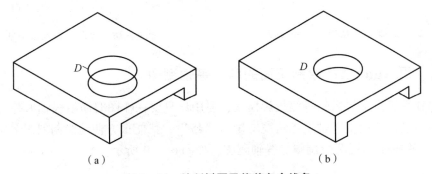

图 6-24 绘制椭圆及修剪多余线条

(6) 绘制图形 E，如图 6-25（a）所示。沿 -30°方向复制图形 E，复制距离为 6，再使用 LINE 命令连线 F、G 等。修剪及删除多余线条，结果如图 6-25（b）所示。

(7) 使用 COPY 命令形成平行线 J、K 等，如图 6-26（a）所示。延伸及修剪多余线条，结果如图 6-26（b）所示。

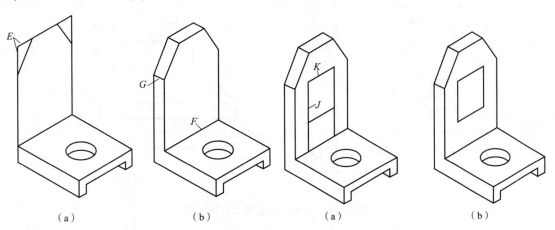

图 6-25 复制对象、连线及修剪多余线条　　　　图 6-26 绘制平行线及修剪对象

(8) 切换到右轴测面,绘制4个椭圆,如图6-27(a)所示。修剪多余线条,结果如图6-27(b)所示。

(9) 沿150°方向复制线框L,复制距离为6,如图6-28(a)所示。修剪及删除多余线条,结果如图6-28(b)所示。

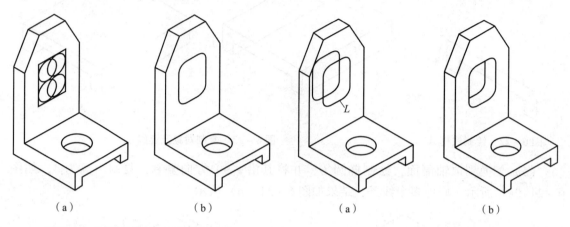

图6-27 绘制椭圆及修剪多余线条　　　图6-28 复制对象及修剪线条

6.3.2 用AutoCAD绘制正面的斜二等轴测图

AutoCAD系统没有提供斜等测投影模式,但用户只要在作图时激活极轴追踪、对象捕捉及自动追踪功能,并设定极轴追踪角度增量为"45°",就能很方便地绘制斜二等轴测图。

练习3 根据平面视图绘制斜二等轴测图,如图6-29所示。

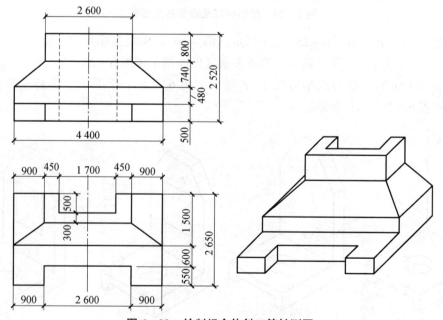

图6-29 绘制组合体斜二等轴测图

(1) 设定绘图区域的大小为10 000×10 000。

(2) 激活轴测投影模式,激活极轴追踪、对象捕捉及自动追踪功能。指定极轴追踪角度增量为"45",设定对象捕捉方式为"端点"和"交点",设置沿所有极轴角进行自动追踪。

(3) 使用 LINE 命令绘制线框 A,将线框 A 向上复制到 B 处,再连线 C、D 和 E,如图 6-30(a) 所示。删除多余线条,结果如图 6-30(b) 所示。

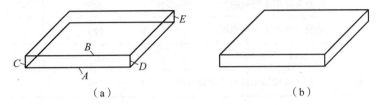

图 6-30　绘制线框 A、B 等

(4) 使用 LINE 及 COPY 命令生成对象 F、G,如图 6-31(a) 所示。删除多余线条,结果如图 6-31(b) 所示。

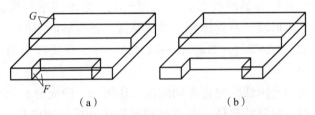

图 6-31　生成对象 F、G 并删除多余线条

(5) 使用 LINE、MOVE 和 COPY 命令生成对象 H,如图 6-32(a) 所示。删除多余线条,结果如图 6-32(b) 所示。

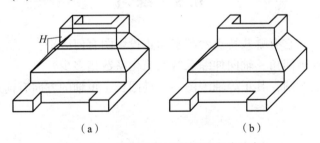

图 6-32　生成对象 H 并删除多余线条

6.4　任务评价与总结

6.4.1　任务评价

本任务教学与实施的目的是,通过轴测图的作图训练,使学生能了解轴测投影的基本概知识,掌握正等轴测图的投影特点及画法,能熟练地根据实物或投影图绘制物体的正等轴测图,会根据实物或投影图绘制物体的斜二等轴测图。

本任务实施结果的评价主要从绘制基本体的正等轴测图、绘制组合体的正等轴测图、绘制斜二等轴测图、用 AutoCAD 绘制正等轴测图和斜二等轴测图 4 个方面进行。评价方式采用工作过程考核评价和作业质量考核评价。任务实施评价项目如表 6-1 所示。

表 6-1 任务实施评价项目

序号	评价项目	配分权重	实得分
1	绘制基本体的正等轴测图	30%	
2	绘制组合体的正等轴测图	40%	
3	绘制斜二等轴测图	10%	
4	用 AutoCAD 绘制正等轴测图和斜二等轴测图	20%	

6.4.2 任务总结

轴测图是用一组平行投射线将物体连同反映物体长、宽、高 3 个方向的坐标轴一起投射到一个投影面（该投影面称为轴测投影面）而得到的，是单面平行投影图。它在一个图形中直接表示了物体的立体形状，有立体感，易读易懂。正等轴测图的 3 个轴间角相等，均为 120°，3 个轴向伸缩系数也相等（$p_1 = q_1 = r_1 = 0.82$）。在工程实际应用中，为简化作图，取简化系数 $p_1 = q_1 = r_1 = 1$。

本任务主要介绍利用坐标法绘制正等轴测图，作图时，应充分利用平行投影的特性以及物体各组成部分的相对位置尺寸定位，难点是圆形物体画成轴测图后，与之对应的椭圆长、短轴方向的确定及其正确的作图方法。

6.5 练习

1. 什么是轴测图，它有哪些特点？与多面正投影图有何区别？
2. 正等轴测图的轴间角、轴向伸缩系数及简化系数是多少？
3. 平行于坐标面的圆，其正等轴测图——椭圆长、短轴的方向有何规律？

任务7　运用常用表达方法表达机件结构

7.1　任务描述及目标

通过学习机件的常用表达方法，进行相应的作图训练，学生能够掌握基本视图、向视图、斜视图、局部视图和旋转视图的表达方法，了解剖视图的形成，掌握各种剖视图的表达方法，理解剖视图的种类、使用条件及剖切平面的类型，掌握断面图的分类、画法及标注，掌握局部放大图、简化画法和规定画法等其他画法。

7.2　任务资讯

在生产实际中，当机件的形状、结构比较复杂时，如果仍采用两视图或三视图来表达，则难以把机件的内外形状和结构准确、完整、清晰地表达出来。为了满足这些表达要求，国家标准规定了各种画法——视图、剖视图、断面图、局部放大图、简化画法和其他规定画法等。画图时应根据机件的实际结构形状和特点，选择恰当的表达方法。

7.2.1　视图

一、基本视图

国家标准规定，对于比较复杂的机件，可以采用6个基本投影面表达其形状，这6个基本投影面构成一正六面体，将形体放置当中投影后便可得到6个基本视图，如图7-1（a）所示。

这6个基本视图分别为主视图（由前向后投射）、俯视图（由上向下投射）、左视图（由左向右投射）、仰视图（由下向上投射）、后视图（由后向前投射）、右视图（由右向左投射）。然后按图7-1（b）所示的箭头方向把各投影面展开到一个平面上，去掉投影面边框后便得到形体在一个平面内的6个基本视图，如图7-1（c）所示。各基本视图如按图7-1（c）所示的位置关系配置，称为按投影关系配置，一般不必标注出视图的名称。

在选择基本视图时，可根据机件的形状和复杂程度，选择视图的数量和名称，一般要优先选用主、俯、左3个基本视图。并且在清楚地表达物体形状的前提下，应尽量减少视图的数量。如图7-1（d）所示，选择了主视图、俯视图和左视图3个基本视图表达形体。

二、辅助视图

1. 向视图

为了合理利用图纸和布图，各基本视图可不按图7-1（c）所示的位置关系配置，而画

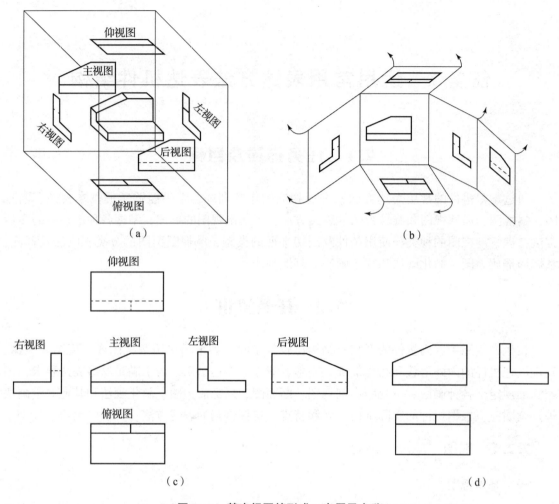

图 7-1 基本视图的形成、布置及名称

在图纸的其他部位，这样的视图称为向视图。向视图必须标注，其标注方法为：在向视图的上方标出视图的名称，视图的名称采用大写的斜体拉丁字母，并在相应的视图上用箭头指明投射方向，注写相同的大写斜体拉丁字母，如图 7-2 所示。

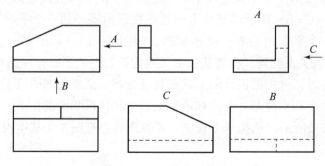

图 7-2 向视图的标注方法

2. 局部视图

当机件的主体形状已表达清楚，只有局部形状尚未表达清楚，且不必再增加一个完整的基本视图时，可将机件的这一局部向基本投影面投影，这种将机件的某一部分向基本投影面投射所得的视图称为局部视图。如图 7-3 所示，为了清楚表达机件的左、右侧凸台，分别从左、右投射，单独画出了凸台的局部视图。

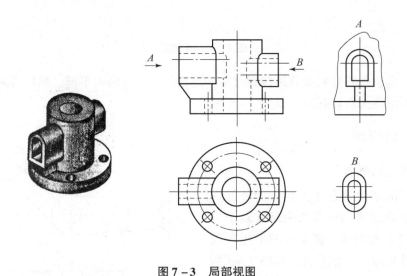

图 7-3　局部视图

因为局部视图只是基本视图的一部分，所以要画出断裂边界，其断裂边界应当用波浪线表示，如图 7-3 所示的 A 向局部视图。若需表达的结构为一封闭图形时，可省去波浪线，如图 7-3 所示的 B 向局部视图。

局部视图一般按投影对应关系放置，也可不按投影对应关系放置而摆放于其他适当位置，这时必须标注，标注方法与向视图的标注方法一样，即在画出的局部视图上方用大写的斜体拉丁字母标出视图的名称，并在相应的视图上用箭头指明投影方向，并注写相同的大写的斜体拉丁字母，如图 7-3 所示的 B 向局部视图。当局部视图按投影关系配置，中间又没有其他图形隔开时，可省略标注。如图 7-3 所示的 A 向局部视图就可省略标注。

3. 斜视图

当物体的某个表面与基本投影面不平行时，为了表示该表面的真实形状，可增加与倾斜表面平行的辅助投影面，将倾斜表面向辅助投影面上进行正投影。像这样使机件倾斜部分向不平行于任何基本投影面的平面投射所得的视图称为斜视图，如图 7-4（a）所示。斜视图也是表示物体某一局部形状的视图，因此也要用波浪线表示出其断裂边界。画斜视图时，必须在视图上方用大写的斜体拉丁字母标出视图的名称，在相应的视图附近用箭头指明投射方向，如图 7-4（b）所示。斜视图也可配置在其他适当的位置，在不引起误解时，允许将图形旋转成垂直或水平位置后画出，并在视图上方所标注的相同的大写的斜体拉丁字母旁标注"⌒"，箭头的方向指向该字母且与图形的旋转方向相同，如图 7-4（c）所示。

4. 旋转视图

当机件上某一部分的结构形状是倾斜的，且不平行于任何基本投影面，而该部分又具有

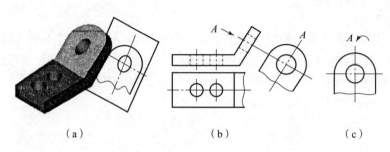

图 7-4 斜视图

旋转中心时,可假想将倾斜部分旋转到与某一选定的基本投影面平行,然后再向该投影面投射,所得的视图称为旋转视图,如图 7-5 所示。

7.2.2 剖视图

一、剖视图的概念

用视图虽能清楚地表达出物体的外部形状,但内部形状却需用虚线来表示。对于内部形状比较复杂的物体,就会在图上出现较多的虚线,并且虚、实相重叠,如图 7-3 所示的主视图和俯视图上就出现了较多的虚线。为此,国家标准规定用剖视图表达物体的内形。

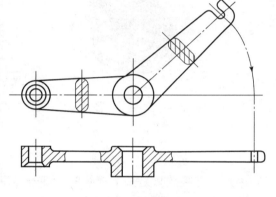

图 7-5 旋转视图

如图 7-6 所示的形体,若按视图画出三视图,则孔均需用虚线表示。为了清楚地表达这些结构,假想用一个通过左、右两孔轴线的正平面将机件剖开,移去剖切平面前面部分,机件的内部结构则清楚地显现出来,将剩余的部分向投影面投射所得的图形,就能显示出机件的这些内部结构。像这样用假想的剖切平面剖开机件,将处在观察者和剖切平面之间的部分移去,而将剩余的部分向投影面投射所得的图形,称为剖视图。

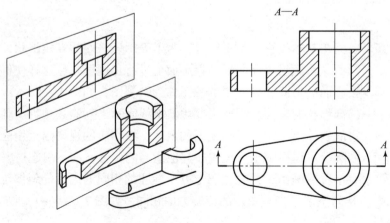

图 7-6 剖视图

二、剖视图的画法

1. 确定剖切平面的位置

采用剖视图的目的是更清楚地表达物体内部的形状,因此,如何恰当地选择剖切平面的位置就成为画好剖视图的关键。为了充分表达机件的内部结构形状,应使所选择的剖切平面通过物体上最需要表达的部位。剖切平面的选择一般应通过机件上孔的轴线、槽的对称面等内部结构,以便充分表达机件的内部结构形状。也只有这样才能把物体内部的形状更理想地显示出来,如图 7-6 所示的 $A—A$ 剖视图。

2. 画剖视图

画剖视图时,应把剖切平面剖到的断面(被剖切到的截面图形)轮廓线及剖切面后方的可见轮廓线用粗实线画出,按国标规定应在机件被剖切处画上表示材料类别的剖面符号。

3. 剖面符号

为了分清机件的实体部分和空心部分,剖切断面上的实体部分应画出剖面符号。国家标准规定了表示各种材料的剖面符号,如表 7-1 所示。

表 7-1 剖面符号

材料	剖面符号	材料	剖面符号
金属材料(已有规定剖面符号者除外)		木质胶合板	
线圈绕组元件		基础周围的泥土	
转子、电枢、变压器等叠钢片		混凝土	
非金属材料(已有规定剖面符号者除外)		钢筋混凝土	
型砂、填砂、粉末冶金、砂轮、陶瓷、硬质合金等		砖	
玻璃及供观察用的其他透明材料		格网(筛网、过滤网等)	
木材	纵剖面	液体	
	横剖面		

4. 剖面符号画法

在同一张图样中,对于同一机体的所有剖视图的剖面符号应该相同。例如,金属材料的剖面符号为一组间隔相等、方向相同且平行的细实线(称为剖面线),一般与主要轮廓线或对称中心线成45°角，如图7-7（a）、（b）所示。在特殊情况下也可与主要轮廓线成30°或60°角，如图7-7（c）所示。

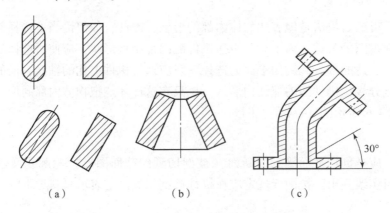

图7-7 剖面符号画法
（a）与主要轮廓线成45°角；（b）与对称中心线成45°角；
（c）与主要轮廓线成30°角

三、剖视图的标注

剖视图要用规定的方法进行标注，以表示剖视图的名称、剖切面的位置和投射方向。其标注的具体方法如下。

一般应在剖视图的上方用两个相同的大写斜体拉丁字母标注剖视图的名称，两字母用一字长的横线连接，并在相应的视图上用剖切符号即剖切起、止位置线表示剖切位置，剖切符号用粗短线表示，线宽一般为$(1～1.5)b$，长为5~8 mm；同时，在剖切符号的外侧画出与它垂直的细实线和箭头表示投射方向，字母一律水平方向书写。

当剖视图按投影关系配置，中间又没有其他图形隔开时，可以只画剖切平面位置符号，省略箭头，如图7-6所示的 A—A 剖视图。当单一剖切平面通过机件的对称平面，或基本对称平面，且剖视图按投影关系配置，中间又没有其他图形隔开时，可不加任何标注，如图7-6所示的 A—A 剖视图，就可不加任何标注。

画剖视图时应注意的几个问题如下。

（1）剖切只是一种为表达物体内部结构而将其假想剖开的图示方法，并不是真正把物体切开后，移走一部分。因此，在画同一物体的一组视图时，不论需要从几个方向作多少次剖切，对每个视图都应按完整形体考虑。

（2）应尽量采用投影面的平行面作剖切平面，这样才能使画出的截面图形反映物体内部实形，同时也便于作图。只有当物体内部形状不能在基本投影面上反映实形时，方可考虑用倾斜位置的平面作为剖切平面。

（3）在剖视图中一般不画虚线，只有当被省略的虚线所表达的意义不能在其他视图中表示或造成看图困难时，才可继续画出。

（4）在画剖视图时，要特别注意处于剖切平面后面的可见轮廓线都应画出，切不可疏忽漏画。

四、剖视图的种类

一般按剖开机件的范围大小不同，将剖视图分为全剖视图、半剖视图和局部剖视图3种。

1. 全剖视图

用剖切平面将机件完全剖开所得到的剖视图称为全剖视图。全剖视图适用于内部结构复杂而外形比较简单的不对称机件，或外形虽复杂却另有视图表达清楚的机件。如图7-8所示的主视图采用了全剖视图，清楚地反映了机件的内部结构。

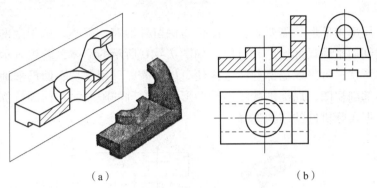

(a)　　　　　　　　　　(b)

图7-8　全剖视图

2. 半剖视图

当物体具有对称面时，可在垂直于该物体对称面的那个投影（其投影为对称图形）上，以对称中心线为界，将一半画成剖视图，以表达物体的内部形状，另一半画成视图，以表达物体的外形，这种由半个剖视图和半个视图所组成的图形称为半剖视图。如图7-9所示的主视图就是半剖视图，这种内、外兼顾的半剖视图多用于内、外形状皆需表达的对称物体。在画半剖视图时，一般是把半个剖视图画在垂直对称中心线的右侧或画在水平对称中心线的下方。

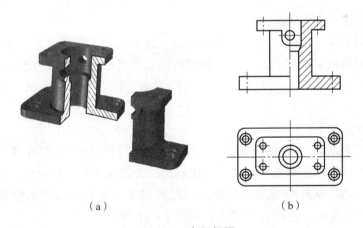

(a)　　　　　　　　　　(b)

图7-9　半剖视图

画半剖视图必须注意以下几个问题。

（1）半个剖视图与半个视图间的分界线必须画成细点画线。

（2）由于内部形状对称，其中的一半已在半个剖视图中表示清楚，因此在半个视图中，表示内部形状的虚线就不必再画出，但表示孔的轴线或槽的对称中心线要画出。

（3）当机件的结构接近于对称，而且不对称的部分另有图形表达清楚时，可画成半剖视图。

半剖视图的标注方法与全剖视图的标注方法相同，在图 7-9 中由于主视图中所作的半剖视图剖切平面是通过物体上前后的对称面进行剖切的，故可省略标注。

3. 局部剖视图

当物体只有局部内部形状需要表达，而仍需保留外形时，就不宜采用全剖视图或半剖视图。此时，应用剖切平面局部地剖开机件，如图 7-10 所示的形体，若想表示其内部的空腔及各孔洞的内部形状，可采取局部剖，这样便可内外兼顾。用剖切平面局部地剖开机件所得的剖视图称为局部剖视图。局部剖视图不受图形是否对称的限制，在何部位剖切，剖切平面有多大，均可根据实际机件的结构选择。

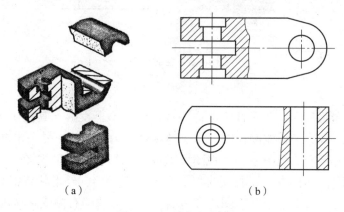

图 7-10 局部剖视图

局部剖视图适用于下列情况。
（1）机件中仅有某一部分内部形状需要表达，而不必或不宜采用全剖视图。
（2）不对称机件既需要表达机件的内部结构形状，又要保留机件的某些外形。
（3）图形的对称中心线与轮廓线重合，要同时表达内、外结构形状，又不宜采用半剖视图。

局部剖视图画法如下。
（1）用波浪线表示局部剖视图的范围，作为局部剖视图与视图的分界，剖到的或处于剖切平面后面的可见轮廓线原来为虚线的都应画出，并改画为粗实线再画上剖面线。
（2）波浪线可看作机件断裂面的投影，因此波浪线不能超出视图的轮廓线，遇到机件上的孔、槽等空腔结构时，应断开波浪线，如图 7-11 所示。
（3）波浪线不应画在轮廓线的延长线上，不应与其他轮廓线重合。
（4）当被剖切的结构为回转体时，允许用该结构的对称中心线代替波浪线。
（5）通常省略局部剖视图的标注。

五、剖切平面的种类

1. 单一剖切平面

一般用单一剖切平面剖切机件，图 7-6 为单一剖切平面的应用示例。

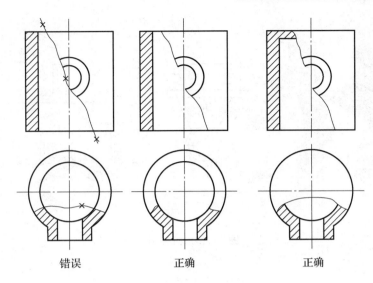

|错误　　　　　　　正确　　　　　　　正确|

图 7 – 11　波浪线的画法

2. 两相交的剖切平面

用两相交的剖切平面（交线垂直于某一基本投影面）剖开机件的方法称为旋转剖，如图 7 – 12 所示。

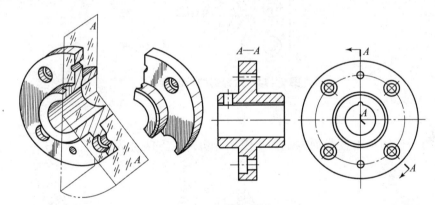

图 7 – 12　旋转剖

旋转剖必须标注，用粗实线标出剖切位置，在它的起、迄和转折处，用相同大写字母标出，并在起、迄处画出箭头表示投射方向，在所画的剖视图上方中间位置用同一大写字母写出其名称"×—×"。当转折处标注空间很小，又不致引起误解时，允许省略字母。

3. 几个平行的剖切平面

用几个平行的剖切平面剖开机件的方法称为阶梯剖，如图 7 – 13 所示。

画阶梯剖视图时必须注意，阶梯剖虽然是由两个或多个相互平行的剖切平面剖切机件，但画图时不应画出剖切平面的分界线，图 7 – 13（c）是错误的。在图形内不应出现不完整的结构要素，如图 7 – 13（d）中的孔。剖切平面的转折处不应与视图中的实线或虚线重合，如图 7 – 14 所示。

阶梯剖的标注与前面剖视图的标注相同，当转折处标注空间很小，又不致引起误解时，允许省略字母。

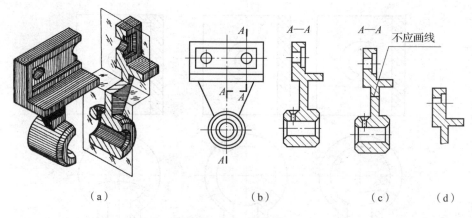

图 7–13 阶梯剖

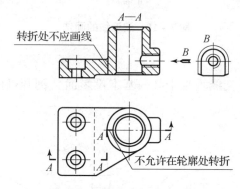

图 7–14 阶梯剖的错误画法

4. 不平行于任何基本投影面的剖切平面

用不平行于任何基本投影面的剖切平面剖开机件的方法称为斜剖，如图 7–15 所示。

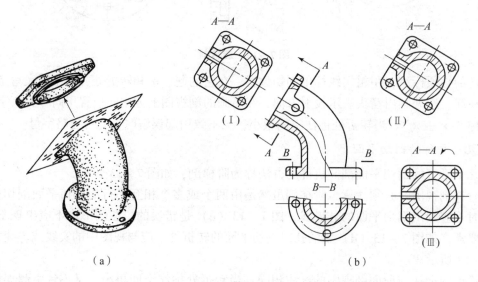

图 7–15 斜剖

斜剖视图一般按投影关系配置，如图 7-15（b）所示。必要时可以平移到其他适当位置，如图7-15（b）中（Ⅱ）。在不至于引起误解时，允许将图形旋转，此时必须标注"×—×⤴"（旋转符号需根据具体图形确定箭头方向），如图7-15（b）中（Ⅲ）。

在画斜剖视图时，必须标出剖切位置，并用箭头指明投射方向，用大写字母注明剖视图名称。

7.2.3 断面图

一、断面图的概念

假想用剖切平面将机件的某处切断，仅画出该剖切平面与机件接触部分的图形，这种图形称为断面图（简称断面），如图 7-16 所示。

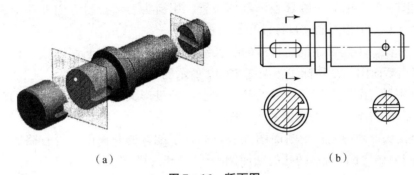

图 7-16 断面图
(a) 断面的直观图；(b) 断面图

断面图与剖视图的主要区别是：断面图仅画出机件与剖切平面接触部分的图形；而剖视图则除了需要画出剖切平面与机件接触部分的图形外，还要画出其后的所有可见部分的图形。断面图常用来表示机件上某一局部结构的断面形状，如机件上的肋板、轮辐、键槽、小孔、杆件和型材的断面等。

二、断面图的种类

断面图分为移出断面图和重合断面图两种。

1. 移出断面图

画在视图之外的断面图，称为移出断面图，如图 7-16（b）所示。

1）移出断面图的画法

（1）移出断面图的轮廓用粗实线绘制，并在断面处画上剖面符号，如图 7-16（b）所示。

（2）移出断面图应尽量配置在剖切符号的延长线上，如图 7-16（b）所示。必要时也可画在其他适当位置，如图 7-17 中的⤴ A—A 所示。

（3）当剖切平面通过由回转面形成的凹坑、孔等轴线或非回转面的孔、槽时，则这些结构应按剖视图绘制，如图 7-17 所示。

（4）由两个（或多个）相交的剖切平面剖切得到的移出断面

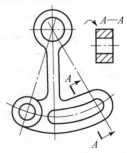

图 7-17 移出断面图的画法和标注

图，可以画在一起，但中间必须用波浪线隔开，如图7-18所示。

（5）当移出断面对称时，可将断面图画在视图的中断处，如7-19所示。

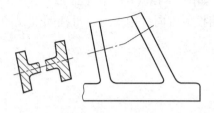

图7-18 断开的移出断面图

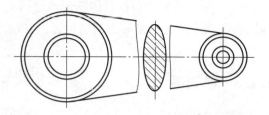

图7-19 配置在视图中断处的移出断面图

2）移出断面图的标注

移出断面图一般应用剖切符号表示剖切位置，用箭头表示投射方向并注上大写拉丁字母，在断面图上方，用相同的字母标注出相应的名称。

（1）完全标注。不配置在剖切符号的延长线上的不对称移出断面图或不按投影关系配置的不对称移出断面图，必须标注，如图7-17所示的⌒A—A。

（2）省略字母。配置在剖切符号的延长线上或按投影关系配置的移出断面图，可省略字母，如图7-16（b）所示的键槽的断面图。

（3）省略箭头。对称的移出断面图和按投影关系配置的断面图，可省略表示投射方向的箭头，如图7-16（b）所示的孔的断面图。

（4）不必标注。配置在剖切位置延长线上的对称移出断面图、配置在视图中断处的对称移出断面图以及按投影关系配置的移出断面图，均不必标注，如图7-18、图7-19所示。

2. 重合断面图

画在视图之内的断面图，称为重合断面图，如图7-20、图7-21所示。

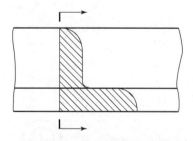

图7-20 不对称的重合断面图

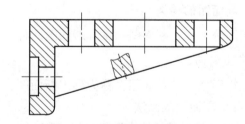

图7-21 对称的重合断面图

1）重合断面图的画法

重合断面图的轮廓线用细实线绘制，如图7-20、图7-21所示。

当重合断面图轮廓线与视图中的轮廓线重合时，视图的轮廓线仍应连续画出，不可间断，如图7-20所示。

2）重合断面图的标注

因为重合断面图直接画在视图内的剖切位置上，所以标注时可省略字母，如图7-20所示。不对称的重合断面图，仍要画出剖切符号，如图7-20所示。对称的重合断面，可不必标注,如图7-21所示。

7.2.4 其他表示方法

一、局部放大图

将机件上的部分结构,用大于原图形所采用的比例画出的图形称为局部放大图。同一机件上不同部位局部放大图相同或对称时,只需画出一个。局部放大图用于机件上较小结构的表达和尺寸标注,可以画成视图、剖视图和断面图等形式,与被放大部位的表达形式无关。图形所用的放大比例应根据结构需要而定,各个局部放大图的比例也可以不同,如图7-22所示。

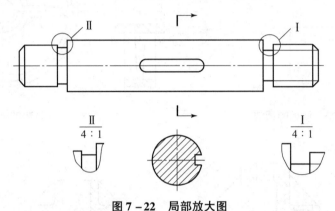

图7-22 局部放大图

局部放大图的标注方法:用细实线圈出被放大部位,并在局部放大图的上方标注放大的比例。同一机件上有几个被放大的部位,必须用指引线引出,并依次用罗马数字标上序号,在局部放大图的上方用分数形式标注名称,分子标注相应的罗马数字序号,分母标注比例,如图7-22所示。

二、规定画法

1. 肋板和辐条的画法

对于机件的肋板、轮辐及薄壁件等,如按纵向剖切,则不画剖面符号,而用粗实线将它与其邻接部分分开。如图7-23所示的 B—B 剖视图的肋板和图7-24所示的主视图的轮辐都没画剖面符号。

2. 均匀分布的肋板及孔的画法

当回转几何体零件上均匀分布的肋板及孔等结构不位于剖切平面上时,可将这些结构旋转到剖切平面上画出。图7-25(a)中的 A—A 剖视图将不位于剖切平面上的肋板旋转到了剖切平面上画出,图7-25(b)中的 B—B 剖视图将不位于剖切平面上的孔旋转到了剖切平面上画出。

三、简化画法

1. 相同结构的简化

若干直径相同且成规律分布的孔,可以仅画出一个或几个,其余用细实线连接,如图

7-26（a）、(b) 所示。或用细点画线表示其中心位置，并注明它们的总数，如图 7-26（c）所示。

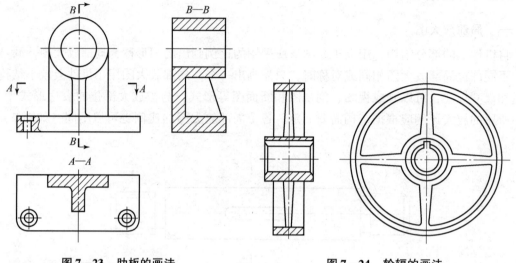

图 7-23 肋板的画法　　　　　　　　图 7-24 轮辐的画法

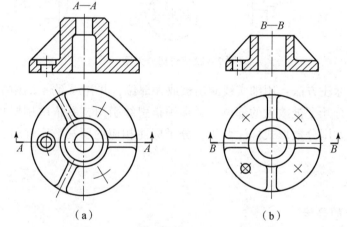

图 7-25 均匀分布的肋板及孔的画法

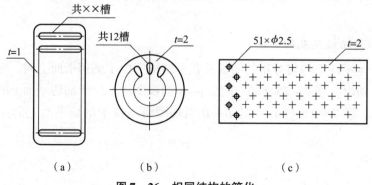

图 7-26 相同结构的简化

2. 小结构的简化

机件上的小结构,如在一个图形中已表达清楚,其他视图可省略或简化。如图7-27中的锥销孔的俯视图只画了最上和最下两条相贯线,省略了中间两条相贯线。

3. 断开的画法

轴、杆类较长的机件,当沿长度方向形状相同或按一定规律变化时,允许断开并缩短画出,但要按实际长度标注,如图7-28所示。

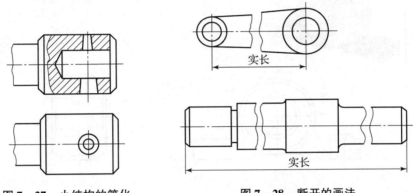

图7-27 小结构的简化　　　　图7-28 断开的画法

4. 对称图形的画法

当图形对称时,可只画一半,如图7-29(a)所示。在不致引起误解时,可只画四分之一,如图7-29(b)所示,并在对称中心线的两端画出两条与其垂直的平行细实线。

(a)　　　　　　　　　　(b)

图7-29 对称图形的画法

5. 机件上小平面的画法

当回转几何体机件上的平面在图形中不能充分表达时,可用相交的两条细实线表示,如图7-30所示。

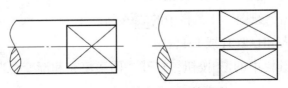

图7-30 机件上小平面的画法

四、表达方法的应用

在确定一个机件的表达方案时,要针对其结构特点恰当地选用表达方法,把机件表达出来。如图 7-31 所示的滑动轴承,其主视图采用局部剖视图,表达滑动轴承安装孔的结构形状;俯视图采用视图,表达了顶部外形和小孔结构,同时也表达了中间圆柱与底板的形状;左视图采用全剖视图,表达了滑动轴承的内腔形状。

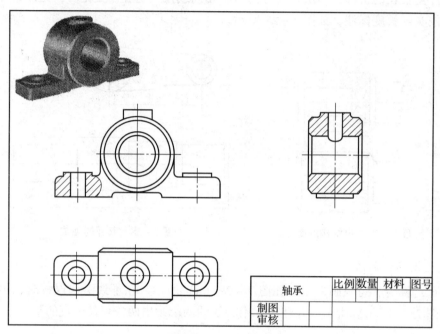

图 7-31　滑动轴承

7.2.5　使用 AutoCAD 绘制剖面图案

剖面线一般绘制在一个对象或几个对象围成的封闭区域中,最简单的如一个圆或一条闭合的多段线等,较复杂的可能是几条线或圆弧围成的形状多变的区域。在绘制剖面线时,用户首先要指定填充边界。一般可用两种方法选定画剖面线的边界,一种是在闭合的区域中指定一点,AutoCAD 自动搜索闭合的边界,另一种是通过选择对象来定义边界。AutoCAD 为用户提供了许多标准填充图案,用户也可自定义填充图案。此外,还能控制剖面图案的疏密和图案的倾角等。

"图案填充"命令启动方法如下。

(1) 菜单栏:单击"绘图"→"图案填充"。

(2) 工具栏:单击"绘图"工具栏中的 ▨ 按钮。

(3) 命令行:输入 BHATCH 或 BH。

单击"绘图"工具栏中的 ▨ 按钮,打开"图案填充和渐变色"对话框,如图 7-32 所示。

"图案填充和渐变色"对话框中常用选项的功能如下。

(1) "图案":通过其下拉列表或右边的 ▨ 按钮选择所需的填充图案。

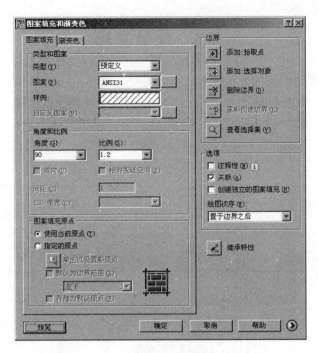

图7-32 "图案填充和渐变色"对话框

（2）"添加拾取点"：单击 按钮，然后在填充区域中拾取一点。AutoCAD 自动分析边界集，并从中确定包围该点的闭合边界。

（3）"添加选择对象"：单击 按钮，然后选择一些对象作为填充边界，此时无须对象构成闭合的边界。

（4）"删除边界"：填充边界中常常包含一些闭合区域，这些区域称为孤岛，若希望在孤岛中也填充图案，则单击 按钮，选择要删除的孤岛。

（5）"关联"：若勾选此复制按钮，则图案与填充边界相关联，当修改边界时，图案将自动更新以适应新边界。

在填充过程中，除图案间距可以控制外，图案的倾斜角度也可以控制。在"图案填充和渐变色"对话框的"角度"下拉列表中，图案的角度是0°，而此时图案（ANSI31）与 X 轴夹角却是45°。因此，在"角度"下拉列表中显示的角度值并不是图案与 X 轴的倾斜角度，而是图案的旋转角度。

以"ANSI31"图案为例，当分别输入角度值45°、90°和15°时，图案将逆时针转动到新的位置，它们与 X 轴的夹角分别是90°、135°和60°，如图7-33所示。

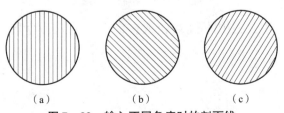

图7-33 输入不同角度时的剖面线
（a）输入角度=45°；（b）输入角度=90°；（c）输入角度=15°

7.3 任务实施

用 AutoCAD 绘制剖面图的方法如下。

打开附盘文件"7.3.dwg",如图 7-34(a)所示。用 SPLINE 和 BHATCH 等命令将图 7-34(a)修改为图 7-34(b)。

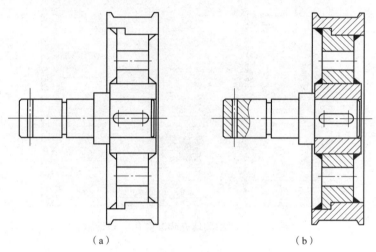

图 7-34 绘制断裂线及填充剖面图案

(1) 绘制断裂线,如图 7-35 所示。

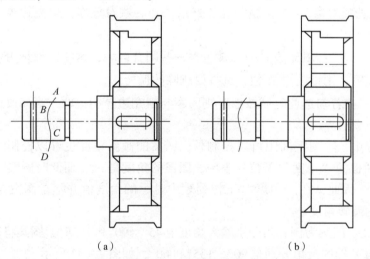

图 7-35 绘制断裂线

(2) 单击"绘图"工具栏中的 ~ 按钮或在命令行输入命令代号 SPLINE,启动"绘制样条曲线"命令。

命令:spline　　　　　　　　　　　　　　//画样条曲线
指定第一个点或[对象(O)]:　　　　　　　//单击点 A
指定下一点:　　　　　　　　　　　　　　//单击点 B
指定下一点或[闭合(C)/拟合公差(F)]<起点切向>://单击点 C

指定下一点或[闭合(C)/拟合公差(F)]<起点切向>: //单击点 D
指定下一点或[闭合(C)/拟合公差(F)]<起点切向>: //按〈Enter〉键
指定起点切向：   //移动光标调整起点切线方向,按〈Enter〉键确认
指定端点切向：   //移动光标调整终点切线方向,按〈Enter〉键确认
修剪多余线条，结果如图 7-35（b）所示。

(3) 单击"绘图"工具栏中的 按钮或在命令行输入 BHATCH，启动"图案填充"命令，打开"图案填充和渐变色"对话框，如图 7-36 所示。

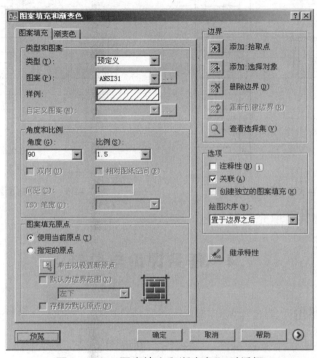

图 7-36 "图案填充和渐变色"对话框

(4) 单击"图案"下拉列表框右边的 按钮，打开"填充图案选项板"对话框，进入"ANSI"选项卡，然后选择剖面图案 ANSI31，如图 7-37 所示。

(5) 在"图案填充和渐变色"对话框的"角度"文本框中输入 90；在"比例"文本框中输入 1.5。单击 按钮（拾取点），AutoCAD 提示"拾取内部点"。在想要填充的区域内单击 E、F、G、H 点，如图 7-38 所示，然后按〈Enter〉键确认。

(6) 单击 预览 按钮，观察填充的预览效果。

(7) 单击 确定 按钮，填充剖面图案，

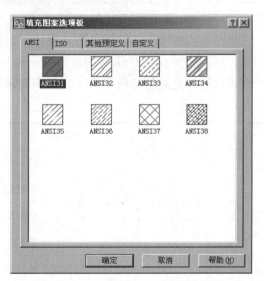

图 7-37 "填充图案选项板"对话框

结果如图 7-38 所示。

（8）编辑剖面图案。单击"修改 II"工具栏中的 按钮或在命令行输入 HATCHEDIT，启动"图案填充编辑"命令。选择编辑对象，打开"图案填充"对话框，在该对话框的"比例"文本框中输入 0.5。单击 确定 按钮，结果如图 7-39 所示。

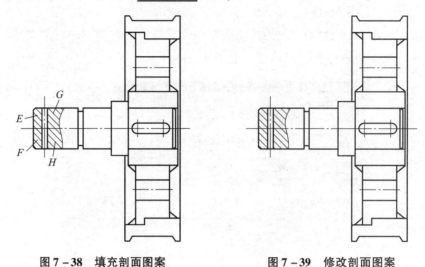

图 7-38　填充剖面图案　　　　　图 7-39　修改剖面图案

（9）请读者创建其余填充图案。

7.4　任务评价与总结

7.4.1　任务评价

本任务的目的是使学生掌握视图、剖视图、断面图、局部放大图、简化画法和其他规定画法，并着重介绍了它们的概念、功能（适用条件）、画法和标注方面的基本知识，为绘制和识读零件图、装配图奠定知识基础。

本任务实施结果的评价主要从视图、剖视图、断面图、其他表达方法作图的正确和熟练程度，以及用 AutoCAD 绘制剖面图的正确与熟练程度两方面进行。评价方式采用工作过程考核评价和作业质量考核评价。任务实施评价项目如表 7-2 所示。

表 7-2　任务实施评价项目

序号	评价项目		配分权重	实得分
1	视图、剖视图、断面图、其他表达方法作图的正确和熟练程度	绘制及标注常规视图	20%	
		绘制及标注剖视图	40%	
		绘制及标注断面图	15%	
		其他表示方法绘图	15%	
2	用 AutoCAD 绘制剖面图的正确与熟练程度		10%	

7.4.2 任务总结

本任务主要介绍了工件常用的 3 类表达方法、其他表达方法和用 AutoCAD 绘制剖面图案的方法。

视图主要用于表达工件可见的外形部分，包含基本视图、向视图、局部视图、斜视图等。剖视图是假想用剖切平面剖开工件，将观察者和剖切平面之间部分移去，将剖切平面和投影面之间部分向投影面投射所得到的图形。剖视图主要用于表达工件的内部形状，也是本任务的重点。断面图主要表达工件断面的形状，可采用移出断面图或重合断面图。断面图常用来表达轴类、杆件类、肋板等工件的断面形状。对于图中的小结构可采用局部放大图来表达。对一些常见的、不致引起误解的结构，规定可以用简化画法来表达。

通过任务实施，学生可对各种形状的工件，根据其结构特点，灵活应用其表达方法，真正做到能完整、清晰、正确地表达工件。

7.5 练习

1. 简述基本视图的位置关系。
2. 简述斜视图、局部视图和旋转视图的适用条件。
3. 简述全剖视、半剖视、局部剖视的适用条件。
4. 简述剖视图的标注规则。
5. 移出断面图和重合断面图有什么不同？
6. 简述断面图的标注规则。
7. 当剖切平面通过肋板时，在什么情况下，肋板不画剖面线？

任务 8 绘制标准件和常用件

8.1 任务描述及目标

通过学习标准件及常用件的表达，进行螺纹、键、销、齿轮及轴承等的作图训练，学生能够了解有关螺纹的基本知识，常用螺纹紧固件的种类、用途及规定标记，齿轮的基本知识，键、销、滚动轴承及弹簧的有关知识，掌握螺纹的规定画法及标注方法，螺纹紧固件连接装配图的画法，单个直齿圆柱齿轮及一对齿轮啮合的规定画法，熟悉键、销、滚动轴承及弹簧的画法。

8.2 任务资讯

在机器中，除一般零件外，还经常用到螺栓、螺母、垫圈、键、销、滚动轴承等零部件，它们的结构和尺寸已经全部标准化，我们称之为标准件。另外，齿轮及弹簧也得到广泛应用，属于常用件；其中，齿轮上轮齿的几何参数已经标准化。

国家标准对标准件和常用件的画法、代号及标记等都有相应的规定，掌握这些内容是绘制和识读装配图的基础。

8.2.1 绘制螺纹紧固件及其连接

一、螺纹

1. 螺纹的形成、要素和结构

螺纹连接是机器零件连接的重要方式，螺纹是机器上一种常见的结构。国际上，常用的几种螺纹均已标准化。螺纹是在圆柱或圆锥表面上沿着螺旋线所形成的，具有相同轴向剖面的连续凸起和沟槽。螺纹通过螺钉、螺栓、螺母、丝杠或普通零件起连接或传动作用。在圆柱（或圆锥）外表面上所形成的螺纹称外螺纹；在圆柱（或圆锥）内表面上所形成的螺纹称内螺纹。制作螺纹的方法很多，图 8-1 (a) 表示在车床上车削外螺纹的情况。内螺纹也可以在车床上车削。对于加工直径较小的螺孔，如图 8-1 (b) 所示，可先用钻头钻出光孔，再用丝锥攻螺纹。由于钻头端部接近 120°，因此孔的锥顶角画成 120°。

从图 8-1 可以看出，在车削螺纹时，工件作匀速旋转运动，车刀沿轴向左匀速移动，则刀尖在圆柱面上形成圆柱螺旋运动。由于车刀刀刃形状不同，因此可切削出不同牙型的螺纹。

内、外螺纹连接时，螺纹的下列要素必须一致。

(1) 牙型。在通过螺纹轴线的剖面上，螺纹的轮廓形状称为螺纹牙型。它有三角形、

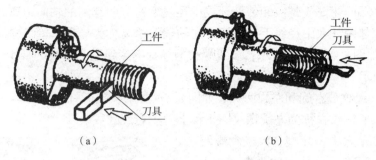

图 8-1 螺纹加工方法示例

(a) 车外螺纹；(b) 车内螺纹

梯形、锯齿形和方形等。不同的螺纹牙型，有不同的用途和不同的表示方法。

(2) 直径。螺纹直径分大径（d、D）、中径（d_2、D_2）和小径（d_1、D_1），如图 8-2 所示。其中大径是螺纹的公称直径，外螺纹的大径 d 和内螺纹的小径 D_1 又称顶径。

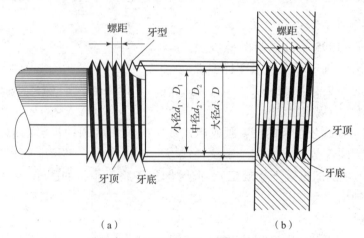

图 8-2 螺纹的直径、牙型和螺距

(a) 外螺纹；(b) 内螺纹

①大径是指与外螺纹牙顶或内螺纹牙底相重合的假想圆柱面的直径。
②小径是指与外螺纹牙底或内螺纹牙顶相重合的假想圆柱面的直径。
③中径则是母线通过牙型上沟槽和凸起宽度相等地方的假想圆柱面的直径。

(3) 线数 n。如图 8-3 所示，螺纹有单线和多线之分：沿一条螺旋线形成的螺纹为单线螺纹；沿轴向等距分布的两条或两条以上的螺旋线形成的螺纹为多线螺纹。

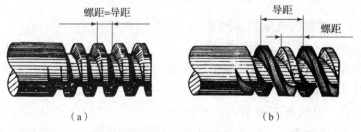

图 8-3 螺纹的线数

(a) 单线螺纹；(b) 双线螺纹

（4）螺距 P 和导程 S。螺纹相邻两牙在中径线上对应两点间的轴向距离称为螺距。同一条螺旋线上的相邻两牙在中径线上对应两点间的轴向距离称为导程。单线螺纹的导程等于螺距，即 $S=P$，如图8-3（a）所示；多线螺纹的导程等于线数与螺距的乘积，即 $S=nP$，如图8-3（b）所示。

（5）旋向。螺纹分右旋和左旋两种。如图8-4所示，顺时针旋入的螺纹，称为右旋螺纹；逆时针旋入的螺纹，称为左旋螺纹。工程上常用右旋螺纹。

在螺纹的诸要素中，牙型、大径和螺距是决定螺纹结构规格的最基本的要素，称为螺纹三要素。凡螺纹三要素符合国家标准的称为标准螺纹；牙型符合标准，直径或螺距不符合标准的称为特殊螺纹；牙型不符合标准的称为非标准螺纹。常见螺纹的国家标准详见附表1~附表3。

2. 螺纹的规定画法

GB/T 4459.1—1995《机械制图螺纹及螺纹紧固件表示法》规定了在机械图样中螺纹和螺纹紧固件的画法。

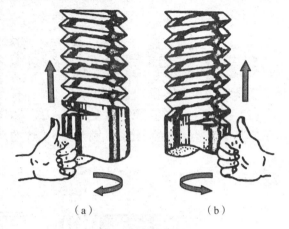

图8-4　螺纹的旋向
(a) 左旋；(b) 右旋

1）内、外螺纹的规定画法

（1）外螺纹。螺纹牙顶圆的投影画成粗实线；螺纹牙底圆的投影画成细实线，且应画入螺杆的倒角或倒圆部分；在垂直于螺纹轴线方向的视图中，表示牙底圆的细实线只画约3/4圈（空出约1/4圈的位置不作规定），此时倒角省略不画，如图8-5（a）所示。螺纹终止线用粗实线画出。

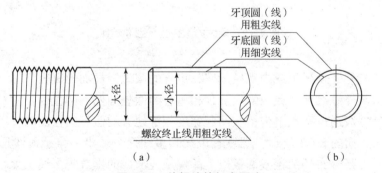

图8-5　外螺纹的规定画法

（2）内螺纹。内螺纹的规定画法同外螺纹，如图8-6（a）所示。

对于不可见的螺纹，所有图线均按虚线绘制，如图8-6（b）所示。无论是外螺纹还是内螺纹，在剖视图或断面图中的剖面线都必须画到与粗实线相接触。

2）螺纹连接的规定画法

如图8-7所示，以剖视图表示内、外螺纹连接时，其旋合部分应按外螺纹画法绘制，其余部分仍按各自的画法表示。应该注意的是：表示牙顶线、牙底线的粗实线和细实线应分别对齐，而与倒角的大小无关。

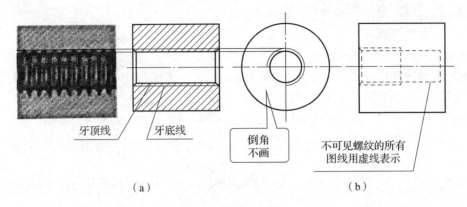

图 8-6　内螺纹的规定画法

（a）剖视图画法；（b）视图画法

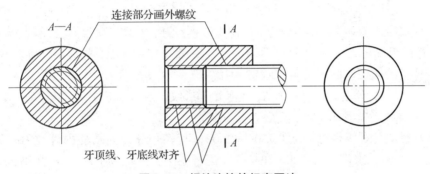

图 8-7　螺纹连接的规定画法

3. 螺纹的种类及其在图样上的标注

螺纹通常按用途分为连接螺纹和传动螺纹两类，前者起连接作用，应用比较普遍；后者用于传递动力和运动，常用于千斤顶及机床操纵等的传动机构中。

常用螺纹的标注方法如下：螺纹按国标的规定画法画出后，图上并未表明牙型、公称直径、螺距、线数和旋向等要素，因此，绘制螺纹图样时需要用国家标准规定的格式和相应的代号标注说明。

1）普通螺纹

普通螺纹标注格式如下：

螺纹特征代号　　公称直径×螺距　　旋向 - 中、顶径公差带代号 - 螺纹旋合长度

普通螺纹特征代号用字母 M 表示。公称直径为螺纹大径，同一公称直径的普通螺纹，其螺距分为粗牙（一种）和细牙（多种）。因此，在标注细牙螺纹时，必须注出螺距，而粗牙则无须标注。当螺纹为左旋时，加注 LH，右旋则无须注明。

中径公差带和顶径公差带代号用数字表示公差等级，用字母表示公差带位置。且用大写表示内螺纹，小写表示外螺纹，如"5g6g"。若中、顶径公差带代号相同，则只注一组，如"6H"。

旋合长度分短（S）、中（N）、长（L）3 种，一般选用中旋合长度，且无须注出；其余应注出。也可直接用数值注出旋合长度值，如 M20 - 6H - 32，表示旋合长度 32 mm。普

通螺纹的直径、螺距等标准参数可查附表1。

某粗牙普通外螺纹，大径为12，右旋，中径公差带为5g，大径公差带为6g，短旋合长度，其标记为：M12－5g6g－S。

某细牙普通内螺纹，大径为12，螺距为1，左旋，中径与小径公差带均为6H，中等旋合长度，其标记为：M12×1LH－6H。

当内外螺纹装配在一起时（即螺纹副），是采用一斜线把内外螺纹公差带分开，左边为内螺纹，右边为外螺纹，如M20－6H/5g6g。

2）管螺纹

在水管、油管、煤气管的管道连接中常用管螺纹，它们是英制螺纹分为非螺纹密封的管螺纹和用螺纹密封的管螺纹，两种管螺纹在标注上有较大区别，现分述如下。

（1）非螺纹密封的管螺纹。

非螺纹密封的管螺纹的标注格式为：

螺纹特征代号　　尺寸代号　　公差等级代号－旋向代号

螺纹特征代号用G表示，尺寸代号用1/2，3/4，1，1 1/2表示。公差等级代号：对外螺纹分A、B两级标记，对内螺纹则不标注。左旋螺纹加注LH，右旋不标注。尺寸代号是带有外螺纹管子的孔径，而不是管螺纹的大径。

尺寸代号为1/2，公差等级代号为A，左旋的非螺纹密封的管螺纹，其标记为：G1/2A－LH。

（2）用螺纹密封的管螺纹。

用螺纹密封的管螺纹根据GB/T 7306—2000，其代号分别为圆柱内螺纹 R_p 和与其相配合的圆锥外螺纹 R_1；圆锥内螺纹 R_c 和与其相配合的圆锥外螺纹 R_2；其标注格式如下：

螺纹特征代号　　尺寸代号　　旋向代号

螺纹密封的管螺纹标记示例如下。

右旋圆柱内螺纹：Rp3/4；右旋圆锥外螺纹：$R_1$3/4。

尺寸代号为3/4的右旋圆锥内螺纹与圆柱外螺纹所组成的螺纹副：Rp/$R_1$3/4。

左旋圆锥内螺纹：Rc1LH；左旋圆锥外螺纹 $R_2$1LH；螺纹副：Rc/$R_2$1LH。

（3）梯形螺纹

梯形螺纹用来传递双向动力，如机床的丝杠。梯形螺纹的直径和螺距系列、基本尺寸，可查阅附表3。梯形螺纹的标注格式如下。

（1）单线梯形螺纹：

螺纹特征代号　　公称直径×螺距　　旋向－中径公差带－旋合长度

（2）多线梯形螺纹：

螺纹特征代号　　公称直径×导程（P螺距）　　旋向－中径公差带－旋合长度

螺纹特征代号为Tr，其余各项标注内容和规定与普通螺纹相同。

—单线梯形外螺纹，大径为32，螺距为6，右旋，中径公差带为7e，中等旋合长度，其标记为：Tr32×6－7e。

—螺纹的标记为Tr40×12（P4）LH－7H－L，它表示导程为12，螺距是4，长旋合的3条螺旋线形成的左旋梯形内螺纹。

3）锯齿形螺纹

锯齿形螺纹用来传递单向动力，如千斤顶中的螺杆，其螺纹特征代号为B，其余各项的标注内容及规定同梯形螺纹。

各种螺纹的标注示例如表8-1所示。

表8-1 各种螺纹的标注示例

螺纹种类		特征代号	标注示例	说明
连接螺纹	普通螺纹	M	M16×1.5-6e	表示公称直径为16，螺距为1.5的右旋细牙普通外螺纹，中径和顶径公差带代号均为6e，中等旋合长度
			M10-6H	表示公称直径为10的右旋粗牙普通内螺纹，中径和顶径公差带代号均为6H，中等旋合长度
	管螺纹	G	G3/4B	表示尺寸代号为3/4，非螺纹密封的B级圆柱外螺纹
		Rc Rp	Rp1	表示尺寸代号为1，用螺纹密封的圆柱内螺纹
传动螺纹	梯形螺纹	Tr	Tr40×14(P7)LH-8e-L	表示公称直径为40，导程为14，螺距为7的双线左旋梯形外螺纹，中径公差带代号为8e，长旋合长度
	锯齿形螺纹	B	B90×12LH-7c	表示公称直径为90，螺距为12的单线左旋锯齿形外螺纹，中径公差带代号为7c，中旋合长度

二、螺纹紧固件及其连接

1．常见螺纹紧固件及其标记和画法

1）螺纹紧固件的标记

常用的螺纹紧固件有螺栓、双头螺柱、螺钉、螺母和垫圈等。由于它们都是标准件，由专门的厂家按国家标准规定的结构、参数生产，因此在设计时，需要按相应的标准型号，将其在图纸中进行标记。依据GB/T 1237—2000《紧固件标记方法》，其标记方法有完整标记和简化标记两种。一般采用简化标记。常用螺纹紧固件规格标准及其画法和标注示例如表 8-2 所示。

表 8-2 常用螺纹紧固件规格标准及其画法和标注示例

名称及标准号	图例及规格尺寸	规定标记	比例画法
六角头螺栓 C 级 (GB/T 5780—2016)	M12, 50	螺纹规格 d = M12，公称长度 l = 50 mm 规定标记：螺栓 GB/T 5780 M12×50	$0.15d×45°$，$0.85d$，$2d$，$0.7d$
双头螺柱 (GB/T 899—1988)	M12, 18, 50	螺纹规格 d = M12，公称长度 l = 50 mm 规定标记：螺栓 GB/T 899 M12×50	$0.15d×45°$　$0.85d$，L_1，L，$2d$
开槽沉头螺钉 (GB/T 68—2016)	M10, 45	螺纹规格 d = M10，公称长度 l = 45 mm 规定标记：螺栓 GB/T 68 M10×45	90，$0.2d$，$0.25d$，$0.5d$，d，1~15
六角螺母 (GB/T 41—2016)	M16	螺纹规格 D = M16 规定标记：螺栓 GB/T 41 M16	由作图决定，30°，$1.5D$，$0.8D$，D，e
垫圈 (GB/T 97.1—2002)	$\phi17$	公称尺寸 d = 16 mm，性能等级为 140 HV 规定标记：垫圈 GB/T 97.1 16	$2.2d$，$1.1d$，$0.15d$

2) 螺纹紧固件的画法

螺纹紧固件的画法一般采用两种形式，一种是根据螺纹紧固件规定标记从相应的国家标准查取其数据画图，常用螺纹紧固件标准见附表 2~附表 6；另一种方式是以螺纹紧固件螺纹大径作为尺度，确定紧固件组中其他各件的结构参数的尺寸大小。这种画法称为比例画法，是一种近似的简化画法，可起到提高绘图效率的作用，应用比较普遍。详细画法如表 8-2 所示。

2. 螺纹紧固件的连接

螺纹紧固件的连接属于可拆卸连接,是工程上应用最多的连接方式。常见的连接形式有螺栓连接、螺柱连接和螺钉连接,如图8-8所示。

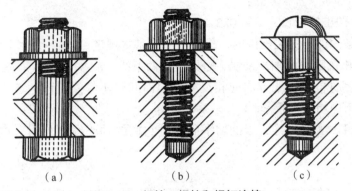

图8-8 螺栓、螺柱和螺钉连接

(a) 螺栓连接;(b) 螺柱连接;(c) 螺钉连接

1) 螺栓连接

螺栓连接用于连接厚度不大的两个零件。两个零件钻有通孔,其直径略大于螺纹大径(约为 $1.1d$),其紧固件组由螺栓、螺母、垫圈组成。通常按比例画图,其连接装配图绘制方法如图8-9所示。

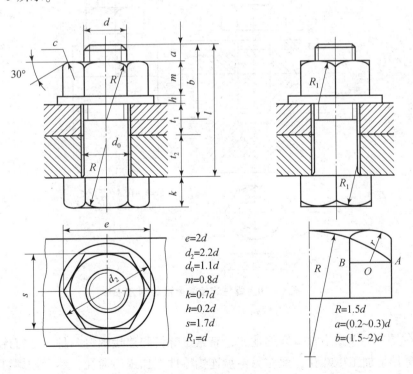

$e=2d$
$d_2=2.2d$
$d_0=1.1d$
$m=0.8d$
$k=0.7d$
$h=0.2d$
$s=1.7d$
$R_1=d$

$R=1.5d$
$a=(0.2\sim0.3)d$
$b=(1.5\sim2)d$

图8-9 螺栓连接装配图绘制方法

其中,螺栓的规格尺寸 d 由设计给定。有效长度 l 需预先估算,再查取相近的标准值。其估算公式:

$$l \geq t_1 + t_2 + h + m + a$$

式中，$t_1 + t_2$——被连接件总厚度；

h——垫圈厚度，$h = 0.15d$；

m——螺母厚度，$m \approx 0.8d$；

a——螺栓伸出螺母长，$a \approx (0.2 \sim 0.3)d$。

在绘制螺纹紧固件连接装配图时，应遵守下列基本规定。

（1）两零件相接触表面画一条线，否则应画两条线。

（2）相邻两零件的剖面线方向应相反或相同而间隔不等。而同一零件的剖面线方向间隔不论在哪一视图中均应一致。

（3）对标准件、实心件等，当剖切平面通过它们的轴心线剖切时，应按未剖绘制，即仍画其外形。

2）螺柱连接

双头螺柱多用于被连接件之一比较厚，不便使用螺栓连接，或因拆卸频繁不宜使用螺钉连接的地方。螺母下边为弹簧垫圈，依靠其弹性所产生的摩擦力以防止螺母松动。螺柱连接是在机体上加工出螺孔，双头螺柱的旋入端全部旋入螺孔，而另一端穿过被连接零件的通孔，然后套上垫圈再拧紧螺母，其连接装配图绘制方法如图 8-10 所示。

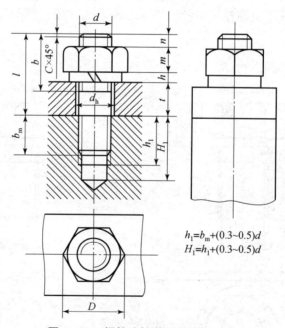

图 8-10　螺柱连接装配图绘制方法

3）螺钉连接

螺钉用在受力不大和不常拆卸的地方，有紧定螺钉和连接螺钉两种。螺钉连接一般是在较厚的主体零件上加工出螺孔，而在另一被连接零件上加工出通孔，然后把螺钉穿过通孔旋进螺孔从而达到连接的目的，其连接装配图绘制方法如图 8-11 所示。

3. 螺纹测绘

根据实物，对其上的螺纹结构要素进行测量，以确定螺纹的牙型、规格尺寸等基本要

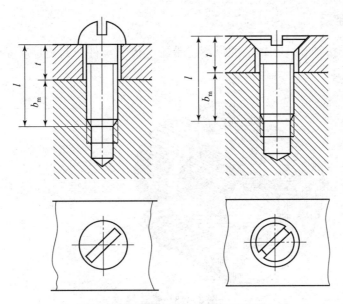

图 8-11 螺钉连接装配图绘制方法

素,并绘制该部分图形的过程,称为螺纹测绘。螺纹测绘的一般步骤如下。

(1) 确定螺纹的线数和旋向。

(2) 确定牙型和螺距。传动螺纹的牙型,一般可直观确定。连接螺纹的牙型和螺距,可用螺纹规(60°、55°)测量:选择其中能与被测螺纹相吻合的一片,由此确定该螺纹具有与吻合片相同的牙型;该片上的数值,即为所测螺纹的螺距,如图 8-12 所示。螺距也可用直尺测得:用直尺量出几个螺距的长度,则螺距 $P = L/n$。图 8-12 中所示的螺距 $P = L/n = 6/4 = 1.5$。

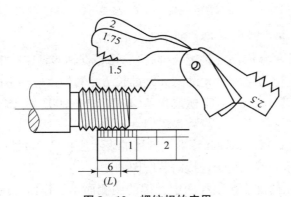

图 8-12 螺纹规的应用

(3) 确定大径和螺纹长度(或深度)。外螺纹的大径和螺纹长度可用游标卡尺直接测得。内螺纹的大径一般可通过与之相配的外螺纹测得,或测出内螺纹小径后查表确定其大径尺寸。内螺纹深度可用游标卡尺测深杆或用深度卡尺测量。

(4) 查对标准,确定螺纹标记,并作图。根据测得的牙型、螺距和大径,查对相应的螺纹标准,确定螺纹标记,画出图形,并进行标注。

8.2.2 键连接

键通常用于连接轴和装在轴上的齿轮、带轮等传动零件，起传递转矩的作用，如图 8-13 所示。

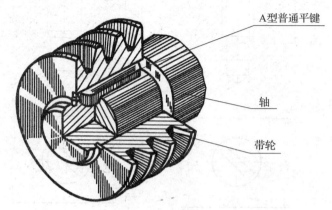

图 8-13 键连接

键是标准件，常用的键有普通平键、半圆键和钩头楔键等，如图 8-14 所示。

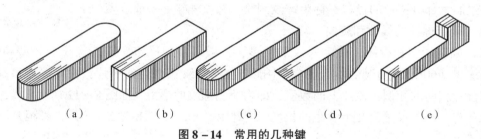

图 8-14 常用的几种键

(a) A 型普通平键；(b) B 型普通平键；(c) C 型普通平键；(d) 半圆键；(e) 钩头楔键

这里主要介绍应用最广泛的 A 型普通平键及其画法。

普通平键的公称尺寸为 $b \times h$（键宽 × 键高），可根据轴的直径在相应的标准中查得。

普通平键的规定标记为键宽 b × 键高 h × 键长 L。例如，$b = 18$ mm，$h = 11$ mm，$L = 100$ mm 的圆头普通平键（A 型），应标记为：GB/T1096—2003 键 18×11×100（A 型可不标出 A）。

图 8-15 (a)、(b) 所示为轴和轮毂上键槽的表示法和尺寸注法（未注尺寸数字）。

图 8-15 (c) 所示为普通平键连接的装配图画法。

图 8-15 (c) 所示的键连接装配图中，键的两侧面是工作面，接触面的投影处只画一条轮廓线；键的顶面与轮毂上键槽的顶面之间留有间隙，必须画两条轮廓线；在反映键长度方向的剖视图中，轴采用局部剖视，键按不剖处理；在键连接装配图中，键的倒角或小圆角一般省略不画。

8.2.3 销连接

销通常用于零件之间的连接、定位和防松，常见的有圆柱销、圆锥销和开口销等，它们都是标准件。圆柱销和圆锥销可以连接零件，也可以起定位作用（限定两零件间的相对位

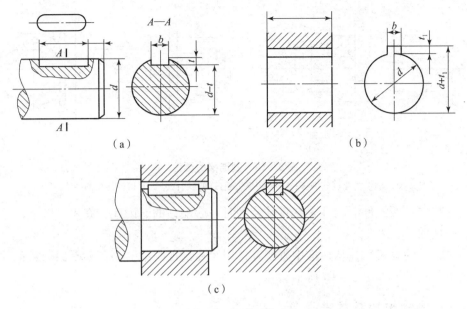

图 8 – 15　普通平键连接
(a) 轴上的键槽；(b) 轮毂上的键槽；(c) 普通键连接的装配图画法

置)，其连接画法如图 8 – 16（a）、(b) 所示。开口销常用在螺纹连接的装置中，以防止螺母的松动，其连接画法如图 8 – 16（c）所示。表 8 – 3 为销的形式、标记示例及画法。

表 8 – 3　销的形式、标记示例及画法

名称	标准号	图　例	标记示例
圆锥销	GB/T 117—2000	$R_1 \approx d$　$R_2 \approx d+(l-2a)/50$	直径 $d=10$ mm，长度 $l=100$ mm，材料为 35 钢，热处理硬度 28～38 HRC，表面氧化处理的圆锥销，标记如下： 销 GB/T 117 10×100 圆锥销的公称尺寸是指小端直径
圆柱销	GB/T 119.1—2000		直径 $d=10$ mm，公差为 m6，长度 $l=80$ mm，材料为钢，不经表面处理的圆柱销，标记如下： 销 GB/T 119.1 10　m6×80
开口销	GB/T 91—2000		公称直径 $d=4$ mm（指销孔直径），$l=20$ mm，材料为低碳钢，不经表面处理的开口销，标记如下： 销 GB/T 91 4×20

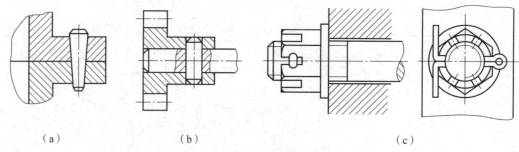

图 8-16 键连接的画法

（a）圆锥销连接的画法；（b）圆柱销连接的画法；（c）开口销连接的画法

在销连接中，两零件上的孔是在零件装配时一起配钻的。因此，在零件图上标注销孔的尺寸时，应注明"配作"。

绘图时，销的有关尺寸从标准中查找并选用。在剖视图中，当剖切平面通过销的回转轴线时，按不剖处理，如图 8-16 所示。

8.2.4 绘制齿轮及其啮合

齿轮是传动零件，它不仅可以传递动力，而且可以改变轴的转速和旋转方向。

常见的齿轮传动形式有 3 种，如图 8-17 所示。圆柱齿轮用于平行两轴间的传动；锥齿轮用于相交两轴间的传动；蜗杆与蜗轮用于交叉两轴间的传动。本书仅介绍圆柱齿轮的规定画法。

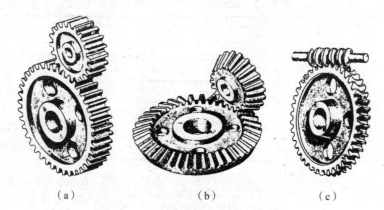

图 8-17 常见的齿轮传动形式

（a）圆柱齿轮；（b）锥齿轮；（c）蜗杆与蜗轮

圆柱齿轮的轮齿有直齿、斜齿和人字齿等，这里主要介绍圆柱直齿轮的规定画法。

一、圆柱直齿轮零件图的画法及有关部分的尺寸关系

1. 圆柱直齿轮零件图的画法

1）圆柱直齿轮的规定画法

根据 GB/T 4459.2—2003 有关齿轮画法的规定，齿顶圆和齿顶线用粗实线绘制，分度圆和分度线用细点画线绘制，齿根圆和齿根线用细实线绘制（也可以省略不画），如图 8-18（a）所示。在剖视图中，当剖切平面通过齿轮的轴线时，轮齿部分按不剖处理，齿根线用粗实线

绘制，如图 8-18（b）所示。当需要表示斜齿、人字齿的齿线形状时，可以用 3 条与齿线方向一致的细实线表示，如图 8-18（c）、（d）所示。

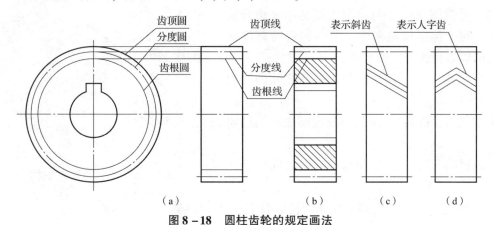

图 8-18 圆柱齿轮的规定画法

2）圆柱直齿轮的零件图

图 8-19 为圆柱直齿轮的零件图，它具备一张完整零件图的所有内容和齿轮的基本参数。

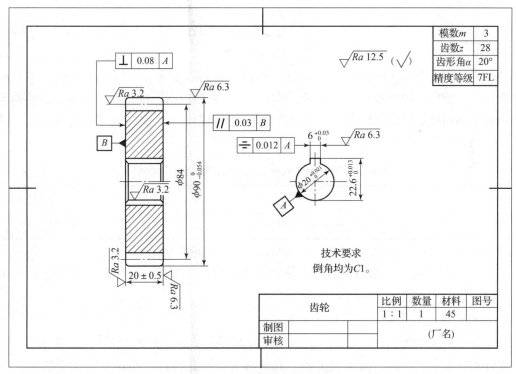

图 8-19 圆柱直齿轮的零件图

2. 圆柱直齿轮各部分名称及代号

为了很好地理解各个参数的意义，有必要了解圆柱直齿轮各部分的名称及代号，图 8-20 为圆柱直齿轮的立体图。

（1）齿顶圆直径（d_a）：通过轮齿顶部的圆周直径。

(2) 齿根圆直径（d_f）：通过轮齿根部的圆周直径。

(3) 分度圆直径（d）：分度圆是用来均分轮齿的圆，对于标准齿轮来说，齿厚和齿槽宽度相等处的圆周直径为分度圆直径。

(4) 齿高（h）：齿顶圆与齿根圆之间的径向距离，$h = h_a + h_f$。

①齿顶高（h_a）：齿顶圆与分度圆之间的径向距离。

②齿根高（h_f）：齿根圆与分度圆之间的径向距离。

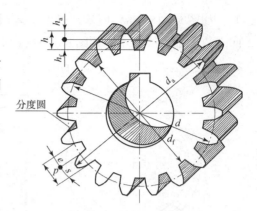

图 8-20 圆柱齿轮的立体图

(5) 齿距（p）：分度圆上相邻两齿廓对应点之间的弧长，$p = s + e$。

①齿厚（s）：每个轮齿的齿廓在分度圆上的弧长。

②槽宽（e）：相邻两齿之间在分度圆上的弧长。

(6) 模数（m）：设齿轮的齿数为 z，则分度圆的周长为

$$\pi d = pz$$

即

$$d = pz/\pi$$

令

$$m = p/\pi$$

则

$$d = mz$$

式中，m 为模数（单位：mm），它是设计、制造齿轮的重要参数。因为两个啮合齿轮的齿距必须相等，所以它们的模数必然相同。模数越大，齿距越大，齿厚随之加大，齿轮的承载能力越强。不同模数的齿轮，需要用不同模数的刀具进行加工。为了便于设计和加工，模数的数值已经标准化，如表 8-4 所示。

表 8-4 圆柱齿轮模数系列（GB/T 1357—2008）　　　　　　　　　mm

第一系列	1	1.25	1.5	2	2.5	3	4	5	6	8	10	12	16	20	25	32	40	50
第二系列	1.75	2.25	2.75	(3.25)	3.5	(3.75)	4.5	5.5	(6.5)	7	9	(11)	14	18	22	28	36	45

注：优先选用第一系列，其次选用第二系列，括号内的模数尽可能不选用。本表未摘录小于 1 的数。

(7) 中心距（a）：一对啮合圆柱齿轮轴线之间的最短距离，对于标准齿轮，$a = (d_1 + d_2)/2$。

3. 圆柱直齿轮各部分之间的尺寸关系

为了解决画图所需的尺寸问题，必须掌握各部分间的尺寸关系及其计算方法。

设计齿轮时，首先确定模数和齿数，其他各部分尺寸可以按照计算公式来确定，如表 8-5 所示。

表 8-5 标准直齿圆柱齿轮各部分之间的尺寸关系

名称	代号	计算公式	名称	代号	计算公式
齿顶高	h_a	$h_a = m$	齿顶圆直径	d_a	$d_a = m(z+2)$

续表

名称	代号	计算公式	名称	代号	计算公式
齿根高	h_f	$h_f = 1.25m$	齿根圆直径	d_f	$d_f = m(z - 2.5)$
齿高	h	$h = 2.25m$	齿距	p	$p = \pi m$
分度圆直径	d	$d = mz$	中心距	a	$a = m(z_1 + z_2)/2$

二、圆柱直齿轮啮合的规定画法

在投影为圆的视图中，啮合区内的齿顶圆用粗实线绘制，如图 8 – 21（a）中的左视图所示，也可以省略不画，如图 8 – 21（b）所示，但相切的两分度圆（两标准齿轮啮合时，分度圆相切）必须用细点画线画出。在投影为非圆的视图中，啮合区的齿顶线和齿根线均不画，分度线用一条粗实线绘制，如图 8 – 21（c）所示。在投影为非圆的剖视图中，当剖切平面通过两啮合齿轮的轴线时，在啮合区内，将一个齿轮的轮齿用粗实线绘制，另一个齿轮的轮齿被遮挡的部分用虚线绘制，如图 8 – 21（a）中的主视图所示。正确画出啮合区内的 5 条线，分清每条线的含义，是画好齿轮啮合图的关键。注意，其中一个齿轮的齿顶线与另一齿轮的齿根线之间应有 $0.25m$ 的间隙，如图 8 – 22 所示。

非啮合区内仍按单个齿轮的规定画法绘制。

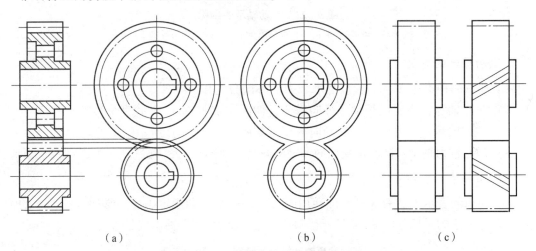

图 8 – 21 圆柱齿轮啮合的规定画法

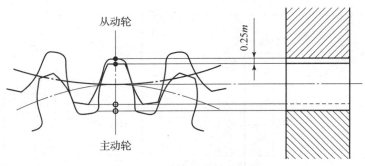

图 8 – 22 啮合区内的 5 条线

8.2.5 轴承和弹簧

一、滚动轴承

在机器中，滚动轴承是用来支承轴的标准件，具有摩擦阻力小、效率高、结构紧凑、维护简单等优点。它的规格、形式很多，可根据使用要求，经设计查阅有关标准选用。

1. 滚动轴承的结构

一般滚动轴承的结构是由内圈、外圈、滚动体（如球、圆锥滚子）和保持架组成，如图 8-23 所示。

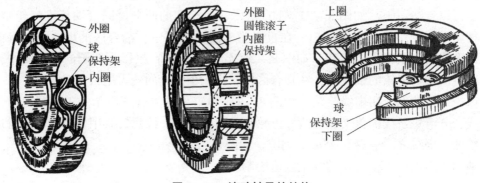

图 8-23 滚动轴承的结构
(a) 深沟球轴承；(b) 圆锥滚子轴承；(c) 推力球轴承

2. 滚动轴承的种类

滚动轴承的种类很多，一般按其承载力的方向分为以下 3 类。

（1）向心轴承：主要用于承受径向载荷，如图 8-23（a）所示的深沟球轴承。

（2）推力轴承：主要用于承受轴向载荷，如图 8-23（c）所示的推力球轴承。

（3）向心推力轴承：同时承受径向和轴向载荷，如图 8-23（b）所示的圆锥滚子轴承。

3. 滚动轴承的表示方法

滚动轴承的表示方法有 3 种，即通用画法、特征画法和规定画法。常用滚动轴承的特征画法和规定画法的示例如表 8-6 所示。画图的基本尺寸是由轴承代号查阅轴承标准确定的。

表 8-6 常用滚动轴承的特征画法和规定画法

轴承类型	特征画法	规定画法
径向和轴向单列滚动轴承		

续表

轴承类型	特征画法	规定画法
径向单列滚动轴承	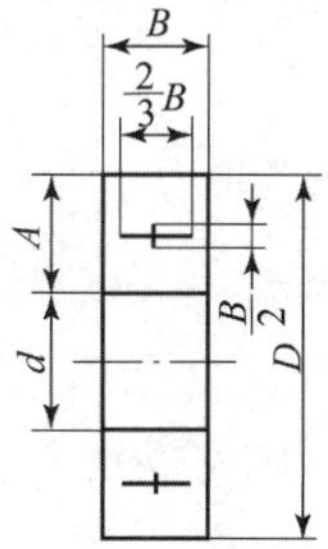	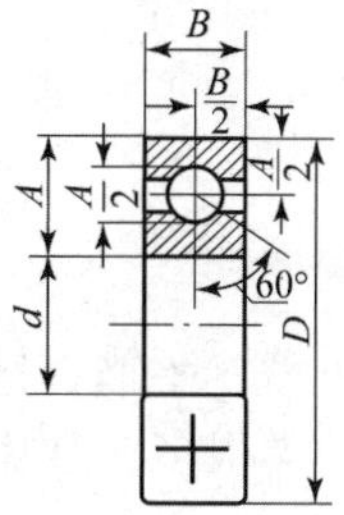
轴向单列滚动轴承	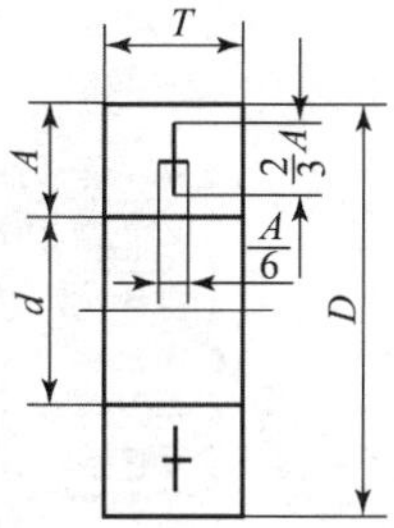	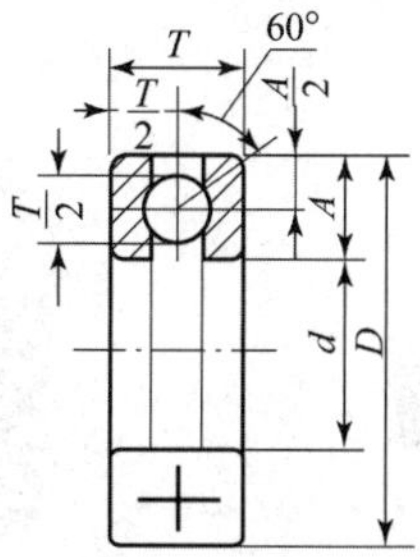

4. 滚动轴承的代号

一般滚动轴承的代号常用基本代号表示。基本代号由类型代号、尺寸代号、内径代号组成。

滚动轴承的标记示例如下。

（1）轴承 6212　GB/T 276—2013

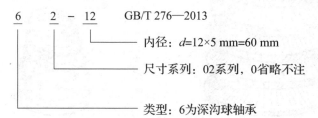

（2）轴承 30205　GB/T 297—2015

（3）轴承 51210　GB/T 301—2015

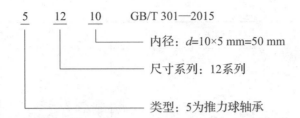

二、弹簧

弹簧是机器、车辆、仪表及电器中常用到的零件,其作用一般为减振、夹紧和测力等。

弹簧的种类很多,常用的几种弹簧如图8-24~图8-28所示。本节只介绍圆柱螺旋弹簧的画法。

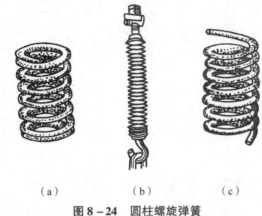

图8-24 圆柱螺旋弹簧

图8-25 碟形弹簧

图8-26 圆锥螺旋弹簧

图8-27 板弹簧

图8-28 平面涡卷弹簧

1. 圆柱螺旋弹簧各部分名称

如图 8-29 所示，圆柱螺旋弹簧各部分名称如下。

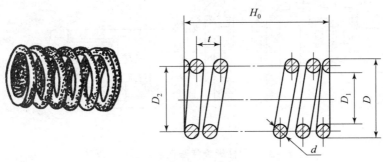

图 8-29　圆柱螺旋弹簧各部分名称

(1) 弹簧丝直径 d。

(2) 弹簧内径 D_1。

(3) 弹簧外径 D。

(4) 弹簧中径 D_2。

(5) 支承圈数 n：为了使压缩弹簧支承平稳，制造时将弹簧两端磨平，这部分只起支承作用的圈数称支承圈数。一般支承圈数有 1.5 圈、2 圈、2.5 圈 3 种，其中较常用的支承圈数为 2.5 圈。

(6) 节距 t：除支承圈数以外，相邻两圈的轴向距离称节距。

(7) 有效圈数 n_0：除了支承圈数以外，节距相等的圈数称有效圈数。

(8) 总圈数 n_1：支承圈数与有效圈数之和称总圈数，$n_1 = n + n_0$。

(9) 自由高度 H_0：弹簧不受外力时的高度称自由高度，$H_0 = nt + (n_0 - 0.5)d$。

(10) 旋向：分"左旋"和"右旋"两种。

2. 圆柱螺旋弹簧的画法

为了简化作图，国家标准规定了圆柱螺旋弹簧的视图、剖视图及示意图的画法，如图 8-30 所示。

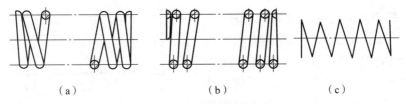

(a) 　　　　　　　　(b) 　　　　　　　　(c)

图 8-30　圆柱螺旋弹簧的画法

(a) 视图；(b) 剖视图；(c) 示意图

圆柱螺旋弹簧在装配图中的画法如图 8-31 所示。

例　已知圆柱螺旋弹簧的簧丝直径 $d = 5$ mm，弹簧中径 $D_2 = 35$ mm，节距 $t = 10$ mm，有效圈数 $n = 8$，支承圈数 $n_0 = 2.5$，右旋，试画出此弹簧。

【解】　(1) 计算出弹簧自由高度 H_0。

$$H_0 = nt + (n_0 - 0.5)d = 8 \times 10 + (2.5 - 0.5) \times 5 = 90 \text{ mm}$$

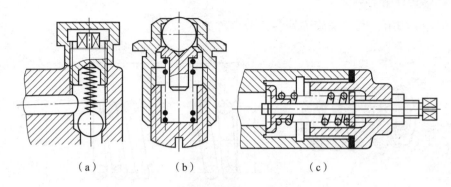

图 8-31　圆柱螺旋弹簧在装配图中的画法

(2) 绘图步骤如图 8-32 所示。

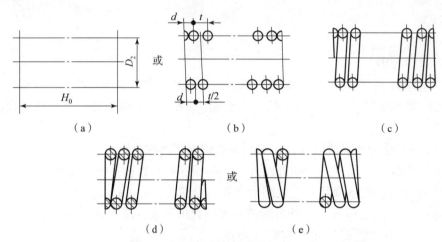

图 8-32　圆柱螺旋弹簧的绘图步骤

8.3　任务实施

在机械工程中有大量反复使用的标准件，如轴承、螺栓、螺钉等。由于某种类型的标准件其结构形状相同，只是尺寸、规格有所不同，因而作图时常事先将它们生成图块。这样，当用到标准件时只需插入已定义的图块即可。

练习　创建及插入图块。

(1) 打开附盘文件"8.3.dwg"，如图 8-33 所示。

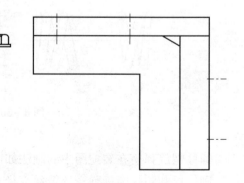

图 8-33　创建及插入图块

(2) 单击"绘图"工具栏上的 按钮或在命令行输入 BLOCK，打开"块定义"对话框，在"名称"文本框中输入块名"螺栓"，如图 8-34 所示。

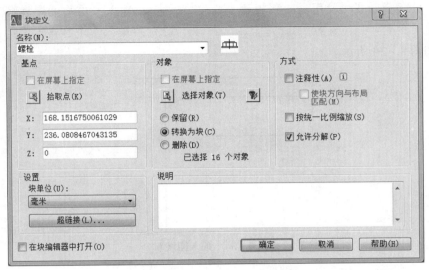

图 8-34 "块定义"对话框

(3) 选择构成块的图形元素。单击按钮（选择对象），AutoCAD 返回绘图窗口，并提示"选择对象"，选择螺栓头及垫圈，如图 8-33 所示。

(4) 指定块的插入基点。单击按钮（拾取点），AutoCAD 返回绘图窗口，并提示"指定插入基点"，拾取 A 点，如图 8-33 所示。

(5) 单击 确定 按钮，AutoCAD 生成图块。

(6) 插入图块。单击"绘图"工具栏上的按钮或在命令行输入"INSERT"，打开"插入"对话框，在"名称"下拉列表中选择"螺栓"，在"插入点""比例"及"旋转"选项组中选择"在屏幕上指定"复选按钮，如图 8-35 所示。

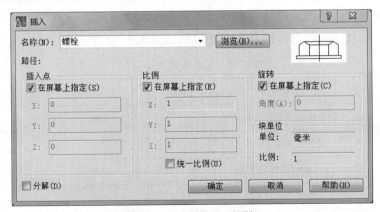

图 8-35 "插入"对话框

(7) 单击 确定 按钮，AutoCAD 提示如下。
命令:_insert
指定插入点或[基点(B)/比例(S)/X/Y/Z/旋转(R)]:int 于
            //指定插入点 B，如图 8-36 所示
输入 x 比例因子,指定对角点,或[角点(C)/XYZ(XYZ)]<1>:1
            //输入 x 方向的缩放比例因子

输入 y 比例因子或 <使用 x 比例因子>:1　　//输入 y 方向的缩放比例因子
指定旋转角度 <0>:-90　　//输入图块的旋转角度
结果如图 8-36 所示。

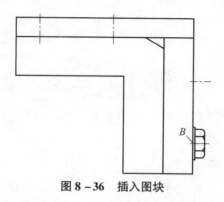

图 8-36　插入图块

(8) 读者自行练习插入其余图块。

8.4　任务评价与总结

8.4.1　任务评价

本任务教学与实施的目的是：通过介绍标准件和常用件的表示方法，使学生掌握标准件和常用件在装配图中的规定画法，了解标准件和常用件的种类、标记及各部分的名称，养成遵守国标、执行国标的好习惯，为进一步看懂装配图打下基础。

本任务实施结果的评价主要从绘制螺纹紧固件及其连接、键连接、销连接，绘制齿轮及其啮合、轴承和弹簧，使用块创建标准件及其常用件几个方面进行。评价方式采用工作过程考核评价和作业质量考核评价。任务实施评价项目如表 8-7 所示。

表 8-7　任务实施评价项目

序号	评价项目	配分权重	实得分
1	绘制螺纹紧固件及其连接	40%	
2	绘制键连接、销连接	10%	
3	绘制齿轮及其啮合	10%	
4	绘制轴承和弹簧	30%	
5	使用块创建标准件及其常用件	10%	

8.4.2　任务总结

本任务主要介绍了标准件和常用件的基本知识和几种标准件、常用件的规定画法及标记方法，并介绍了使用 AutoCAD 绘制标准件和常用件的方法。其中，绘制螺纹紧固件及其连接是本任务的重点，画、读正确的图样是难点。尤其是连接图的画法，应结合实物进行讲解，以利于学生消化。

对于螺纹紧固件、键、销等标准件，除规格尺寸是根据设计要求确定外，其余尺寸均从各标准中查找。关于规格尺寸：螺栓、双头螺柱、螺钉是其公称直径 d 和公称长度 l；螺母、垫圈是其公称直径 d；键的规格尺寸是键宽 b 和键长 L；销是其公称直径 d 和长度 l。

通过任务实施，学生应掌握螺纹的规定画法及标注，螺纹紧固件连接装配图的画法，单个直齿圆柱齿轮及一对齿轮啮合的规定画法。熟悉键、销、滚动轴承及弹簧的画法。为绘制和识读装配图打下基础。

8.5 练习

1. 简述内、外螺纹及其连接的规定画法，并举例说明。
2. 标准螺纹的标记包含哪些内容？说明 M20、M20×1、G3/4 的含义。
3. 画螺纹紧固件连接图时应遵守哪些基本规定？试绘制出 4 种螺纹连接形式的图样。
4. 简述普通平键连接时的规定画法，并试举一例（作图）。
5. 简述直齿圆柱齿轮及其啮合时的规定画法，并举一例（作图）。

任务9 绘制零件图

9.1 任务描述及目标

通过对零件图相关内容的学习和作图训练,学生能够掌握零件图视图选择的原则和表达零件的方法;掌握零件图的尺寸标注,能在零件图上正确标注公差及表面粗糙度;掌握绘制零件图的方法和步骤;掌握阅读零件图的方法和步骤;掌握用 AutoCAD 绘制零件图的方法。

9.2 任务资讯

零件图是制造和检验零件的依据。识读和绘制机械零件图是工程中必备的基础知识和技能。机械零件按其结构分为轴套、轮盘、箱体和叉架4类,零件图中包括工件的结构表达、尺寸和精度要求、表面粗糙度和形位公差要求、材料及热处理要求等内容。这里主要介绍零件图所涉及的有关知识和读零件图的方法。

9.2.1 零件图的作用和内容

一、零件图的作用

在机械产品的生产过程中,加工和制造各种不同形状的机器零件时,一般是先根据零件图对零件材料和数量的要求进行备料,然后按图样中零件的形状、尺寸与技术要求进行加工制造,同时还要根据图样上的全部技术要求,检验被加工零件是否达到规定的质量指标。由此可见,零件图是设计部门提交给生产部门的重要技术文件,它反映了设计者的意图,表达了对零件的要求,是生产中进行加工制造与检验零件质量的重要技术性文件。

二、零件图的内容

图9-1是球阀中的阀芯的零件图,从图中可以看出零件图应包括以下4个方面的内容。

1. 一组视图

零件图需用一组视图(包括视图、剖视图、断面图等表达方法)完整、准确、清楚、简便地表达出零件的结构形状。图9-1所示的阀芯,用主、左视图表达,主视图采用全剖视图,左视图采用半剖视图。

2. 足够的尺寸

零件图中应正确、齐全、清晰、合理地标注出表示零件各部分的形状大小和相对位置的尺寸,为零件的加工制造提供依据。如图9-1所示阀芯的主视图中标注的尺寸 $S\phi40$ 和32

确定了阀芯的轮廓形状,中间的通孔尺寸为 $\phi20$,上部凹槽的形状和位置通过主视图中的尺寸 10 和左视图中的尺寸 R34、14 确定。

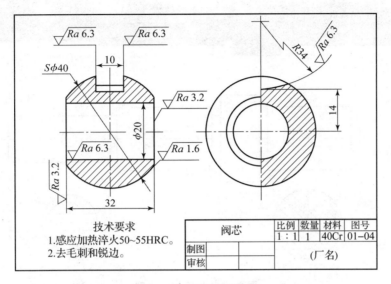

图 9-1 阀芯的零件图

3. 技术要求

技术要求是指用规定的符号、代号、标记和简要的文字将制造和检验零件时应达到的各项技术指标和要求表述清楚,如图 9-1 中注出的表面粗糙度 $Ra\,6.3\,\mu m$、$Ra\,1.6\,\mu m$ 等,以及技术要求"感应加热淬火 50~55HRC"及"去毛刺和锐边"等。

4. 标题栏

在图幅的右下角按标准格式画出标题栏,以填写零件的名称、材料、图样的编号、比例及设计、审核、批准人员的签名、日期等。

9.2.2 零件图的视图选择

要将零件的结构形状用零件图正确、完整、清晰、合理地表达出来,视图选择是关键。首先,对零件结构形状特点进行分析,要分清主要形体和次要形体,并了解零件在机器中的位置、作用以及加工方法,以便确切地表达零件的结构形状,反映零件的设计和工艺要求。为满足生产的需要,须灵活地选择不同的视图及表达方法。

一、零件图主视图的选择

1. 零件位置的确定

1) 加工位置原则

零件图的主视图应尽量选择与零件在机械加工时所处的位置相同,以方便加工时看图。如图 9-2 所示,轴主要是在车床上进行加工的,可按加工位置原则选择主视图,因此主视图应将其按轴线水平放置。

2) 工作位置原则

当零件有多个加工位置,且加工位置难分主次时,零件图的主视图应尽量选择使零件的

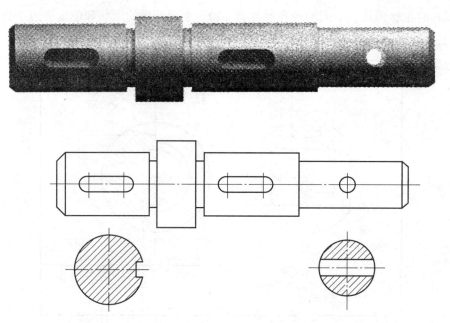

图 9-2 加工位置原则

安放位置与其工作位置相同,以便与装配图对照。如图 9-3 所示,支座的主视图则符合工作位置原则。

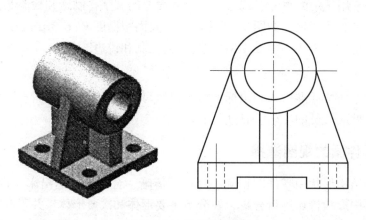

图 9-3 工作位置原则

3)自然安放位置原则

零件图的主视图选择首先尽量满足加工位置原则或工作位置原则,最好两者能同时满足;当零件有多个加工位置,且加工位置难分主次,工作位置又多变时,可按自然安放位置原则选择主视图。

2. 确定主视图的投射方向

主视图的投射方向以能充分反映零件的结构形状特征为原则。如图 9-4 所示,小支架按 A 向画主视图能比较好地反映零件的结构形状特征,而按 B 向画主视图就不能很好地反映零件的结构形状特征。

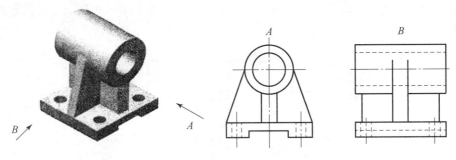

图 9-4 确定主视图的投射方向

二、其他视图的选择

对于结构复杂的零件，主视图中没有表达清楚的部分必须选择其他视图。主视图确定之后，其他视图的投射方向也就确定了。视图的多少，采用什么样的表达方法等须根据零件结构的复杂程度而定。在选择其他视图时，首先考虑表达主要形体的其他视图，再补全次要形体的视图。所选择的表达方法要恰当，每个视图都要有明确的表达目的。在完整、清晰地表达零件内、外结构形状的前提下，尽量减少图形个数，以便画图和看图。对于表达同一内容的视图，应拟出几种方案进行比较，选择其中最优的表达方案。如图 9-5 所示，选用了主视图、俯视图和左视图 3 个基本视图，其中主视图采取了局部剖，俯视图和左视图采取了全剖，较好地表达了支座的内、外结构形状。

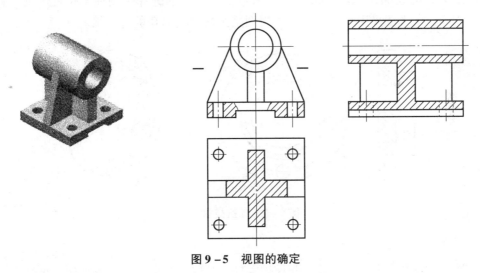

图 9-5 视图的确定

三、典型零件的视图表达

1. 轴套类零件

轴套类零件结构的主体部分大多是同轴回转体，它们一般起支承转动零件、传递动力的作用，因此常带有键槽、轴肩、螺纹及退刀槽和砂轮越程槽等结构。这类零件主要在车床上加工，所以其主视图按加工位置选择。画图时，将零件按轴线水平放置，便于加工时读图和看尺寸。零件上的一些细部结构，通常采用断面图、局部剖视图和局部放大图等表达方法表示。如图 9-6 所示，由于轴上零件的固定及定位要求，故轴的形状为阶梯形，并有键槽。

主视图的选择采用加工位置原则,将轴按轴线水平放置,主视图采用视图,并用断面图表达键槽的结构。

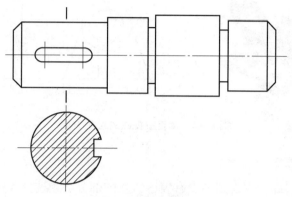

图9-6 轴套类零件

2. 轮盘类零件

轮盘类零件的结构特点是轴向尺寸小而径向尺寸大,零件的主体多数是由共轴回转体构成,有的主体形状是矩形,并在径向分布有凸台、凹槽、键槽、轮辐、螺孔或光孔、销孔等。这类零件主要是在车床和磨床上加工的,主视图也是按加工位置选择。画图时,将零件按轴线水平放置,采取轴向全剖视图或半剖视图,再配以左视图,必要时,采用局部剖视图和局部放大图等表达细小结构。如图9-7所示,主视图的选择采用加工位置原则,将其按轴线水平放置,主视图采用全剖视图,左视图采用视图表达孔的分布情况。

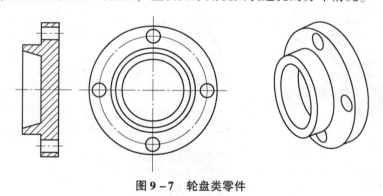

图9-7 轮盘类零件

3. 箱体类零件

箱体类零件主要用来支承、包容和保护零件,其内部有空腔、孔等结构。这类零件的形状、结构较复杂,加工工序较多,一般按工作位置和形状特征原则选择主视图,并根据实际情况适当采取剖视图、断面图、局部视图和斜视图等多种形式,以完整、清晰地表达零件的内、外形状。如图9-8所示,箱体的主视图按工作位置选取,采用半剖视图,清楚地表达孔的结构;俯视图采取半剖视图表达孔的分布情况和立管的截面形状,左视图采用局部剖视图表达左、右横管的端面形状和截面形状。

4. 叉架类零件

叉架类零件由于加工位置多变,因此在选择主视图时,主要考虑工作位置和形状特征原

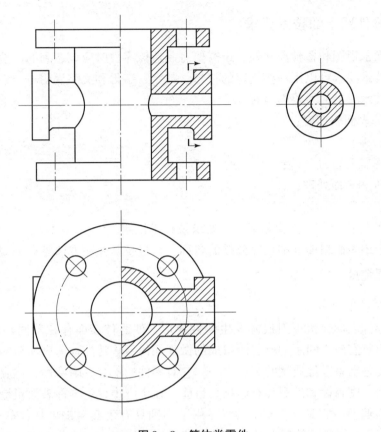

图 9-8 箱体类零件

则。叉架类零件一般形状比较复杂，大多是铸件或锻件，扭拐部位较多，肋和凸块等也较多。因此，叉架类零件常常需要两个或两个以上的基本视图，并且要用局部视图、局部剖视图、断面图等表达零件的细部结构。如图 9-9 所示，轴承座的主视图按工作位置选取，采用局部剖视，清楚地表达孔的结构；俯视图采用局部剖视图，表达肋板的结构；左视图采用全剖视图，表达内部空腔和肋板的结构。

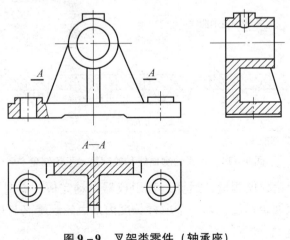

图 9-9 叉架类零件（轴承座）

9.2.3 零件图上的技术要求

零件图上除了视图和各种尺寸外,还需要有制造该零件时应该达到的一些质量要求,称为技术要求。技术要求可以用一些规定的符号、数字、字母和文字说明。

零件图上技术要求的主要内容有:
(1) 零件的表面粗糙度;
(2) 尺寸公差;
(3) 表面形状和位置公差;
(4) 热处理和表面处理;
(5) 材料;
(6) 零件的特殊加工、检验和试验的要求及技术说明。

这里主要介绍表面粗糙度和尺寸公差的名称、代号及其标注方法等有关规定。

一、表面粗糙度

1. 表面粗糙度的概念

加工时,零件表面会留下刀痕并发生塑性变形,使零件表面存在着间距较小的轮廓峰谷。这种表面上具有较小间距的峰谷所组成的微观几何形状特性称为表面粗糙度。

表面粗糙度是衡量零件质量的标志之一,它对零件的配合、耐磨性、抗腐蚀性、接触刚度、抗疲劳强度、密封性和外观都有影响。目前,在生产中评定零件表面粗糙度的主要参数是轮廓算术平均偏差。它是在取样长度 l(用于判别具有表面粗糙度特征的一段基准线长度)内,轮廓偏距 y(表面轮廓上的点到基准线的距离)绝对值的算术平均值,用 Ra(单位:μm)表示,如图 9-10 所示。

用公式可表示为
$$Ra = \frac{1}{l} \int_0^l |y(x)| dx$$

或近似表示为
$$Ra = \frac{1}{n} \sum_{i=1}^n |y_i|$$

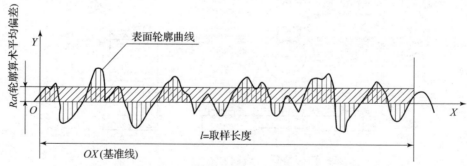

图 9-10 表面轮廓曲线和轮廓算术平均偏差

表面粗糙度用电动轮廓仪测量,运算过程由仪器自动完成。有时也使用 Rz(轮廓最大高度)来评定零件的表面粗糙度,即一个取样长度内最大轮廓峰高与最大轮廓谷深之和。

2. 表面粗糙度的选用

根据工作要求(如接触状况、配合要求、相对滑动速度、导电性能、抗腐蚀及外观装饰等），结合加工的经济性，零件上的不同表面分别选用适当的表面粗糙度参数值。也可参照同类产品，用类比法进行选择。表面粗糙度参数值可在 Ra、Rz 中选取，其中 Ra 是用得较多的一种。

表面粗糙度参数 Ra 的数值与加工方法的关系及应用举例如表 9-1 所示，读者在画零件图时可参考应用。

表 9-1 Ra 的数值与加工方法的关系及应用举例

名称	Ra	表面特征	加工方法	应用举例
半精加工	6.3	可见加工痕迹	精车、精铣、精铰、精镗、粗磨等	没有相对运动的零件接触面：箱、盖、套筒要求紧贴的表面、键和键槽工作表面。相对运动不高的接触面，如支架孔、衬套、带轮轴孔的工作表面。
	3.2	微见加工痕迹		
	1.6	看不见加工痕迹		
精加工	0.8	可辨加工痕迹方向	精车、精铰、精拉、精镗、精磨等	要求很好密合的接触面，如与滚动轴承配合的表面、销孔等；相对运动速度较高的接触面，如滑动轴承的配合表面、齿轮轮齿的工作表面等。
	0.40	微辨加工痕迹方向		
	0.20	不可辨加工痕迹方向		
	0.10	暗光泽面	研磨、抛光、超级精细研磨等	精密量具的表面、极重要零件的摩擦面，如汽缸的内表面、精密机床的主轴颈、坐标镗床的主轴颈等。
	0.05	亮光泽面		
	0.025	镜状泽面		
	0.012	雾状镜面		
	0.006	镜面		

3. 表面粗糙度的标注方法

1）表面粗糙度符号、代号

（1）表面粗糙度符号的画法如图 9-11 所示。

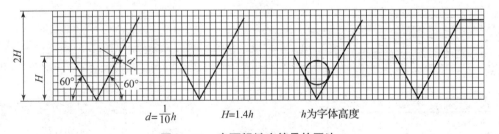

$d=\frac{1}{10}h$ $H=1.4h$ h 为字体高度

图 9-11 表面粗糙度符号的画法

（2）图样上表示零件表面粗糙度的符号如表 9-2 所示。

表 9-2 表面粗糙度的符号

符号	意义及说明
∨	基本符号，表示表面可用任何方法获得，当不加注粗糙度参数值或有关说明时，仅适用于简化代号标注

续表

符号	意义及说明
∇	表示表面是用去除材料方法获得的
∇	表示表面是用不去除材料方法获得的
√ ∇ ∇	在上述三个符号的长边上均可加一横线，用于标注有关参数和说明
√⊙ ∇⊙ ∇⊙	在上述三个符号上均可加一小圆，表示所有表面具有相同的表面粗糙度要求

（3）表面粗糙度 Ra 的标注方法，如表 9-3 所示。Ra 在代号中用数值表示，规定写在表面特征符号长边的一侧。

表 9-3 表面结构代号的示例及含义

序号	代号示例	含义/解释
1	$\sqrt{Ra\ 0.8}$	表示不允许去除材料，单向上限值，默认传输带，R 轮廓，算术平均偏差为 0.8 μm，评定长度为 5 个取样长度（默认），"16% 规则（默认）"
2	$\sqrt{Rz\ max\ 0.2}$	表示去除材料，单向上限值，默认传输带，R 轮廓，粗糙度最大高度的最大值为 0.2 μm，评定长度为 5 个取样长度（默认），"最大规则"
3	$\sqrt{0.008\sim0.8/Ra\ 3.2}$	表示去除材料，单向上限值，传输带 0.008 ~ 0.8 mm，R 轮廓，算术平均偏差为 3.2 μm，评定长度为 5 个取样长度（默认），"16% 规则（默认）"
4	$\sqrt{-0.8/Ra\ 3.2}$	表示去除材料，单向上限值，传输带：根据 GB/T 6062—2009，取样长度为 0.8 mm（λ，默认 0.002 5 mm），R 轮廓，算术平均偏差为 3.2 μm，评定长度包含 3 个取样长度，"16% 规则（默认）"
5	$\sqrt{\begin{array}{l}U\ Ra\ max\ 3.2\\L\ Ra\ 0.8\end{array}}$	表示不允许去除材料，双向极限值，两极限值均使用默认传输带，R 轮廓，上限值：算术平均偏差为 3.2 μm，评定长度为 5 个取样长度（默认），"最大规则"；下限值：算术平均偏差为 0.8 μm，评定长度为 5 个取样长度（默认），"16% 规则（默认）"

2）表面粗糙度在图样上的标注方法

在同一图样上，每一表面一般只标注一次代（符）号，并尽可能标注在具有确定该表面大小或位置尺寸的视图上。表面粗糙度代（符）号应注在可见轮廓线、尺寸界线或延长线上。

4. 表面结构要求在图样中的注法

（1）表面结构要求对每一表面一般只注一次，并尽可能注在相应的尺寸及其公差的同一视图上。除非另有说明，所标注的表面结构要求是对完工零件表面的要求。

（2）表面结构的注写和读取方向与尺寸的注写和读取方向一致。表面结构要求可标注在轮廓线上，其符号应从材料外指向接触表面，如图9-12所示。必要时，表面结构也可用带箭头或黑点的指引线引出标注，如图9-13所示。

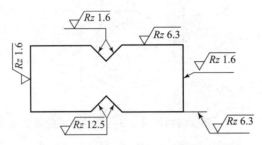

图9-12 表面结构要求在轮廓线上的标注

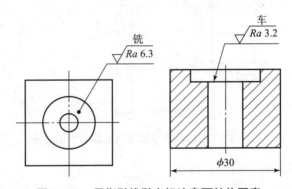

图9-13 用指引线引出标注表面结构要素

（3）在不致引起误解时，表面结构要求可以标注在给定的尺寸线上，如图9-14所示。

（4）表面结构要求可标注在形位公差框格的上方，如图9-15所示。

（5）圆柱和棱柱表面的表面结构要求只标注一次，如图9-16所示。如果每个棱柱表面有不同的表面要求，则应分别单独标注，如图9-17所示。

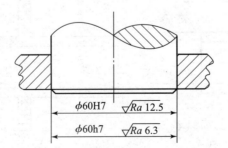

图9-14 表面结构要求标注在尺寸线上

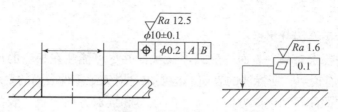

图 9–15　表面结构要求标注在形位公差框格的上方

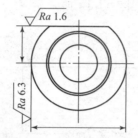

图 9–16　表面结构要求标注在圆柱特征的延长线上

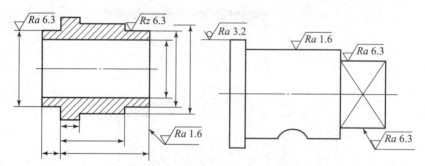

图 9–17　圆柱和棱柱的表面结构要求的注法

5. 表面结构要求在图样中的简化注法

1）有相同表面结构要求的简化注法

如果在工件的多数（包括全部）表面有相同的表面结构要求时，则其表面结构要求可统一标注在图样的标题栏附近。此时，表面结构要求的符号后面应有：在圆括号内给出无任何其他标注的基本符号，如图 9–18（a）所示；在圆括号内给出不同的表面结构要求，如图 9–18（b）所示。不同的表面结构要求应直接标注在图形中，如图 9–18 所示。

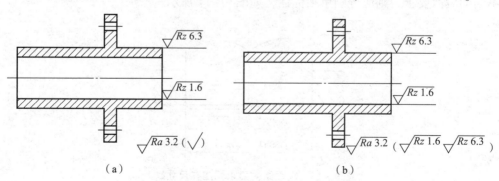

图 9–18　大多数表面有相同表面结构要求的简化注法

2)多个表面有共同要求的注法

用带字母的完整符号的简化注法。如图 9-19 所示,用带字母的完整符号,以等式的形式,在图形或标题栏附近,对有相同表面结构要求的表面进行简化标注。

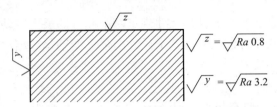

图 9-19 当图纸空间有限时的简化注法

只用表面结构符号的简化注法。如图 9-20 所示,用表面结构符号,以等式的形式给出对多个表面共同的表面结构要求。

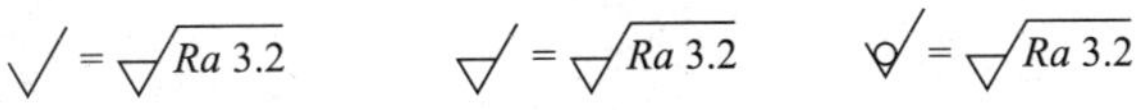

图 9-20 多个表面结构要求的简化注法
(a)未指定工艺方法;(b)要求去除材料;(c)不允许去除材料

3)两种或多种工艺获得的同一表面的注法

由几种不同的工艺方法获得的同一表面,当需要明确每种工艺方法的表面结构要求时,可按图 9-21(a)所示进行标注(图中 Fe 表示基体材料为钢,EP 表示加工工艺为电镀)。

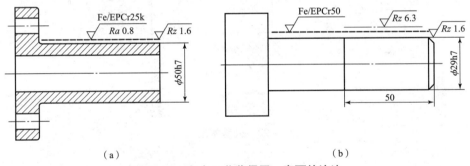

图 9-21 多个工艺获得同一表面的注法

图 9-21(b)所示为三个连续加工工序的表面结构、尺寸和表面处理的标注。

第一道工序:单向上限值,$Rz = 1.6~\mu m$,"16% 规则"(默认),默认评定长度,默认传输带,表面纹理没有要求,去除材料的工艺。

第二道工序:镀铬,无其他表面结构要求。

第三道工序:一个单向上限值,仅对长 50 mm 的圆柱表面有效,$Rz = 6.3~\mu m$,"16% 规则"(默认),默认评定长度,默认传输带,表面纹理没有要求,磨削加工工艺。

二、极限与配合

1. 基本概念

1)互换性

现代化的生产常是专业大批量生产,生产的零件要求有互换性。零件的互换性,是指在加工好的一批相同的零件中任取一件，不经修配，就能立即装到机器上去，并能达到一定的使用要求的性质。互换性在机器制造中的应用，既大大地简化了零件、部件的制造与装配过程，缩短了生产周期，提高了生产率，降低了成本，便于维修，同时又保证了产品质量的稳定性。

为了保证互换性，就必须对零件的尺寸规定一个允许的最大变动量，这个允许的最大变动量叫做公差。加工后的零件的尺寸在这个允许的最大变动量范围内，零件进行装配时就能保证互换性。

从机器的使用要求来看，把轴装到孔里，有的要求松，有的要求紧，两者相结合要求的松紧程度，叫做配合。配合松紧是由尺寸公差的分布控制的，所以公差与配合密切相关。

2) 公差的有关术语

公差术语如图 9-22、图 9-23 所示。

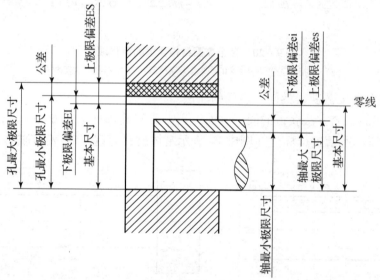

图 9-22 公差术语（1）

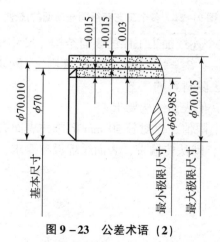

图 9-23 公差术语（2）

(1) 基本尺寸：根据零件的工艺性要求，设计确定的尺寸。

(2) 实际尺寸：通过测量获得的尺寸，如 $\phi70.010$。

(3) 极限尺寸：零件加工中允许尺寸变化的两个极限值。实际尺寸应位于其中，也可达到极限值。其中，大的一个是最大极限尺寸，小的一个是最小极限尺寸。

(4) 尺寸偏差（简称偏差）：某一尺寸（实际尺寸、极限尺寸等）减其基本尺寸所得的代数差。最大极限尺寸和最小极限尺寸减其基本尺寸所得的代数差，分别称为上极限偏差和下极限偏差，统称极限偏差。国标规定：孔的上极限偏差代号用 ES、下极限偏差代号用 EI 表示；轴的上、下极限偏差代号分别用 es 和 ei 表示。偏差数值可以为正值、负值或 0。

例如图 9-23 中轴的：上极限偏差 es = 70.015 - 70 = 0.015

下极限偏差 ei = 69.985 - 70 = -0.015

(5) 尺寸公差（简称公差）：允许尺寸的变动量。它等于最大极限尺寸与最小极限尺寸之差，也等于上极限偏差与下极限偏差之代数差的绝对值。

(6) 公差带：由代表上极限偏差和下极限偏差或最大极限尺寸和最小极限尺寸的两条直线所限定的一个区域，它表示了公差的大小。图 9-24 中，零线是表示基本尺寸的一条直线，以其为基准确定偏差和公差。通常，正偏差位于其上，负偏差位于其下。

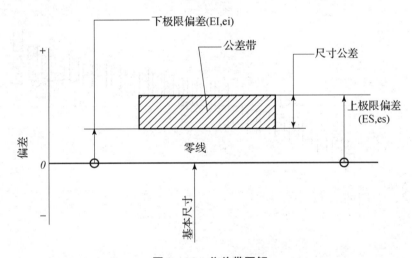

图 9-24 公差带图解

(7) 标准公差（IT）：由国标所规定的，用以确定公差带大小的任一公差。标准公差分为 20 个等级，即：IT01、IT0、IT1、…、IT18。IT 表示标准公差，阿拉伯数字表示公差等级，它是反映尺寸精度的等级。IT01 公差数值最小，精度最高；IT18 公差数值最大，精度最低。各级标准公差的数值可查阅附录 C。

(8) 基本偏差：由国标所规定的，用以确定公差带相对于零线位置的上极限偏差或下极限偏差，一般指靠近零线的那个偏差。当公差带在零线的上方时，基本偏差为下极限偏差；反之，则为上极限偏差。基本偏差共有 28 个，它的代号用拉丁字母表示，大写为孔，小写为轴。

基本偏差系列如图 9-25 所示，其中 A~H（a~h）用于间隙配合；J~ZC（j~zc）用于过渡配合和过盈配合。

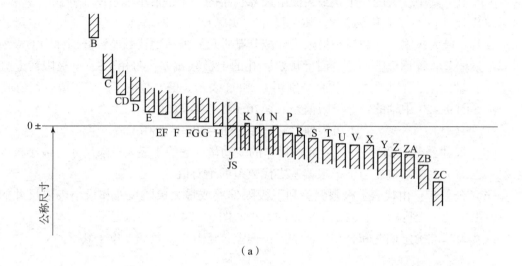

(a)

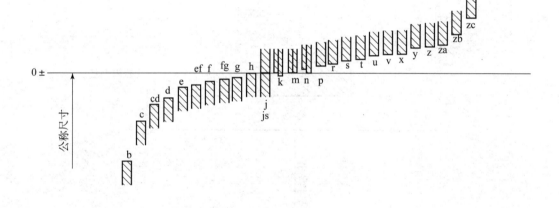

(b)

图 9-25 基本偏差系列

(a) 孔的基本偏差；(b) 轴的基本偏差

(9) 公差带代号：孔和轴的公差带代号，由基本偏差代号和公差等级组成，并且用同一号字母书写。例如：

$\phi 60H7$ 表示基本尺寸为 $\phi 60$、公差等级为 7 级、基本偏差为 H 的孔的公差带；

$\phi 60f5$ 表示基本尺寸为 $\phi 60$、公差等级为 5 级，基本偏差为 f 的轴的公差带。

3) 配合

基本尺寸相同的、相互结合的孔和轴公差带之间的关系，称为配合。

(1) 配合的种类如表 9-4 所示。

表 9-4 配合的种类

配合种类	示意图	公差带	配合性质
间隙配合	孔　轴	孔公差带在轴公差带上方	孔与轴装配时，具有间隙（包括最小间隙等于0）的配合。此时，孔的公差带在轴的公差带上方
过盈配合	孔　轴	轴公差带在孔公差带上方	孔与轴装配时，具有过盈（包括最小过盈等于0）的配合。此时，孔的公差带在轴的公差带之下
过渡配合	孔　轴	孔公差带与轴公差带相交叠	孔与轴装配时，可能具有间隙或过盈的配合，但间隙或过盈均不大。此时，孔的公差带与轴的公差带相互交叠；过渡配合的两零件之间的同轴度好

(2) 配合基准制：国家标准对配合规定了基孔制和基轴制两种制度。一般情况下，优先采用基孔制。

①基孔制。基本偏差为一定的孔的公差带，与不同基本偏差的轴的公差带形成各种配合的一种制度，如图 9-26 所示。基准孔的下偏差为 0，并用代号 H 表示。

②基轴制。基本偏差为一定的轴的公差带，与不同基本偏差的孔的公差带形成各种配合的一种制度，如图 9-27 所示。基准轴的上偏差为 0，并用代号 h 表示。

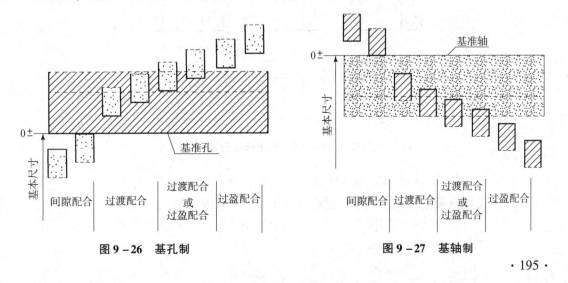

图 9-26 基孔制　　　　　图 9-27 基轴制

2. 极限与配合的标注方法

1) 在装配图中的标注

装配图上标注线性尺寸的配合代号时，必须在基本尺寸的右边用分数形式注出，分子为孔的公差带代号，分母为轴的公差带代号，如图 9-28 所示。对于基孔制的基准孔用 H 表示；对于基轴制的基准轴用 h 表示。其标注形式为：

$$基本尺寸\frac{孔的公差带代号}{轴的公差带代号}$$

例如，$\phi 20\frac{H7}{g6}$ 中，$\phi 20$ 是基本尺寸；H7 表示公差等级为 IT7 的基准孔；g6 表示基本偏差为 g，公差等级为 IT6 的轴。

又如，$\phi 20\frac{P7}{h6}$ 中，$\phi 20$ 是基本尺寸；h6 表示公差等级为 IT6 的基准轴；P7 表示孔的基本偏差为 P，公差等级为 IT7。

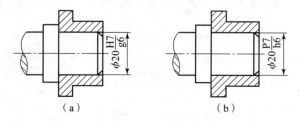

图 9-28 极限与配合在装配图中的标注

2) 在零件图中的标注

在零件图上标注公差，实际上就是把装配图上所标注的分式中的分子部分，注在孔的基本尺寸后面，把分母部分注在轴的基本尺寸后面，如图 9-29 所示。在零件图上标注公差有以下 3 种形式。

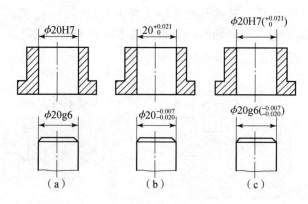

图 9-29 零件图上标注公差

(1) 标注公差带代号形式，用于大批生产，如图 9-29 (a) 所示。

(2) 标注极限偏差形式，用于少量或单件生产，如图 9-29 (b) 所示。

(3) 标注公差带代号和极限偏差形式，用于产量不定的生产，如图 9-29 (c) 所示。

3. 查表方法

互相配合的轴和孔，按基本尺寸和公差带代号，可通过查表获得极限偏差数值。查表的步骤一般是：先查出轴和孔的标准公差，然后查出轴和孔的基本偏差（配合件只列出一个偏差）；最后由配合件的标准公差和基本偏差的关系，算出另一个偏差。优先常用配合的极限偏差可直接由表查得，也可按上述步骤进行。

【例 9 – 1】 查表写出 $\phi 18 \dfrac{H8}{f7}$ 的极限偏差数值。

【解】 对照基孔制优先常用配合，$\dfrac{H8}{f7}$ 是基孔制的优先配合，其中 H8 是基准孔的公差代号，f7 是配合轴的公差代号。

（1）$\phi 18H8$ 基准孔的极限偏差。先查标准公差，由附录附表 1 中，从基本尺寸大于 10 至 18 的行和 IT8 的列相交处，得 27，即 +0.027 mm，再查下极限偏差，由附录附表 13 中，从基本尺寸大于 10 至 18 的行与 H 的列相交处，得 0。于是，$\phi 18H8$ 可以写成 $\phi 18^{+0.027}_{0}$（当下极限偏差为 0 时上极限偏差即等于标准公差）。

（2）$\phi 18f7$ 配合轴的极限偏差。先查标准公差，由附录附表 1 中，从基本尺寸大于 10 至 18 的行和 IT7 的列相交处，得 18，即 +0.018 mm，再查上极限偏差，由附录附表 12 中，从基本尺寸大于 10 至 18 的行与 f 的列相交处，得 –16，即 –0.016 mm，由公差 = 上极限偏差 – 下极限偏差，可以计算出下极限偏差为 –0.016 – 0.018 = –0.034。于是，$\phi 18f7$ 可以写成 $\phi 18^{-0.016}_{-0.034}$。

9.2.4 零件图的尺寸标注

零件图是制造、检验零件的重要文件，图形只表达零件的形状，而零件的大小则由图上标注的尺寸来确定。因此，零件图的尺寸标注，除了要正确、完整、清晰以外，还要求合理。这里仅介绍一些合理标注尺寸的基本知识。

一、选择尺寸基准

一般尺寸基准选择零件上的线或面。一般线基准选择轴或孔的轴线、对称中心线等，面基准常选择零件上较大的加工面、两零件的结合面、零件的对称平面、重要端面或轴肩等。根据用途不同，基准可以分为以下两类。

（1）设计基准：根据零件在机器中的位置、作用所选择的基准。

从设计基准出发标注的尺寸，其优点是在标注尺寸上反映了设计要求，能保证所设计的零件在机器中的工作性能。

（2）工艺基准：在加工或测量零件时所确定的基准。

从工艺基准出发标注的尺寸，其优点是把尺寸的标注与零件的加工制造联系起来，在标注尺寸上反映了工艺要求，使零件便于制造、加工和测量。

一般在标注尺寸时，最好是把设计基准与工艺基准统一起来。这样，既能满足设计要求，又能满足工艺要求。如果两者不能统一时，应以保证设计要求为主。

零件有长、宽、高 3 个度量方向，每个方向均有尺寸基准。当零件结构比较复杂时，同一方向上的尺寸基准可能有几个，其中决定零件主要尺寸的基准称主要基准。为了加工和测量方便而附加的基准称辅助基准。

为了将尺寸标注得合理，符合设计和加工对尺寸提出的要求，一般回转结构的轴线、装配中的定位面和支承面、主要的加工面和对称平面均可作为尺寸基准。如图 9-30 所示，该零件的对称平面是尺寸 A、B 的基准；回转面的轴线是尺寸 C、E 的基准；支承面是尺寸 D 的基准。

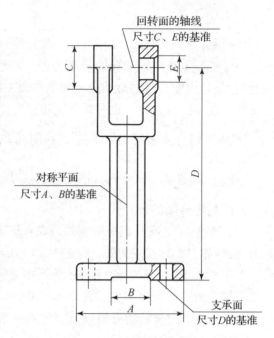

图 9-30 常用的几种尺寸基准

二、合理标注尺寸的原则

1. 零件上的重要尺寸必须直接给出

重要的尺寸主要是指直接影响零件在机器中的工作性能和相对位置的尺寸。常见的如零件间的配合尺寸、重要的安装尺寸等。零件的重要尺寸应从基准直接注出，避免尺寸换算，以保证加工时能达到尺寸要求。如图 9-30 所示，支架轴孔直径 E、中心孔 D 都是直接标注的，用以保证中心高度尺寸的精度。如图 9-31 所示，重要尺寸必须直接注出。

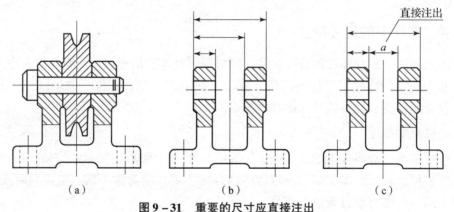

图 9-31 重要的尺寸应直接注出
(a) 装配图；(b) 不好；(c) 好

2. 避免出现封闭的尺寸链

封闭的尺寸链是指头尾相接，绕成一圈的尺寸。如图 9-32（a）所示的阶梯轴，长度方向尺寸 A_1、A_2、A_3、A_0 首尾相接，构成一封闭尺寸链，这种情况应当避免。因为尺寸 A_1 是尺寸 A_2、A_3、A_0 之和，而尺寸 A_1 有一定的精度要求，但在加工时，尺寸 A_2、A_3、A_0 各自都产生误差，这样，所有的误差便会积累到尺寸 A_1 上，不能保证设计的精度要求。若要保证尺寸 A_1 的精度要求，就必须提高尺寸 A_2、A_3、A_0 每段尺寸的精度，这将给加工带来困难，并提高成本。

所以，当几个尺寸构成封闭的尺寸链时，应当在尺寸链中挑选一个不重要的尺寸空出不标注（开口环），以使所有的误差都积累于此处，如图 9-32（b）所示。

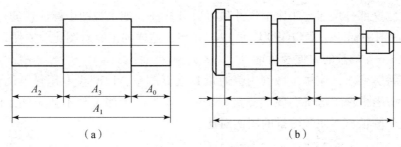

图9－32 尺寸链

(a) 封闭尺寸链；(b) 开口尺寸链

3. 标注尺寸应符合工艺要求

1）按加工顺序标注尺寸

按加工顺序标注尺寸，符合加工过程，便于加工和测量。如图9－33（a）所示的小轴尺寸51是长度方向的功能尺寸，要直接注出，其余尺寸都是按加工顺序标注的。

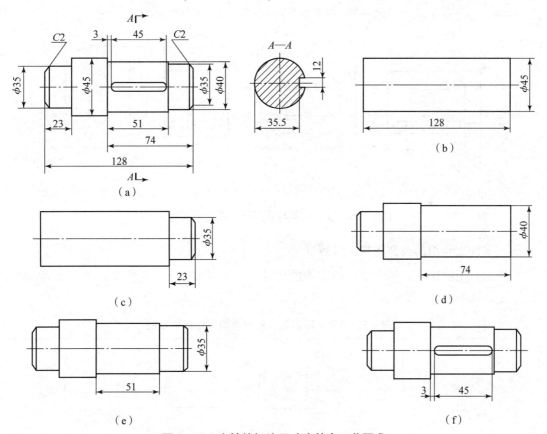

图9－33 小轴的标注尺寸应符合工艺要求

(a) 小轴零件；(b) 备料；(c) 加工 $\phi 35$ mm 的轴颈，其长为23 mm；(d) 调头加工 $\phi 40$ mm，其长为74；
(e) 加工 $\phi 35$ mm，保证尺寸51 mm；(f) 加工键槽

2）按加工方法集中标注

一个零件一般是经过几种加工方法（如车、刨、铣、磨等）才制成。在标注尺寸时，最好将与加工方法有关的尺寸集中标注。如图9－33（a）所示小轴的键槽，它是在铣床上

加工的。因此，这部分尺寸与车床上尺寸最好分开标注，如主视图中标注槽的定位和长度尺寸3、45，断面图中标注槽宽和深度尺寸12、35.5，这样加工时看图比较方便。

3）考虑加工、测量的方便及可能性

如果没有特殊要求，应尽量做到用普通量具就能测量，以减少专用量具的设计和制造。标注尺寸时，应考虑便于加工、便于测量。图9-34为便于加工与不便于加工的图例对比，图9-35为便于测量与不便于测量的图例对比。

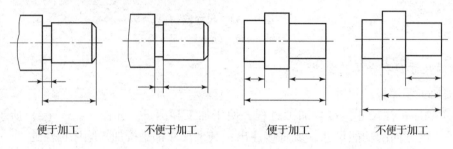

图9-34 便于加工与不便于加工的图例对比

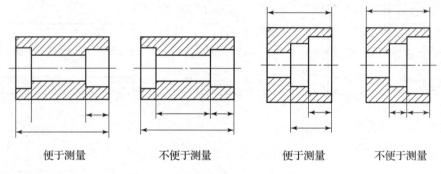

图9-35 便于测量与不便于测量的图例对比

三、零件上常用的典型结构尺寸标注

零件上常用的倒角、退刀槽、越程槽的尺寸标注方法如表9-5所示。零件上常用的各种孔标注方法如表9-6所示。

表9-5 倒角、退刀槽、越程槽的尺寸标注方法

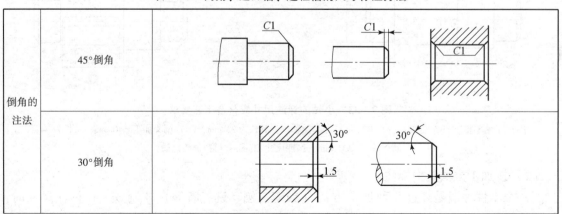

续表

退刀槽、越程槽的注法	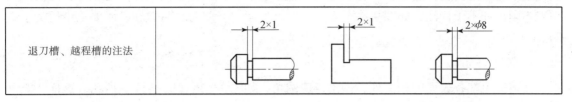

表9-6 常见孔的尺寸标注方法

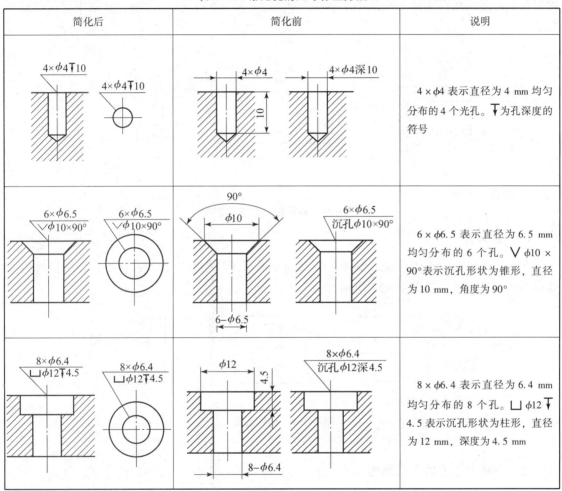

9.2.5 了解零件图上常见的工艺结构

零件的结构形状，主要是根据它在机器中的作用决定的，而且在制造零件时还要符合加工工艺的要求。因此，在画零件图时，应使零件的结构既满足使用上的要求，又要方便加工制造。这里介绍一些常见的工艺结构，供画图时参考。

一、铸造零件的工艺结构

1. 起模斜度

用铸造的方法制造零件的毛坯时，为了将模样从砂型中顺利取出来，常在模样起模方向设计成 1∶20 的斜度，这个斜度称为起模斜度，如图 9-36（a）所示。起模斜度在图样上一般不画出和不予标注，如图 9-36（b）、（c）所示。必要时，可以在技术要求中用文字说明。

2. 铸造圆角

在铸造毛坯各表面的相交处，做出铸造圆角，如图 9-36（b）、（c）所示。这样，既可方便起模，又能防止浇铸铁水时将砂型转角处冲坏，还可避免铸件在冷却时转角处产生裂纹和缩孔。铸造圆角在图样上一般不予标注，如图 9-36（b）、（c）所示，常集中注写在技术要求中。

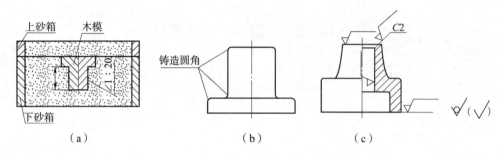

图 9-36 起模斜度和铸造圆角

3. 铸件壁厚

在浇铸零件时，为了避免因各部分冷却速度不同而产生裂纹和缩孔，铸件壁厚应保持大致相等或逐渐过渡，如图 9-37 所示。

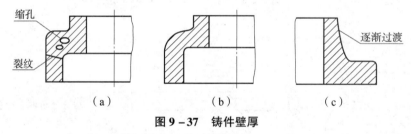

图 9-37 铸件壁厚
(a) 壁厚不均匀；(b) 壁厚均匀；(c) 逐渐过渡

二、零件加工面的工艺结构

1. 倒角和倒圆

为了去除零件的毛刺、锐边和便于装配，在轴和孔的端部，一般都加工成 45°或 30°、60°倒角，如图 9-38（a）、（b）所示。为了避免因应力集中而产生裂纹，在轴肩处通常加工成圆角，成为倒圆，如图 9-38（c）所示。倒角和倒圆的尺寸系列可从相关标准中查得。

2. 退刀槽和砂轮越程槽

在车削和磨削中，为了便于退出刀具或使砂轮可以稍稍越过加工面，通常在零件待加工表面的末端，先车出退刀槽和砂轮越程槽，如图 9-39 所示。退刀槽和砂轮越程槽的尺寸系列可从相关标准中查得。

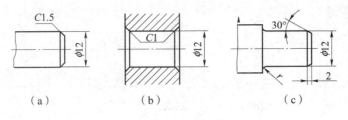

图 9-38 倒角和倒圆

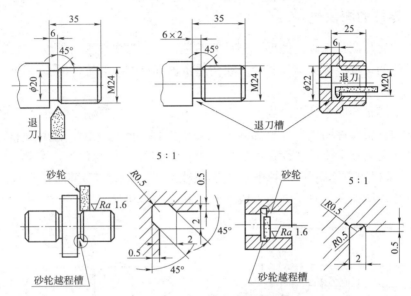

图 9-39 退刀槽和砂轮越程槽

3. 凸台和凹坑

为保证配合面接触良好，减少切削加工面积，通常在铸件上设计出凸台和凹坑，如图 9-40 所示。

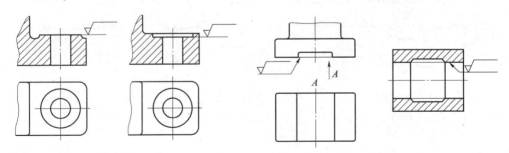

图 9-40 凸台和凹坑

4. 钻孔结构

钻孔时，钻头的轴线应尽量垂直于被加工的表面，否则会使钻头弯曲，甚至折断。对于零件上的倾斜面，可设置凸台或凹坑。钻头钻透处的结构，也要设置凸台使孔完整，避免钻头因单边受力而折断，如图 9-41 所示。

· 203 ·

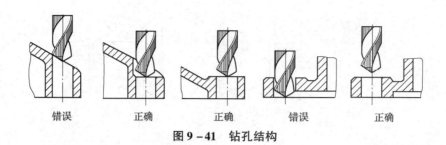

图 9-41 钻孔结构

9.2.6 零件的测绘

对实际零件凭目测徒手画出图形，测量并标注尺寸，提出技术要求以完成草图，再根据草图画出零件图的过程，称为零件测绘。在仿造机器和修配损坏零件时，一般都要进行零件测绘。

由于零件草图是绘制零件图的依据，必要时还要直接根据它制造零件，因此，一张完整的零件草图必须具备零件图应有的全部内容，要求做到：图形正确，尺寸完整，线型分明，字体工整，并注写出技术要求和标题栏的相关内容。图 9-42（a）为"横梁"的零件草图，图 9-42（b）是根据它绘制的零件图（选用半剖的主视图和局部剖的俯视图），从中可以看出，草图和零件图的区别只是画图手段不同，其他内容和要求都是一样的。

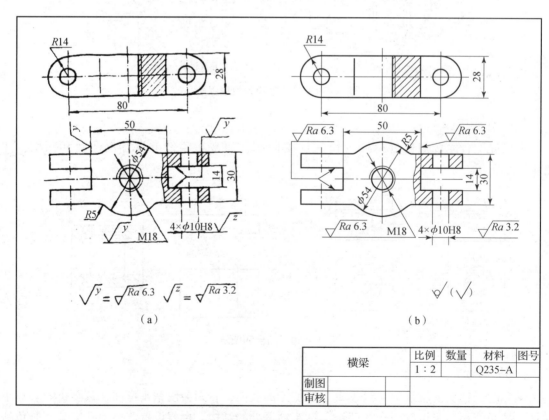

图 9-42 零件草图和零件图

一、零件测绘的方法和步骤

1. 了解和分析测绘对象

首先应了解零件的名称、材料以及它在机器或部件中的位置、作用及与相邻零件的关系，然后再对零件的内外结构形状进行仔细分析。

2. 确定表达方案

在对零件进行观察、分析的基础上，按零件的工作位置、加工位置以及尽量多地反映形状特征的原则，确定主视图的投射方向，再根据零件的复杂程度选择其他视图。

3. 绘制零件草图

1）绘制图形

根据确定的表达方案，徒手画出图形（一般用方格纸绘制）。绘制图形的步骤，如选取（目测）比例、布图、起底稿、描深图线等，与前面介绍的画图步骤相同，不再多述。但需注意两点：①零件上的制造缺陷（如砂眼、气孔等），以及由于长期使用造成的磨损、碰伤等，均不应画出；②零件上的细小结构（如铸造圆角、倒角、倒圆、退刀槽、砂轮越程槽、凸台和凹坑等）必须画出（或按规定注明）。

2）标注尺寸

先选定基准，再标注尺寸。具体应注意3点：①先集中画出所有的尺寸界线、尺寸线和箭头，然后再依次测量、逐个记入尺寸数字。②零件上标准结构（如键槽、退刀槽、销孔、中心孔、螺纹等）的尺寸，必须查阅国家标准，并予以标准化。③与相邻零件相关的尺寸（如孔的定位尺寸和配合尺寸等）必须一致。

3）注写技术要求

零件上的表面粗糙度、尺寸公差和形位公差等技术要求，通常可采用类比法给出。具体应注意3点：①主要尺寸要保证其精度，并给出公差；②有相对运动的表面及对形状、位置要求较严格的线、面等要素，要给出既合理又经济的表面粗糙度和形位公差要求；③有配合关系的孔与轴，必要时应查阅与其相结合的轴与孔的相应资料（装配图或零件图），核准配合制度和配合性质。

只有这样，经测绘而制造出的零件，才能顺利地装配到机器上并达到其功能要求。

4）填写标题栏

一般需要在标题栏上填写零件的名称、材料及绘图者的姓名和完成时间等。

4. 根据零件草图画零件图

草图完成后，便要根据它绘制零件图，其绘图方法和步骤同前，这里就不再赘述。

二、零件尺寸的测量方法

测量尺寸是零件测绘过程中一个很重要的环节，尺寸测量得准确与否，将直接影响机器的装配和工作性能，因此，测量尺寸要谨慎。

测量时，应根据对尺寸精度要求的不同选用不同的测量工具。常用的量具有钢直尺、内/外卡钳等；精密的量具有游标卡尺、千分尺等；此外，还有专用量具，如螺纹样板、圆角规等。零件上常见几何尺寸的测量方法如表9-7所示。

表 9-7 零件上常见几何尺寸的测量方法

项目	图例与说明	项目	图例与说明
直线尺寸	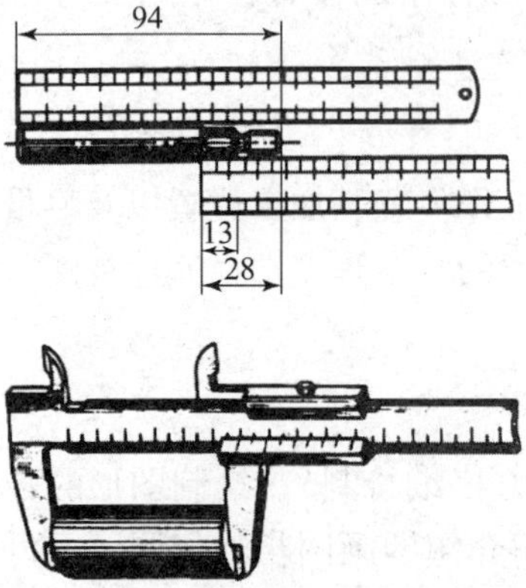 直线尺寸可用钢直尺或游标卡尺直接测量	孔间距	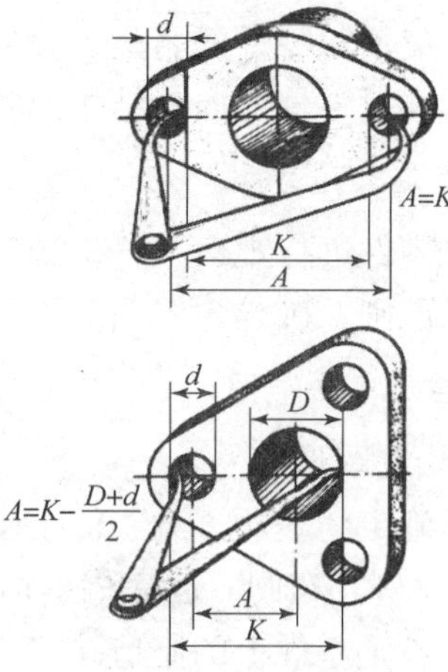 孔间距可用内、外卡钳和钢直尺结合测量
壁厚尺寸	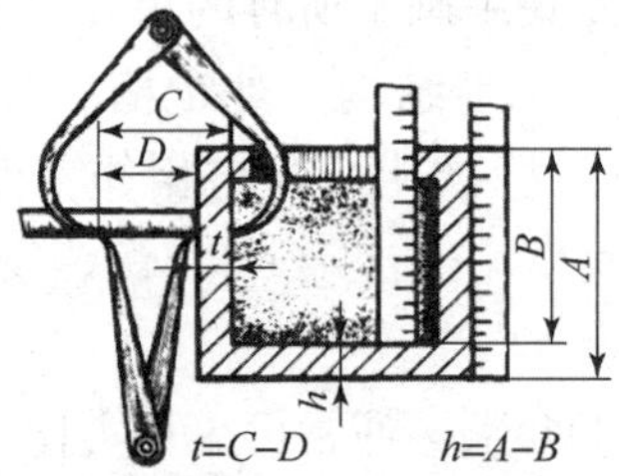 壁厚尺寸可用钢直尺测量，如底壁厚度 $h = A - B$ 或用外卡钳和钢直尺配合测量，如左侧壁的厚度 $t = C - D$	中心高	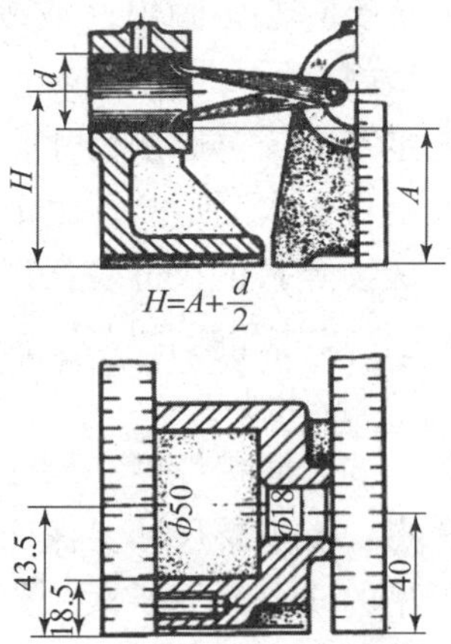 中心高可用钢直尺或用钢直尺和内卡钳配合测量，即 $H = A + d/2$（见上图）；下图左侧的中心高：$43.5 = 18.5 + 50/2$
直径尺寸	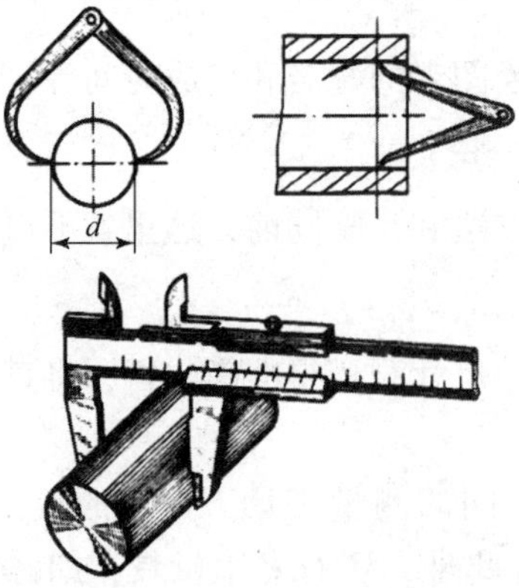 直径尺寸可用内、外卡钳间接测量或用游标卡尺直接测量	螺距	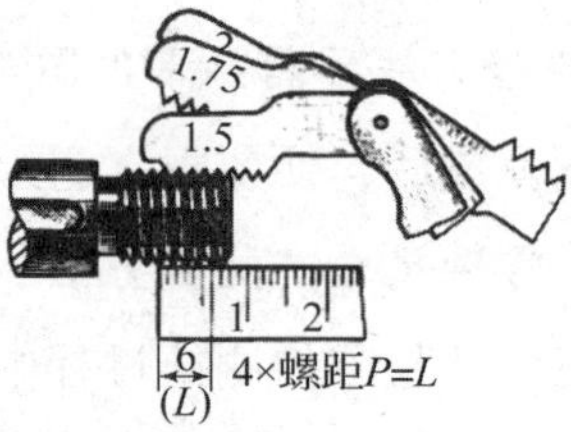 螺纹的螺距应该用螺纹样板直接测得（见图的上方），也可用钢直尺测量（见图的下方）；$P = 1.5$

续表

项目	图例与说明	项目	图例与说明
齿顶圆直径	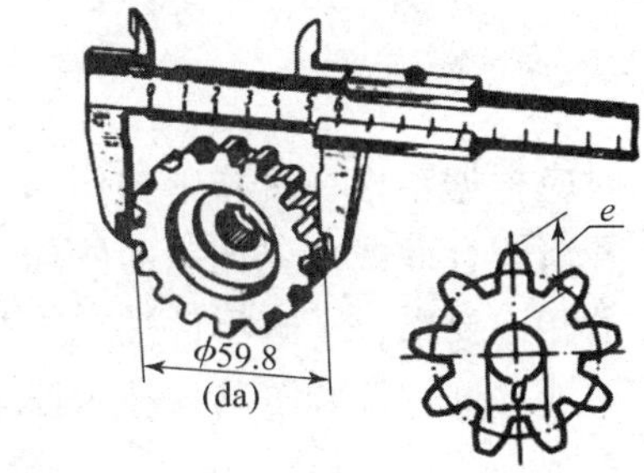 偶数齿齿轮的齿顶圆直径可用游标卡尺直接测得（见上图）；奇数齿齿轮的齿顶圆直径可间接测量（见下图）	曲面曲线的轮廓	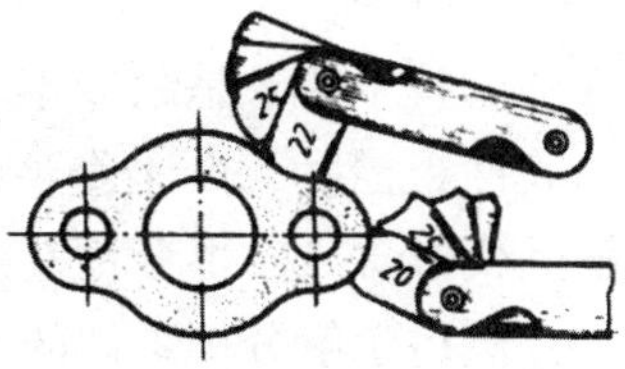 用半径样板测量圆弧半径
曲面曲线的轮廓	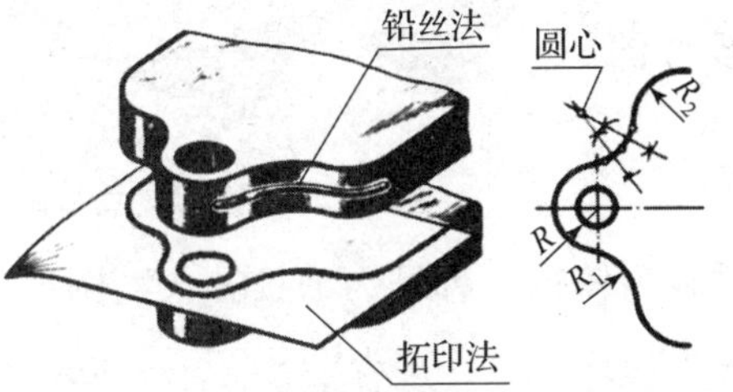 对精确度要求不高的曲面轮廓，可以用拓印法在纸上拓印出它的轮廓形状，然后用几何作图的方法求出各连接圆弧的尺寸和圆心位置		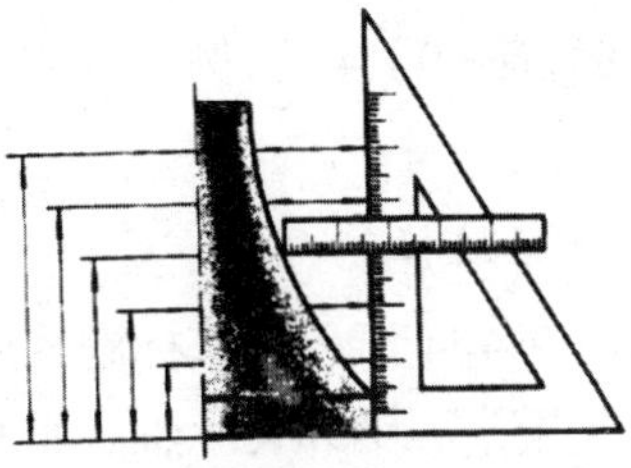 用坐标法测量非圆曲线

9.2.7 零件图的识读方法

在设计、制造和检测零件时，常需要读零件图。读零件图就是根据零件图想象出零件的结构形状，搞清零件的全部尺寸和技术要求，以便研究分析零件的结构特点和设计的合理性。

一、读零件图的方法和步骤

1. 概括了解

首先看标题栏，了解零件的名称、材料、画图比例，零件的大致形状、复杂程度，零件制造时的工艺要求以及零件在机器或部件中的功用，与相关零件的配合、装配关系，从而初步判断零件的主要形状和结构。

2. 读懂零件的结构形状

分析结构形状。在搞清各视图关系的基础上，根据零件的功用和视图特征，运用形体分析的方法，对零件进行形体分析，读懂各部分的结构形状、相对位置，综合想象出零件的整体形状。

3. 分析尺寸

零件图上的尺寸是加工、制造和检验零件的重要依据，因此必须对零件的全部尺寸进行仔细的分析。

4. 分析技术要求，读懂全图

零件图的技术要求是制造零件的质量指标。看图时应根据零件在机器中的作用，主要分析零件的表面粗糙度、尺寸公差和形位公差要求，先弄清配合面或主要加工面的加工精度要求，了解其代号含义；再分析其余加工面和非加工面的相应要求，了解零件加工工艺特点和功能要求；然后了解分析零件的材料热处理、表面处理或修饰、检验等其他技术要求。

5. 综合归纳

通过全面分析，对零件已有了较全面的了解；将所获得的各方面认识、资料进行归纳分析，使零件的完整形象就更加清晰，即可真正读懂这张零件图。

图 9－43　铣刀头立体图

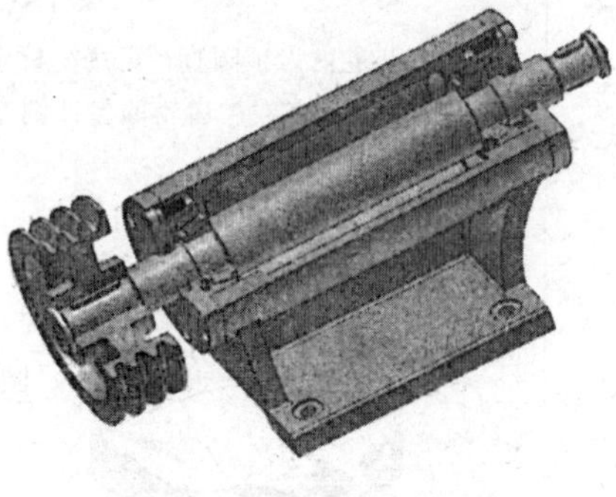

二、读图举例

下面以图 9－43 为例，说明读铣刀头座体零件图的方法。

1. 读标题栏

如图 9－44 所示，从标题栏中可知，零件材料为铸铁，牌号为 HT200，绘图比例 1∶2。座体主要用来容纳和支承轴、轴承和端盖等。

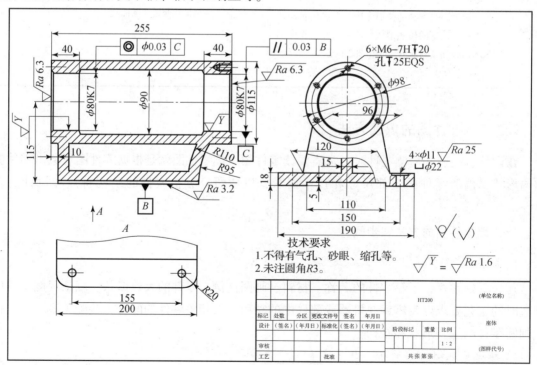

图 9－44　座体零件图

2. 分析图形，想象零件的结构形状

从零件图上看，座体零件采用两个基本视图和一个向视图来表达。主视图按工作位置放置，采用全剖视图，表达座体的形体特征和内部空腔的结构；左视图采用局部剖视图，表达底板和肋板的厚度、底板上沉孔和通槽的形状、圆柱端面上螺纹孔的位置；A 向视图表达底板的圆角和安装孔的位置。

3. 尺寸分析

（1）尺寸标注首先确定零件长、宽、高 3 个方向的主要基准，尽量减少在加工过程中的装夹次数。

①长度方向基准：圆柱的任一端面作为长度方向的主要基准，保证长度方向的尺寸精度。
②高度方向基准：座体的底面。
③宽度方向基准：前后对称面。

（2）按设计要求，功能尺寸和有配合要求的尺寸直接注出。例如，底面到空腔的中心高 115 是确定零件在部件中准确位置的尺寸，是加工时应确定的重要尺寸；φ80K7 是与轴承配合的尺寸；40 是两端轴孔长度方向的定位尺寸；155 和 150 是安装定位尺寸。按工艺要求，应注出工艺结构尺寸，如倒角、圆角等。

4. 技术要求分析

1）尺寸公差

本例以代号或直接标注公差值的方式，注明了座体与其他零件接触的表面的尺寸精度要求。

2）表面结构

由表面粗糙度参数值的大小，可进一步判断各表面与其他零件接触与否，这对分析该零件与其他零件的装配关系是有帮助的，请读者自行分析。

5. 综合分析结果

综合各部分的分析结果，即可得到座体的完整形象，如图 9 – 45 所示。

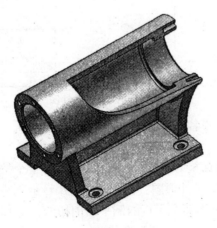

图 9 – 45　座体的立体图

9.3 任务实施

9.3.1 识读零件图

练习1 识读支架的零件图,如图9-46所示。

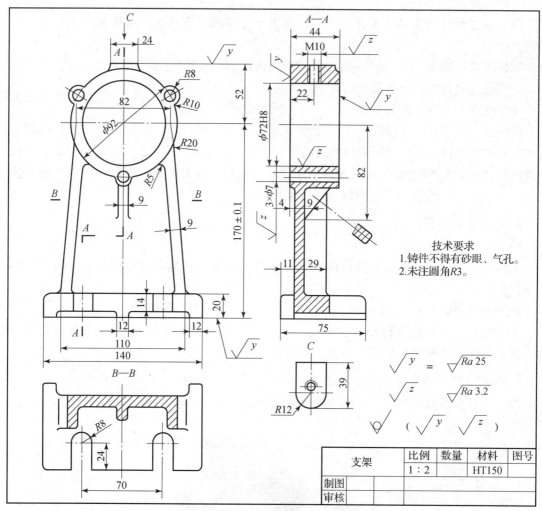

图9-46 支架零件图

(1) 读标题栏。该零件的名称是支架,是用来支承轴的,材料为灰铸铁(HT150),比例为1:2。

(2) 分析视图。图中共有5个图形:3个基本视图、1个按向视图形式配置的局部视图 C 和1个移出断面图。主视图是外形图;俯视图 B—B 是全剖视图,是用水平面剖切的;左视图 A—A 也是全剖视图,是用两个平行的侧平面剖切的;局部视图 C 是移位配置的;断面画在剖切线的延长线上,表示肋板的剖面形状。

从主视图可以看出上部圆筒、凸台、中部支承板、肋板和下部底板的主要结构形状和它们之间的相对位置;从俯视图可以看出底板、安装板(槽)的形状及支承板、肋板间的相对位置；局部视图反映出带有螺孔的凸台形状。综上所述，再配合全剖的左视图，则支架由圆筒、支承板、肋板、底板及油孔凸台组成的情况就很清楚了，整个支架的轴测图如图 9-47 所示。

（3）分析尺寸。从图中可以看出，其长度方向尺寸以对称面为主要基准，标注出安装槽的定位尺寸 70，还有尺寸 9、24、82、12、110、140 等；宽度方向尺寸以圆筒后端面为主要基准，标注出支承板定位尺寸 4；高度方向尺寸以底板的底面为主要基准，标注出支架的中心高 170±0.1，这是影响工作性能的定位尺寸；圆筒孔径 $\phi72H8$ 是配合尺寸，它们都是支架的主要尺寸。各组成部分的定形尺寸、定位尺寸请读者自行分析。

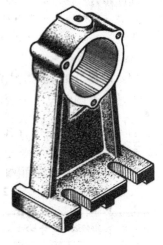

图 9-47 支架的轴测图

（4）分析技术要求。圆筒孔径 $\phi72H8$ 中心高注出了公差带代号，轴孔表面属于配合面，要求较高，Ra 值为 3.2 μm。这些指标在加工时应予以保证。

9.3.2 用 AutoCAD 绘制零件图

齿轮减速器传动轴的零件图如图 9-48 所示。

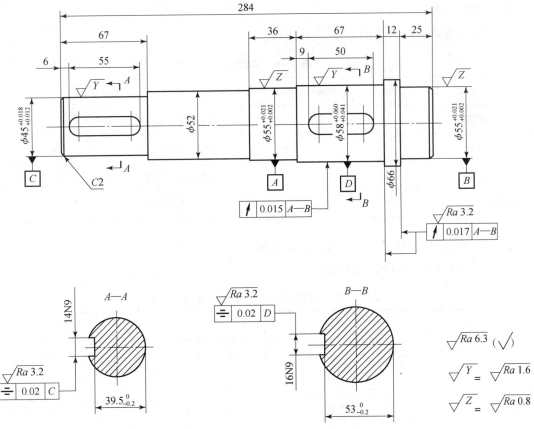

图 9-48 齿轮减速器传动轴零件图

一、材料

45 钢。

二、技术要求

(1) 调质处理 190～230 HBW。

(2) 未注圆角尺寸为 $R1.5$。

(3) 线性尺寸未注公差按 GB/T 1804 – m。

三、形位公差

图中径向跳动、端面跳动及对称度等形位公差的说明如表 9 – 8 所示。

表 9 – 8 形位公差

形位公差	说明
⌰ 0.015 A–B	圆柱面对公共基准轴线的径向跳动公差为 0.015
⌰ 0.017 A–B	轴肩对公共基准轴线的端面跳动公差为 0.017
⌯ 0.02 D	键槽对称面对基准轴线的对称度公差为 0.02

四、表面结构

重要部位表面结构的选用如表 9 – 9 所示。

表 9 – 9 表面结构

位置	表面结构的 Ra	说明
安装滚动轴承处	0.8	要求保证定心及配合特性的表面
安装齿轮处	1.6	有配合要求的表面
安装带轮处	1.6	中等转速的轴颈
键槽侧面	3.2	与键配合的表面

练习 2 绘制传动轴零件图，如图 9 – 48 所示。

(1) 创建如表 9 – 10 所示的图层。

表 9 – 10 绘制图 9 – 48 所示图形需要的图层

名称	颜色	线型	线宽
轮廓线层	白色	Continuous	0.50
中心线层	红色	Center	默认
剖面线层	绿色	Continuous	默认

续表

名称	颜色	线型	线宽
文字层	绿色	Continuous	默认
尺寸标注层	绿色	Continuous	默认

（2）设定绘图区域大小为 200×200。单击"标准"工具栏上的 按钮，使绘图区域充满整个图形窗口。

（3）通过"特性"工具栏上的"线型控制"下拉列表打开"线型管理器"对话框，在此对话框中设定线型全局比例因子为 0.3。

（4）打开极轴追踪、对象捕捉及捕捉追踪功能。设置极轴追踪角度增量为 90，设置对象捕捉方式为"端点""圆心"及"交点"。

（5）切换到轮廓线层。绘制零件的轴线 A 及左端面线 B，如图 9-49（a）所示。线段 A 的长度约为 350，线段 B 的长度约为 100。

（6）以线段 A、B 为作图基准线，使用 OFFSET 和 TRIM 命令形成轴左边的第 1 段、第 2 段和第 3 段，结果如图 9-49（b）所示。

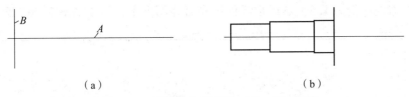

（a） （b）

图 9-49 绘制轴左边的第 1 段、第 2 段等

（7）使用同样的方法绘制轴的其余 3 段，结果如图 9-50（a）所示。

（8）使用 CIRCLE、LINE、TRIM 等命令绘制键槽及剖面图，结果如图 9-50（b）所示。

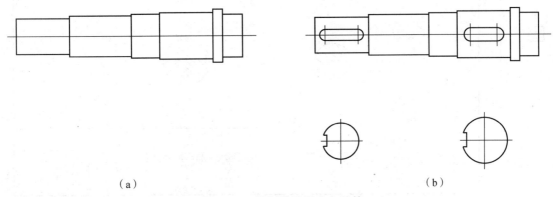

（a） （b）

图 9-50 绘制轴的其余各段等

（9）绘制倒角，然后填充剖面图案，结果如图 9-51 所示。

（10）将轴线和定位线等放置到中心线层上，将剖面图案放置到剖面线层上。

（11）打开素材文件"9-A3.dwg"，该文件包含 A3 幅面的图框、表面结构符号及基准

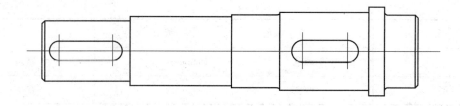

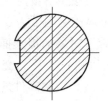

图 9–51　倒角及填充剖面图案

代号。利用 Windows 的复制和粘贴功能将图框及标注符号复制到零件图中，使用 SCALE 命令缩放它们，缩放比例为 1.5，然后把零件图布置在图框中，结果如图 9–52 所示。

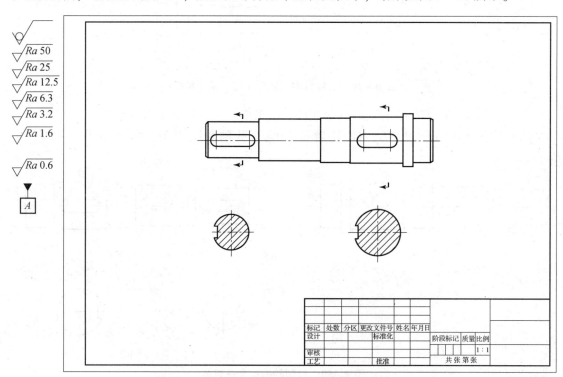

图 9–52　把零件图布置在图框中

（12）切换到尺寸标注层，标注尺寸及表面结构，结果如图 9–53 所示（本图仅为了示意工程图标注后的真实结果）。尺寸文字字高为 3.5，标注全局比例因子为 1.5。

· 214 ·

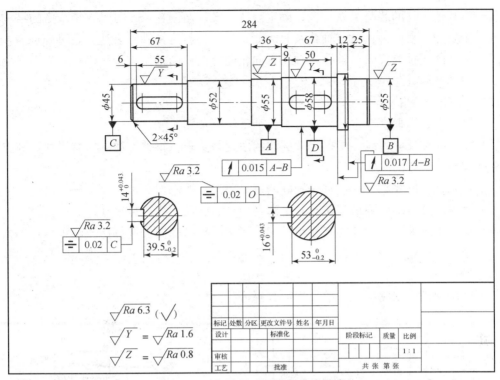

图 9-53　标注尺寸及书写技术要求

（13）切换到文字层，书写技术要求。"技术要求"字高为 $5\times1.5=7.5$，其余文字字高为 $3.5\times1.5=5.25$。中文字体采用 gbcbig.shx，西文字体采用 gbeitc.shx。

9.3.3　测绘零件图

练习3　测绘滑动轴承座，如图 9-54 所示。

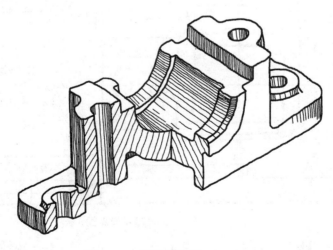

图 9-54　滑动轴承座

（1）分析零件，确定表达方案。

在测绘时，首先要对零件进行形体和结构分析，了解零件的名称、材料及其在装配体上的作用、与其他零件的装配关系等，以确定表达方案。由图 9-54 可见，轴承座的结构具有对称性，主要加工表面为止口、轴孔及其端面。零件材料为铸铁。表达方案可确定为：主视图采用半剖视图，投射方向与轴孔的轴线方向相同，俯视图采用直接投影，左视图采用半剖视图。

（2）画零件草图。

①绘制草图。根据已选定的表达方案，徒手绘制草图。

②画尺寸线和尺寸界线。根据尺寸标注的原则与要求，将需标注的所有尺寸，画出尺寸界线和尺寸线。

③测量和记入尺寸数字。按事先画好的每一条尺寸线进行测量，逐一记入尺寸数字。这样做可避免遗漏尺寸，使测量工作有条不紊。切忌边画尺寸线边量尺寸。

④注写技术要求。对零件的表面粗糙度，可使用粗糙度样板进行比较确定；对于配合尺寸、形位公差、热处理等要求，则要查阅有关资料来确定。可参考同类零件的有关技术要求进行类比确定。

⑤填写标题栏，完成草图，如图 9-55 所示。

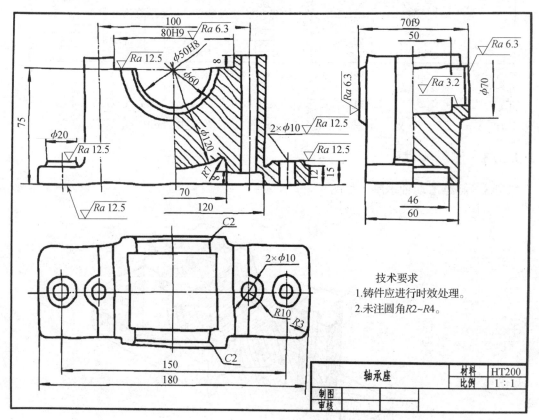

图 9-55 轴承座草图

（3）根据草图绘制零件工作图。

将零件草图整理后，可用仪器或计算机绘制零件工作图，如图 9-56 所示。

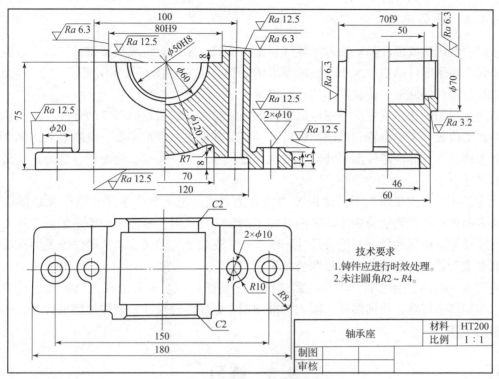

图 9-56 轴承座零件图

9.4 任务评价与总结

9.4.1 任务评价

本任务教学与实施的目的是,通过零件图的识读和作图训练,使学生掌握好零件的视图选择,尺寸注法,极限与配合和表面粗糙度的标注方法,培养读、画零件图的能力。

本任务实施结果的评价主要从识读零件图、绘制零件图、使用 AutoCAD 绘制零件图的正确与熟练程度 3 个方面进行。评价方式采用工作过程考核评价和作业质量考核评价。任务实施评价项目如表 9-11 所示。

表 9-11 任务实施评价项目

序号	评价项目	配分权重	实得分
1	识读零件图的正确和熟练程度	35%	
2	绘制零件图的正确与熟练程度	40%	
3	使用 AutoCAD 绘制零件图的正确与熟练程度	25%	

9.4.2 任务总结

任何一台机器或部件都是由若干零件装配而成的。零件是组成机器或部件的不可拆分的最小单元。表示零件结构、大小及技术要求的图样称为零件图，其作用是表达零件的形状、大小以及与零件的制造、检验有关的技术要求。

零件主视图的选择首先应考虑定出零件的安放位置，然后根据零件的分类，将主视图按零件的加工位置、工作位置和反映结构特征确定。其他视图则按完整、清晰地表达零件形体的原则来确定。在标注零件图尺寸时，要选择好尺寸基准，完整、清晰、合理地标注出零件的全部尺寸。

读零件图应从主视图入手，分析图中的表达方法，想出零件各部分结构及整体结构形状。从表面粗糙度的数值分析哪些表面是加工面和未加工面，哪些表面要求较高。从尺寸基准和尺寸公差分析哪些尺寸是配合尺寸，哪些尺寸是较重要的尺寸。从形位公差的标注分析出基准要素和被测要素及公差项目和公差值。

使用 AutoCAD 绘制零件图时应大致遵循建立绘图环境、布局主视图、生成主视图局部细节、布局其他视图、修饰图样、插入标准图框、标注零件尺寸及表面粗糙度代号、书写技术要求的步骤。

9.5 练习

1. 零件图在生产中起什么作用？它应该包括哪些内容？
2. 零件图的视图选择的原则是什么？怎样选定主视图？
3. 什么是表面粗糙度？它有哪些符号？分别代表什么意义？
4. 什么叫极限与配合？在零件图和装配图上，怎样标注极限与配合？
5. 零件上常见的工艺结构有哪些？
6. 简述读零件图的步骤和方法。

任务 10　绘制装配图

10.1　任务描述及目标

通过对装配图相关内容的学习和作图训练,学生能够了解装配图的作用与内容,理解装配图的编号和明细栏的绘制,理解装配图的绘制过程,学会读懂装配体的装配图,掌握用 AutoCAD 由零件图组合装配图和由装配图拆画零件图的方法。

10.2　任务资讯

机器或部件是由若干个零件按一定的关系和技术要求装配在一起的,表达机器或部件的结构、工作原理、传动路线和零件装配关系的图样称为装配图。装配图是制订装配工艺规程,进行装配、检验、安装及维修的重要技术文件。这里主要介绍装配图的内容、部件表达方法、尺寸及技术要求、结构的合理性,以及由零件图画装配图和由装配图拆画零件图的步骤及方法等。

10.2.1　装配图的作用和内容

一台机器或一个部件都是由若干个零件按一定的装配关系装配而成的,如图10-1所示的滑动轴承是由轴承座、轴承盖、衬套、螺栓、螺母、油杯等组成。图10-2则是表示该产品及其组成部分的连接、装配关系的装配图。

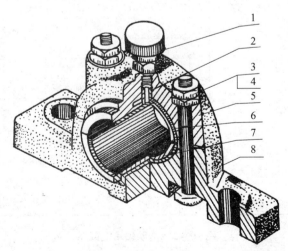

1—油杯;2—套;3—螺母;4—螺栓;5—轴承盖;6—上轴衬;7—下轴衬;8—轴承座。
图 10-1　滑动轴承

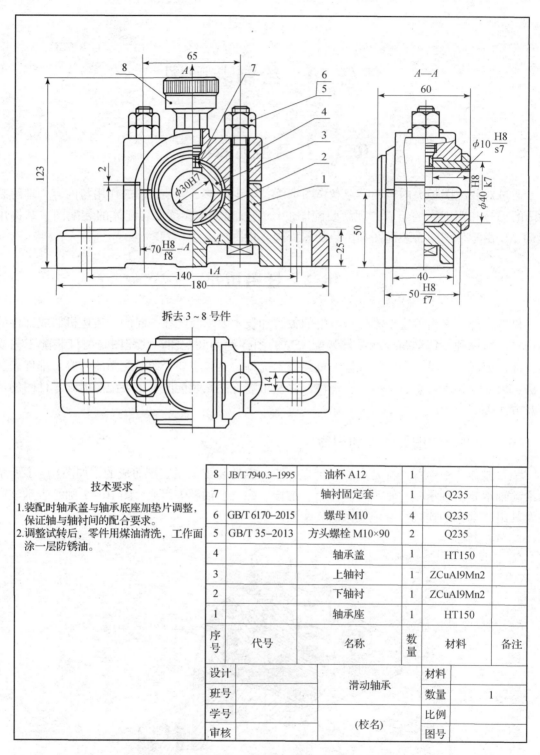

图 10-2 滑动轴承装配图

一、装配图的作用

在工业生产中，无论是开发新产品，还是对其他产品进行仿造、改制，都要先画出装配图。开发新产品，设计部门应首先画出整台机器的总装配图和机器各组成部分的部件装配图，然后再根据装配图画出零件图；制造部门，则首先根据零件图制造零件，然后再根据装配图将零件装配成机器（或部件）；同时，装配图又是安装、调试、操作和检修机器或部件时不可缺少的资料。由此可见，装配图是指导生产的重要技术文件。

二、装配图的内容

如图 10-2 所示，一张完整的装配图主要包括以下 4 个方面的内容。

1. 一组图形

一组图形用来表达装配体（机器或部件）的构造，工作原理，零件间的装配、连接关系及主要零件的结构形状。

2. 一组尺寸

一组尺寸用来表示装配体的规格或性能，以及装配、安装、检验、运输等方面所需要的尺寸。

3. 技术要求

技术要求是用文字或代号说明装配体在装配、检验、调试时需达到的技术条件和要求及使用规范等。一般包括：对装配体在装配、检验时的具体要求，关于装配体性能指标方面的要求，安装、运输及使用方面的要求，有关试验项目的规定等。

4. 标题栏和明细栏

标题栏用来表明装配体的名称、绘图比例、数量和图号及设计者姓名和设计单位。明细栏用来记载零件名称、序号、材料、数量及标准件的规格、标准代号等。

10.2.2 装配图的规定画法和特殊画法

装配图和零件图的表达方法基本相同，所以前面所介绍的零件图的各种表达方法，如视图、剖视图、断面图、简化画法等都适用于装配图的表达。但装配图的表达对象、要求和作用均不同于零件图，装配图表达的对象是机器或部件整体，要求表达清楚工作原理及各组成零件间的装配关系，其作用是指导装配、调试、维修、保养等。而零件图表达的对象是单个零件，要求表达清楚结构形状及大小，其作用是指导零件的生产。所以，针对装配图的特点，还有一些规定画法和特殊表达方法。

一、规定画法

1. 接触面、配合面的画法

为了明确零件表面间的相互关系，在装配图中，凡相邻两零件的接触表面或基本尺寸相同的配合表面，只画一条轮廓线，否则应画出两条线，以表示各自的轮廓线，如图 10-3 所示。

2. 剖面线的画法

为了清楚地区分不同的零件，在装配图中相互邻接的两金属零件的剖面线，其倾斜方向应相反，或方向一致而间隔不等，互相错开，如图 10-4 所示。同一装配图中的同一零件，无论在哪个视图中采用剖视，其剖面线方向均应相同，间隔相等，如图 10-2 所示。

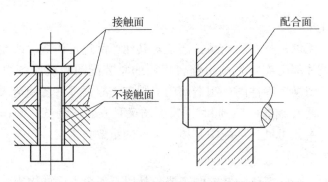

图 10-3 接触面和配合面画法

3. 紧固件和实心件的画法

为了画图简便和图面清晰，在装配图中，对螺栓、螺母、螺钉、螺柱、垫圈等紧固件及轴、杆、键、销、球、钩子、手柄等实心零件若按纵向剖切，且剖切平面通过其对称平面或轴线时，这些零件均按不剖绘制。若这些零件上有销孔、键槽、凹槽等结构需要表明时，可采用局部剖视来表达，如图 10-2、图 10-5 所示。

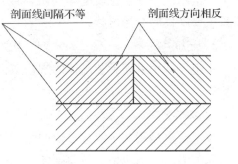

图 10-4 剖面线的画法

二、特殊表达方法

1. 拆卸表示法

在装配图中的某个视图上常有一个（或几个）零件遮住部件的内部构造及其他零件的情况，若需要表达这些被遮挡部分时，可假想将遮挡零件拆卸后再画，当需要说明时，应在视图上方标注"拆去××"，如图 10-2 中的俯视图。在装配图中，当某个标准部件在一个视图上已经表达出来时，则在其他视图上可以拆去不画，如图 10-2 左视图中的油杯拆去未画。在装配图中，亦可假想沿某些零件的结合面剖切后再画，如图 10-5 所示转子泵的 A—A 视图。需要注意：拆去某些零件和沿某些零件的结合面剖切，两者在画法上有所不同。

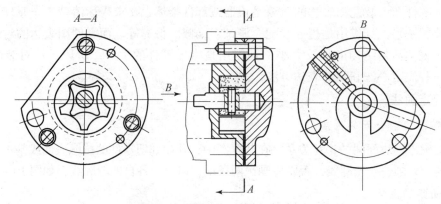

图 10-5 装配图画法的拆卸表示法

2. 假想表示法

在装配图中，若需要表达某些运动零件的极限位置时，可用细双点画线画出它们极限位置的外形图。如图 10-6 所示的三星齿轮机构,当改变转速和转向时,手柄所处的Ⅱ、Ⅲ两个极限位置,就采用了细双点画线画出的假想表示法。

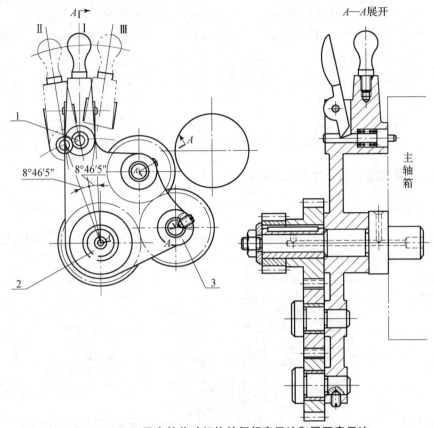

图 10-6　三星齿轮传动机构的假想表示法和展开表示法

此外,在装配图中,若需要表达与本部件相关,但又不属于本部件的零件时,亦可采用假想画法,用细双点画线画出相关部分的轮廓。如图 10-6 所示的三星齿轮传动机构装配图中,不属于该部件的主轴箱和图 10-5 中安装转子泵的相邻部件都采用细双点画线画出的假想表示法。

3. 单个零件表示法

在装配图中,若某个零件需要表达的结构形状未能表达清楚时,可单独画出该零件的某一视图,但必须在所画视图的上方注出该零件的视图名称,在相应视图的附近用箭头指明投射方向,并注上同样的字母,如图 10-5 中的泵盖 B 向。

4. 夸大表示法

在装配图中,有些薄片零件、细丝弹簧、微小间隙等,若按原有比例、尺寸绘制表达不清楚时,可不按原有比例,而将其适当夸大画出,如图 10-5 中的垫片厚度就是夸大画出的。

5. 展开表示法

传动机构的投影常有重叠的情况,为清晰表达传动路线及各轴的装配关系,可用展开表示法,假想沿各轴的传动顺序切开,并依次展开在同一平面内,画出其剖视图。对于展开表示法必须进行标注,如图 10-6 所示的"A—A 展开"。

三、简化画法

(1) 在装配图中，对若干相同的零件组，如螺栓连接、螺钉连接等，允许仅详细地画出一组或几组，而其余的则可用中心线（细点画线）表示其装配位置，如图10-5所示。

(2) 在装配图中，对零件的工艺结构如小圆角、退刀槽、倒角等允许省略不画，如图10-5所示。

(3) 在装配图中，对滚动轴承，允许用规定画法画出一半，而另一半可只画轮廓，并在轮廓内画出交叉细实线即可。

(4) 在装配图中，当剖切平面通过的某些部件为标准产品，或该部件已由其他图形表示清楚时，可按不剖绘制，如图10-2中的油杯。

10.2.3 装配图的尺寸标注和技术要求

一、尺寸标注

装配图不是制造零件的直接依据，因此不需注出零件的全部尺寸，而只需标注出一些必要的尺寸，如图10-7所示。

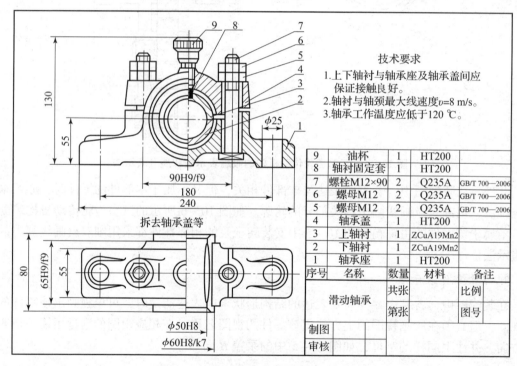

图10-7 装配图的尺寸标注和技术要求

1. 性能（规格）尺寸

性能（规格）尺寸是表示机器或部件性能（规格）的尺寸，在设计时已经确定，如图10-7所示的 $\phi 50H8$。

2. 装配尺寸

装配尺寸是保证有关零件间配合性质的尺寸、保证零件间相对位置的尺寸、零件间的连接尺寸、装配时进行加工的尺寸，如图10-7所示的90H9/f9、ϕ60H8/k7、65H9/f9。

3. 安装尺寸

安装尺寸是机器或部件安装时所需的尺寸，如图10-7所示的ϕ25、180。

4. 外形尺寸

外形尺寸表示机器或部件外形轮廓的大小，即总长、总宽和总高，如图10-7所示的240、130、80。

5. 其他重要尺寸

其他重要尺寸包括运动零件的极限尺寸、主体零件的重要尺寸等，如图10-7所示的55。

二、技术要求

装配图上的技术要求主要是针对该装配体的工作性能、装配及检验要求、调试要求及使用与维护要求所提出的要求。一般用文字写在明细栏上方或图样下方空白处。

装配要求是指机器或部件在装配过程中的注意事项和装配后应达到的要求。

检验要求是指装配体的工作性能检测、试验和验收方法的说明等技术要求。

使用要求是指装配体的性能维护、保养和使用注意事项的说明。

图10-7中的技术要求如下。

（1）上、下轴衬与轴承座及轴承盖间应保证接触良好。

（2）轴衬与轴颈最大线速度$v=8$ m/s。

（3）轴承工作温度应低于120 ℃。

10.2.4 装配图中的零、部件的序号和明细栏

为了便于读图、装配产品、图样管理和做好生产准备工作，需要在装配图上对各种零件或组件进行编号，该编号被称为零件的序号，同时要编制相应的零件明细栏。

一、序号的编排方法与规定

（1）将装配图上各零件按一定的顺序用阿拉伯数字进行编号。

（2）装配图上相同的零件只编写一个序号，而且只标注一次。图中的标准组件，如油杯、滚动轴承等可看作是一个整体，只编写一个序号。

（3）序号应该注写在视图轮廓线的外边，其方法是先在要标注的零件上画一个实心圆点，然后自圆点起点用细实线画一条指引线，在指引线的端部用细实线画一条水平线或一个圆，在水平线上或圆内写零件序号，如图10-8（a）所示。

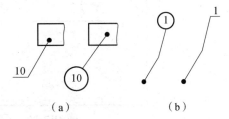

图10-8 序号的编写形式

（4）指引线相互不能相交，当指引线通过剖面线的区域时，指引线不能与剖面线平行。必要时，指引线可以画成折线，但只允许弯折一次，如图10-8（b）所示。

（5）一组紧固件以及装配关系清楚的零件组，可以采用公共指引线，其形式如图10-9所示。

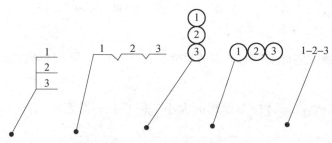

图 10-9 公共指引线的形式

(6) 同一装配图中编注序号的形式应一致,且序号要按水平或垂直方向排列整齐,按顺时针方向或逆时针方向排列均可,如图 10-10 所示。

(7) 装配图中的标准件可以与非标准件同样地编写序号,也可以不编写序号,而将标准件的数量与规格直接注写在指引线的水平线上。

二、标题栏和明细栏

(1) 标题栏和明细栏应该配置在装配图的右下角。明细栏是装配图中全部零件的详细目录,应画在标题栏上方,零、部件序号应自下而上按顺序填写。当地方不够时,可以将其余部分分段移到标题栏的左边。

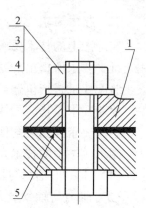

图 10-10 序号的排列

(2) 在特殊情况下,零件的详细目录也可以不画在装配图中,而将明细表作为装配图的续页单独编写在另一张 A4 图纸上。单独编写时,序号应由上向下按顺序填写。

(3) 标题栏明细栏的内容和格式可参照 GB/T 10609.1—2008、GB/T 10609.2—2009 的有关规定,如图 10-11 所示。制图作业中的标题栏、明细栏建议按图 10-12 所示的格式绘制。

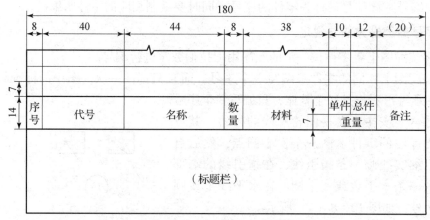

图 10-11 标准装配图标题栏、明细栏的格式

10.2.5 装配的工艺结构

机器或部件的设计中,应该考虑装配结构的合理性,以保证机器或部件的工作性能可靠,安装和维修方便。下面介绍几种常见的装配工艺结构。

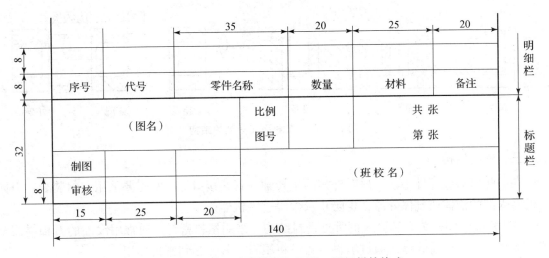

图 10–12　作业用装配图标题栏、明细栏的格式

一、接触面与配合面结构

为了保证零件接触良好又便于加工和装配，两零件在同一方向上一般只宜有一对接触面，如图 10–13 所示。

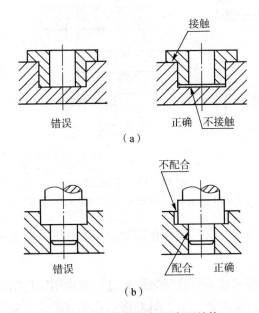

图 10–13　接触面与配合面结构

二、接触面转角处的结构

为了不影响接触面之间的良好接触又容易加工，两配合零件在转角处不应设计成相同的尖角或圆角，如图 10–14 所示。

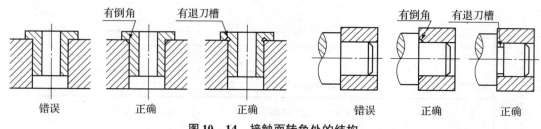

图 10－14　接触面转角处的结构

三、密封结构

在一些机器或部件中，一般对外露的旋转轴和管路接口等，常需要采用密封装置，以防止机器内部的液体或气体外流，也防止灰尘等进入机器。

图 10－15（a）为泵和阀上的常见密封结构，采用填料密封。通常用浸油的石棉绳或橡胶作填料，拧紧压盖螺母，通过填料压盖可将填料压紧，起到密封作用。

图 10－15（b）为管道中管接口的常见密封结构，采用 O 型密封圈密封。

图 10－15（c）为滚动轴承的常见密封结构，采用毡圈密封。

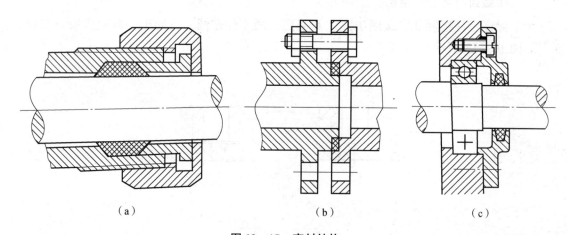

图 10－15　密封结构
（a）填料密封；（b）O 形密封圈密封；（c）毡圈密封

各种密封方法所用的零件，有些已经标准化，其尺寸要从有关手册中查取。

四、销配合处结构

为了保证两零件在装拆前后不致降低装配精度，通常用圆柱销或圆锥销将零件定位。为了加工和装拆的方便，在可能的条件下，最好将销孔做成通孔，如图 10－16 所示。

五、紧固件装配结构

为了使螺栓、螺母、螺钉、垫圈等紧固件与被连接表面接触良好，在被连接件的表面应加工成凸台或鱼眼坑等结构，如图 10－17 所示。

六、安装与拆卸结构

（1）在滚动轴承的装配结构中，与轴承内圈结合的轴肩直径及与轴承外圈结合的孔径尺寸应设计合理，以便于轴承的拆卸，如图 10－18 所示。

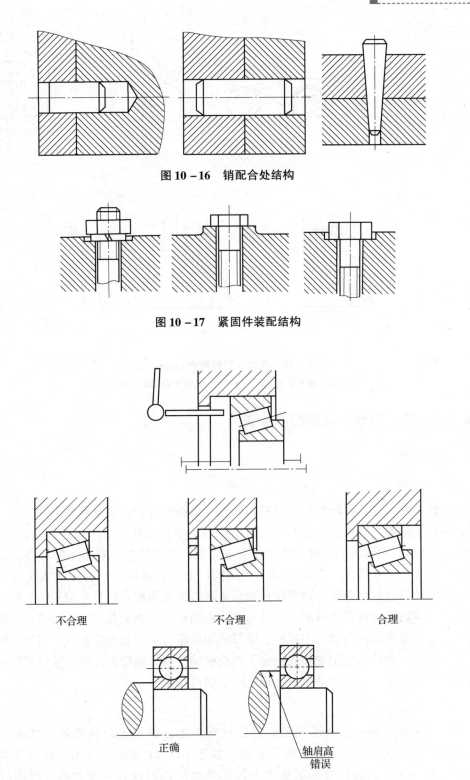

图 10-16　销配合处结构

图 10-17　紧固件装配结构

不合理　　　不合理　　　合理

正确　　　轴肩高错误

图 10-18　滚动轴承的装配结构

（2）螺栓和螺钉连接时，孔的位置与箱壁之间应留有足够空间，以保证安装的可能和方便，如图 10-19 所示。

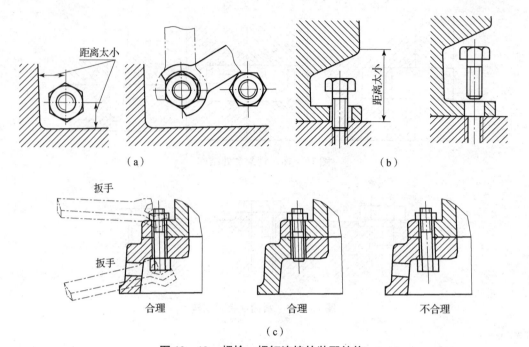

图 10-19 螺栓、螺钉连接的装配结构
(a) 留出扳手活动空间;(b)、(c) 留出螺钉装、卸空间

10.2.6 部件测绘和装配图的绘制

一、部件测绘

1. 了解测绘对象

为了做好测绘工作,在画图前,应对部件进行了解和分析,通过观察实物,查阅有关资料,弄清部件的用途、性能、工作原理、结构特点、零件之间的装配关系以及拆装方法等。如图 10-20 所示,滑动轴承是由 8 种零件组装而成,其中螺栓、螺母是标准件,油杯是标准组合件。为了便于安装轴,轴承做成上下结构;上、下轴瓦分别装在轴承座与轴承盖之间,轴瓦两端的凸缘侧面分别与轴承座和轴承盖两边的端面配合,防止轴瓦向前移动。轴承座与轴承盖之间做成阶梯形止口配合,是为了防止轴承座与轴承盖之间横向错动。固定套是防止轴瓦在座与盖中出现转动。用螺栓、螺母将轴承座与轴承盖连接起来,用方头螺栓是为了在拧紧螺母时,螺栓不会跟着转动;为了防止松动,每个螺栓上用两个螺母紧固。油杯中填满油脂,拧动杯盖,便可将油脂挤入轴瓦内起润滑作用。

2. 拆卸零件

对于复杂一些的零件,为了便于拆卸后重新装配,以及记录各组件之间的相对位置等,在拆卸前最好先画出部件的装配示意图,如图 10-21 所示。在图上标出各零件的名称、数量和需要记录的数据等。示意图上各零件的结构形状和装配关系,可用较少线条形象地表示,简单的甚至可以只用单线条表示,不过此时的接触面应按非接触面一样画出两条线。

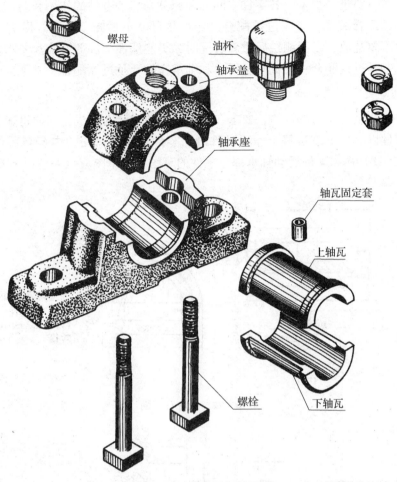

图 10-20 滑动轴承轴测图

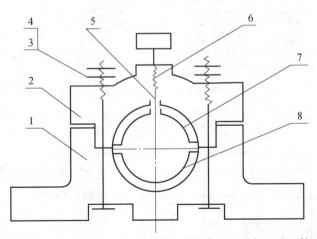

1—轴承座；2—轴承盖；3—螺母；4—螺栓；5—轴瓦固定套；6—油杯；7—上轴瓦；8—下轴瓦。

图 10-21 滑动轴承装配示意图

拆卸零件必须按顺序进行，如滑动轴承的拆卸顺序为：拧下油杯，松开螺母，取下轴承盖，取下上、下轴瓦和轴承座。

拆卸零件时，要进一步了解各零件之间的装配关系、各零件的作用和结构特点，特别要注意零件之间的配合关系。对于过盈配合的零件尽可能不拆卸。保存好所有零件，避免碰伤、丢失，也不要乱放，以便测绘后重新装配时，仍能保证部件的性能和要求。滑动轴承的固定套与轴承盖是过盈配合、轴瓦与轴承盖和轴承座的孔是过渡配合、其他为间隙配合。

3. 画零件草图

测绘工作往往是在现场进行的，要求在尽可能短的时间内完成，以便迅速将部件装配起来。在拆卸零件以后，应该对每个非标准件画出零件草图，草图的内容与零件图的内容相同。图 10-22~图 10-24 是滑动轴承部分零件的草图。画草图应该注意以下几个问题。

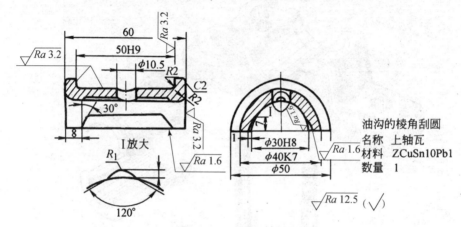

图 10-22 上轴瓦草图

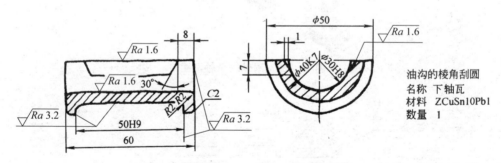

图 10-23 下轴瓦草图

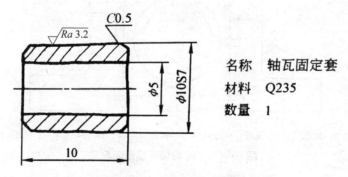

图 10-24 轴瓦固定套草图

（1）标准件只需要确定规格，注出规定标记，不必画草图。

（2）画零件草图时，所有工艺结构，如倒角、圆角、凸台、凹坑、退刀槽等结构，都必须画出，不能省略。

（3）制造零件时产生的误差或缺陷，如不对称、不圆，或铸造产生的砂眼、缩孔、裂纹等，不应该画在草图上。

（4）测量尺寸时，可参阅零件测绘中采用测量工具和测量方法。零件上的标准结构要素（如螺纹、退刀槽、键槽等）的尺寸，在测量后，应查阅有关的标准手册核对确定。零件上非加工和非主要尺寸应取整数，尽可能符合标准尺寸系列。两零件的配合尺寸和互相有联系的尺寸应在测量后同时填入两个零件的草图中，如图10-25中轴承盖的阶梯形止口配合尺寸70 mm等。

（5）零件的技术要求，如表面粗糙度、尺寸公差与配合、热处理、材料等，可根据零件的作用及设计要求，参阅同类产品的图样和资料，用类比法确定。

4. 画装配图和零件图

根据零件草图和装配示意图画出装配图。在画装配图时，零件的尺寸大小一定要画得准确，装配关系不能有错，要及时改正草图上的错误。实际上画装配图是一次很重要的校核工作，可以审查出测绘草图中的错误。根据画好的装配图再画出正式的零件工作图，对于零件草图中的尺寸标注和公差配合等，可根据实际要求调整。

二、装配图画法

根据已经有的零件图，由零件图画装配图的方法和步骤如下（以滑动轴承为例）。

1. 确定部件的表达方案

根据装配图的视图选择原则，滑动轴承的主视图按工作位置选取，既表达了零件的装配关系，又表达了主体零件的主要结构形状。主视图取半剖视图，使各零件的内外结构同时表达。为了表明一些零件的对称位置，将主要零件表示得更清楚，增加俯视图，俯视图采用拆卸画法并沿结合面取半剖视图的方法表达。

2. 确定比例和图幅

部件的表达方案确定后，应该根据部件的实际大小及结构的复杂程度，确定合适的比例和图幅。估算图幅大小时，不仅要考虑各视图的位置，而且还要考虑标题栏、明细栏、零件序号、标注尺寸和注写技术要求的位置。确定图幅后，即可在图板上固定图纸，布置视图。画图时，应该先画出各视图的主要基准线（装配干线）、对称中心线以及作图基准线（某些零件的基面或端面），如图10-25（a）所示。

3. 画出部件的主要结构部分

画图时，可以由里向外画，按装配干线首先画出装配基准件，然后依次画出其他零件。也可以由外向里画，即先画机座，然后将其他零件依次逐个画上去。如图10-25（b）所示，画出滑动轴承座的主、俯视图。如图10-25（c）所示，画出上、下轴瓦。如图10-25（d）所示，画出轴承盖。

4. 画出部件的次要结构

如图10-25（e）所示，画出滑动轴承中的螺栓连接、轴瓦固定套、油杯等。

5. 完成全图

如图 10-25（e）所示，检查、整理、加深图线，画出剖面线、标题栏及明细栏，标注尺寸，编写零件序号，填写明细栏和标题栏，注写技术要求。

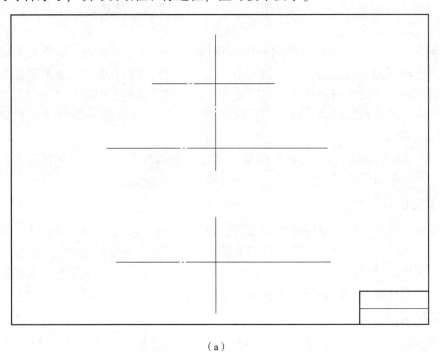

(a)

(b)

图 10-25　滑动轴承装配图的画法
(a) 画出主要基线；(b) 画出轴承座

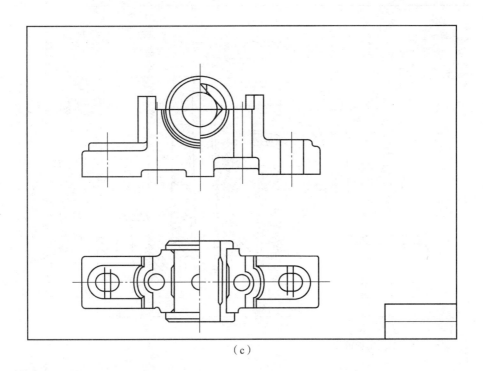

(c)

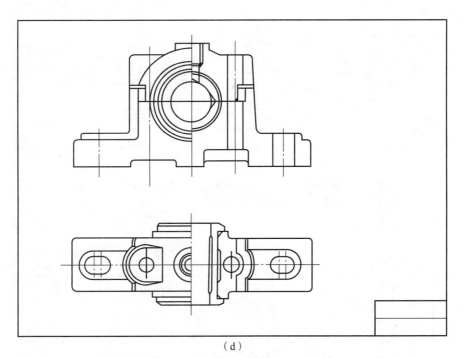

(d)

图 10-25 滑动轴承装配图的画法（续）

(c) 画出上、下轴瓦；(d) 画出轴承盖

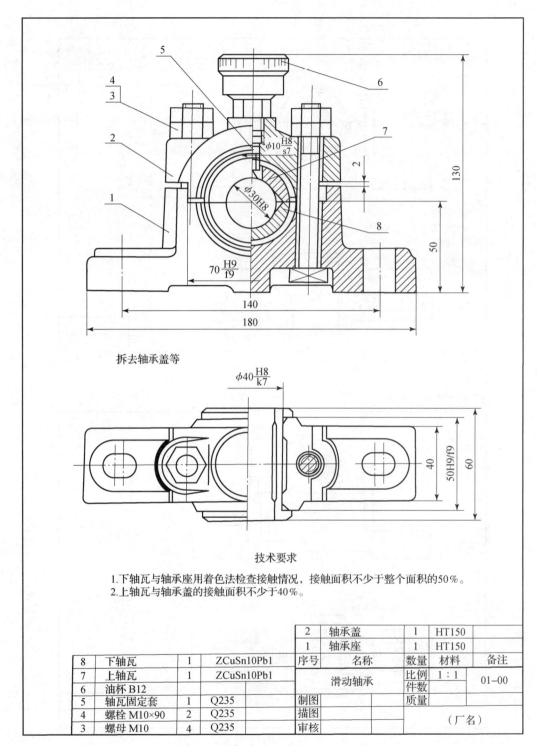

图 10-25 滑动轴承装配图的画法（续）
(e) 完成其他装配结构、标注尺寸、整理、描深

10.2.7　读装配图及由装配图拆画零件图

读装配图的目的是：了解部件的作用和工作原理，了解各零件间的装配关系、拆装顺序及各零件的主要结构形状和作用，了解主要尺寸、技术要求和操作方法。在设计时，还要根据装配图画出该部件的零件图。

一、读装配图及由装配图拆画零件图的方法和步骤

1. 概括了解

读装配图时，首先由标题栏了解机器或该部件的名称；由明细栏了解组成机器或部件中各零件的名称、数量、材料及标准件的规格，估计部件的复杂程度；由画图的比例、视图大小和外形尺寸，了解机器或部件的大小；由产品说明书和有关资料，并联系生产实践知识，了解机器或部件的性能、功用等，从而对装配图的内容有一个概括的了解。

2. 分析视图

首先找到主视图，再根据投影关系识别其他视图的名称，找出剖视图、断面图所对应的剖切位置。根据向视图或局部视图的投射方向，识别出表达方法的名称，从而明确各视图表达的意图和侧重点，为下一步深入读图作准备。

3. 分析零件，读懂零件的结构形状

分析零件，就是弄清每个零件的结构形状及其作用。一般应先从主要零件入手，然后是其他零件。当零件在装配图中表达不完整时，可对有关的其他零件仔细观察和分析，然后再作结构分析，从而确定该零件的内外结构形状。

4. 分析装配关系和工作原理

对照视图仔细研究部件的装配关系和工作原理，是深入读图的重要环节。在概括了解装配图的基础上，从反映装配关系、工作原理明显的视图入手，找到主要装配干线，分析各零件的运动情况和装配关系；再找到其他装配干线，继续分析工作原理、装配关系、零件的连接、定位以及配合的松紧程度等。

5. 由装配图拆画零件图

由装配图拆画零件图是设计过程中的重要环节，也是检验读装配图和画零件图能力的一种常用方法。拆画零件图前，应对所拆零件的作用进行分析，然后把该零件从与其组装的其他零件中分离出来。分离零件的基本方法是：首先在装配图上找到该零件的序号和指引线，顺着指引线找到该零件；再利用投影关系、剖面线的方向找到该零件在装配图中的轮廓范围。经过分析，补全所拆画零件的轮廓线。有时，还需要根据零件的表达要求，重新选择主视图和其他视图。选定或画出视图后，采用抄注、查取、计算的方法标注零件图上的尺寸，并根据零件的功用注写技术要求，最后填写标题栏。

二、读装配图及由装配图拆画零件图举例

读如图10-26所示的齿轮油泵的装配图，并拆画右端盖8的零件图。

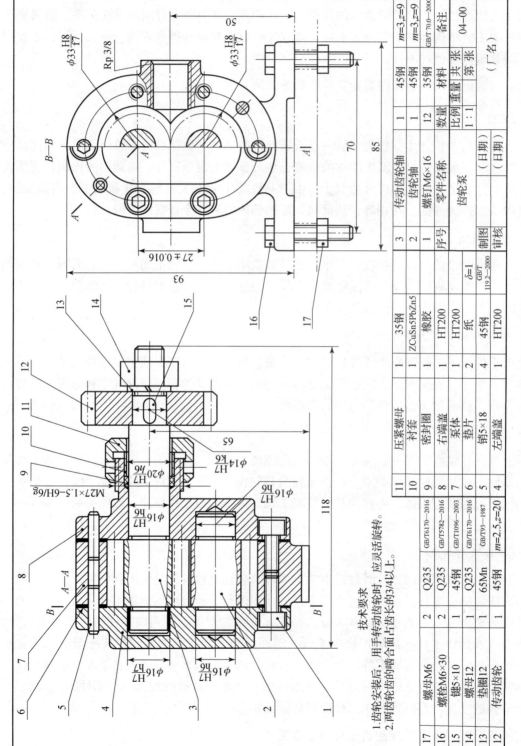

图 10-26 齿轮油泵的装配图

1. 概括了解

齿轮油泵是机器中用来输送润滑油的一个部件。对照零件序号和明细栏可知：齿轮油泵由泵体，左、右端盖，运动零件（传动齿轮、齿轮轴等），密封零件和标准件等17种零件装配而成，属于中等复杂程度的部件。3个方向的外形尺寸分别是118 mm、85 mm、93 mm，体积不大。

2. 分析视图

齿轮油泵采用两个基本视图表达。主视图采用全剖视图，反映了组成齿轮油泵的各个零件间的装配关系。左视图采用了沿垫片6与泵体7结合面处的剖切画法，产生了B—B半剖视图，又在吸、压油口处画出了局部剖视图，清楚地表达了齿轮油泵的外形和齿轮的啮合情况。

3. 分析零件，读懂零件的结构形状

从装配图可以看出，泵体7的外形形状为长圆柱体，中间加工成8字形通孔，用以安装齿轮轴2和传动齿轮轴3；四周加工有2个定位销孔和6个螺孔，用以定位和旋入螺钉1并将左端盖4和右端盖8连接在一起；前后铸造出凸台并加工成螺孔，用以连接吸油和压油管道；下方有支承脚架与长圆柱体连接成整体，并在支承脚架上加工有通孔，用以穿入螺栓将齿轮油泵与机器连接在一起。左端盖4的外形形状为长圆盘，四周加工有2个定位销孔和6个阶梯孔，用以定位和装入螺钉1将左端盖4与泵体连接在一起；在长圆盘结构左侧铸造出凸台，以保证加工支承齿轮轴2、传动齿轮轴3；右端盖8的右上方铸造出圆柱型结构，外表面加工螺纹，以零件压紧螺母连接，内部加工成通孔以保证齿轮传动轴伸出，其他结构与左端盖4相似。其他零件的结构形状请读者自行分析。

4. 分析装配关系和工作原理

泵体7是齿轮油泵中的主要零件之一，它的空腔中容纳了一对吸油和压油的齿轮。将齿轮轴2、传动齿轮轴3装入泵体后，两侧有左端盖4、右端盖8支承这一对齿轮轴的旋转运动。由销5将左、右端盖定位后，再用螺钉1将左、右盖与泵体连接，为了防止泵体与端盖的结合面处和传动齿轮轴3伸出端漏油，分别用垫片6和密封圈9、衬套10、压紧螺母11密封。

齿轮轴2、传动齿轮轴3、传动齿轮12等是齿轮油泵中的运动零件。当传动齿轮12按逆时针方向（从左视图观察）转动时，通过键15将转矩传递给传动齿轮轴3，由齿轮啮合带动齿轮轴2，使齿轮轴2按顺时针方向转动，如图10-27所示。齿轮油泵的主要功用是通过吸油、压油，为机器提供润滑油。当一对齿轮在泵体中作啮合传动

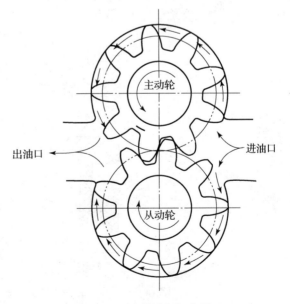

图10-27 齿轮油泵工作原理

时，啮合区内右边空间的压力降低，产生局部真空，油池内的油在大气压力作用下进入油泵低压区的吸油口。随着齿轮的转动，齿槽中的油不断沿箭头方向被带到左边的压油口把油压出，送到机器需要润滑的部位。

5. 齿轮油泵装配图中的配合和尺寸分析

根据零件在部件中的作用和要求，应注出相应的公差带代号。由于传动齿轮12要通过键15传递转矩并带动传动齿轮轴3转动，因此需要定出相应的配合。在图中可以看到，它们之间的配合尺寸是 $\phi14H7/k6$；齿轮轴2和传动齿轮轴3与左、右端盖的配合尺寸是 $\phi16H7/h6$；衬套10与右端盖8的配合尺寸是 $\phi20H7/h6$；齿轮轴2和传动齿轮轴3的齿顶圆与泵体7内腔的配合尺寸是 $\phi33H8/f7$。各处配合的基准制、配合类别请读者自行判断。

尺寸 27 ± 0.016 是齿轮轴2和传动齿轮轴3的中心距，其准确与否将直接影响齿轮的啮合传动；尺寸65是传动齿轮轴线离泵体安装面的高度尺寸。这两个尺寸分别是设计和安装所要求的尺寸。吸、压油口的尺寸 $R_p3/8$，表示尺寸代号为3/8，密封圆柱内螺纹。两个螺栓之间的尺寸70表示齿轮油泵与机器连接时的安装尺寸。

6. 由装配图拆画右端盖的零件图

现以拆画右端盖8的零件图为例进行分析。拆画零件图时，先在装配图上找到右端盖8的序号和指引线，再顺着指引线找到右端盖8，并利用"高平齐"的投影关系找到该零件在左视图上的投影关系，确定零件在装配图中的轮廓范围和基本形状。在装配图的主视图上，由于右端盖8的一部分轮廓线被其他零件遮挡，因此分离出来的是一幅不完整的图形，如图10-28（a）所示。经过想象和分析，可补画出被遮挡的可见轮廓线，如图10-28（b）所示。从装配图的主视图中拆画出的右端盖8的图形，反映了右端盖8的工作位置，并表达了各部分的主要结构形状，仍可作为零件图的主视图。右端盖8属于轮盘类零件，一般需要用两个视图表达内外结构形状。因此，当右端盖8的主视图确定后，还需要用左视图辅助完成主视图尚未表达清楚的外形、定位销孔和六个阶梯孔的位置等。

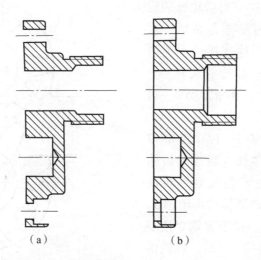

图10-28 由齿轮油泵装配图拆画右端盖零件图的思考过程
(a) 从装配图中分离出右端盖的主视图；(b) 补全右端盖主视图上的图线

图 10-29 是画出表达外形的左视图后的右端盖 8 零件图。在图中按零件图的要求标注出尺寸和技术要求，有关的尺寸公差和螺纹的标记是根据装配图中已有的要求抄注的，内六角圆柱头螺钉孔的尺寸可在有关标准中查找，最后填写标题栏。

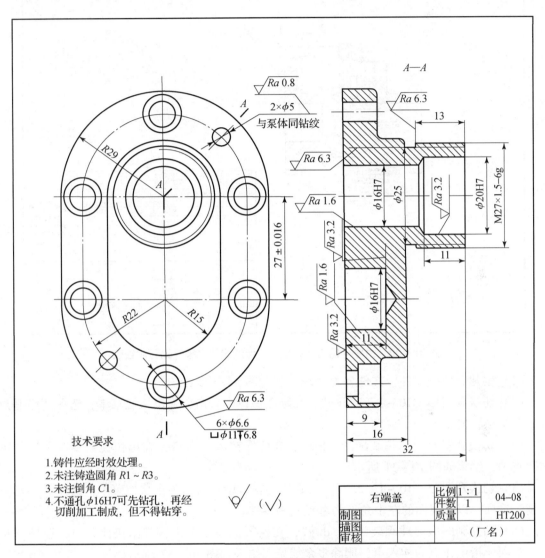

图 10-29 右端盖零件图

10.3 任务实施

10.3.1 用 AutoCAD 由零件图组合装配图

练习 1 绘制如图 10-30 所示的球阀装配图。

（1）打开附盘文件"10-1-1.dwg""10-1-2.dwg""10-1-3.dwg""10-1-4.dwg"及"10-1-5.dwg"。将 5 张零件图"装配"在一起形成装配图。

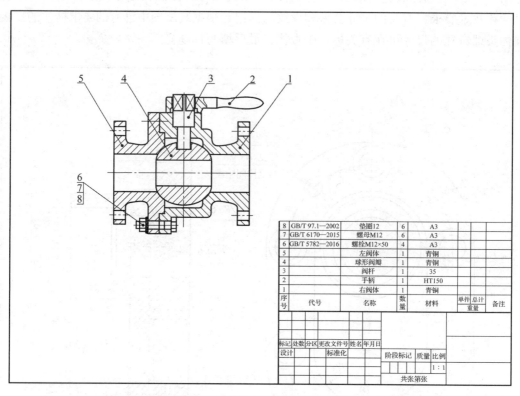

图 10-30　由零件图组合装配图、标注零件序号及编写明细表

（2）创建新图形文件，文件名为"球阀装配图.dwg"。

（3）切换到图形"10-1-1.dwg"，在绘图窗口中右击，弹出快捷菜单，选择"带基点复制"选项，复制零件。

（4）切换到图形"球阀装配图.dwg"，在绘图窗口中右击，弹出快捷菜单，选择"粘贴"选项，结果如图 10-31 所示。

（5）切换到图形"10-1-2.dwg"，在绘图窗口中右击，弹出快捷菜单，选择"带基点复制"选项，以主视图的左上角点为基点复制零件。

（6）切换到图形"球阀装配图.dwg"，在绘图窗口中右击，弹出快捷菜单，选择"粘贴"选项，指定 A 点为插入点，删除多余线条，结果如图 10-32 所示。

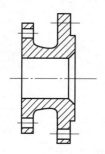

图 10-31　装配"10-1-1"零件

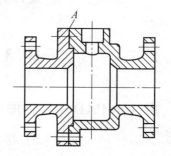

图 10-32　装配"10-1-2"零件

（7）用与上述类似的方法，将零件图"10-1-3.dwg""10-1-4.dwg"及"10-1-5.dwg"插入到装配图中。每插入一个零件后都要做适当的编辑，不要把所有的零件都插入后再修改，因为如果这样做会造成图线太多，修改将变得很困难，结果如图10-33所示。

（8）打开附盘文件"标准件.dwg"，将该文件中的M12螺栓、螺母、垫圈等标准件复制到"球阀装配图.dwg"中，如图10-34（a）所示。用STRETCH命令将螺栓拉长15，然后用ROTATE、MOVE命令将这些标准件装配到正确的位置，结果如图10-34（b）所示。

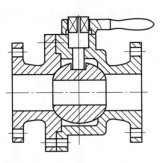

图10-33 装配"10-1-3""10-1-4"与"10-1-5"零件

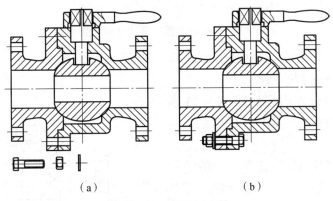

图10-34 装配标准件

（9）单击"多重引线"工具栏上的按钮，打开"多重引线样式管理器"对话框，再单击 修改(M)... 按钮，打开"修改多重引线样式"对话框，如图10-35所示。在该对话框中进行以下设置。

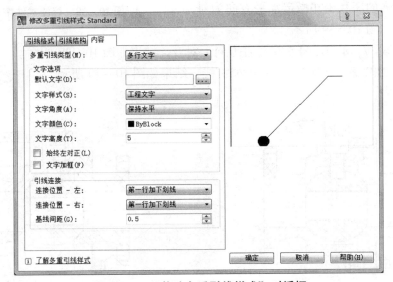

图10-35 "修改多重引线样式"对话框

"箭头"选项组的设置如图10-36所示。

图10-36 "箭头"选项组

"基线设置"及"比例"选项组的设置如图10-37所示。

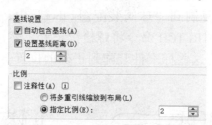

图10-37 "基础设置"及"比例"选项组

"设置基线距离"文本框中的数值2表示下划线与引线间的距离,"指定比例"文本框中的数值2等于绘图比例的倒数。

"内容"选项卡设置内容如图10-35所示。其中,"基线间距"文本框中的数值表示下划线的长度。

(10) 单击"多重引线"工具栏上的按钮,启动"创建引线标注"命令,标注零件序号,结果如图10-38所示。

(11) 对齐零件序号。

①单击"多重引线"工具栏上的按钮,选择零件序号1、2、4、5,按<Enter>键,然后选择要对齐的序号3并指定水平方向为对齐方向,结果如图10-39所示。

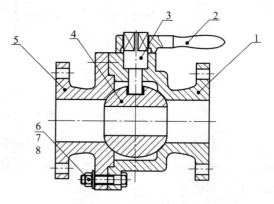

图10-38 标注零件序号

②将序号6、7、8与序号5在竖直方向上对齐,结果如图10-39所示。

(12) 用LINE命令给序号7、8添加引线,结果如图10-40所示。

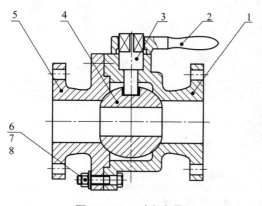

图10-39 对齐序号

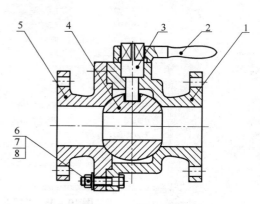

图10-40 添加引线

（13）打开附盘文件"A3.dwg",利用"带基点复制"→"粘贴"功能将图框复制到"球阀装配图.dwg"中,用 SCALE 命令缩放图框,缩放比例为2,然后把装配图布置在图框中,结果如图10-41所示。

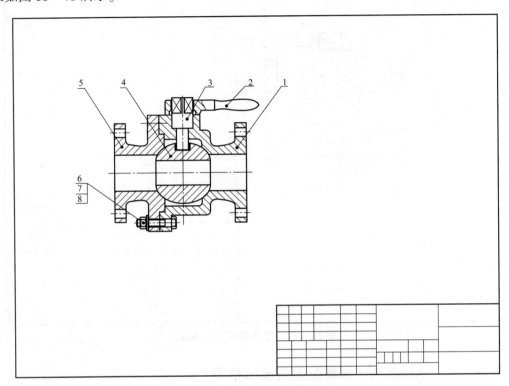

图10-41 将装配图布置在图框中

（14）打开附盘文件"明细表.dwg",该文件包含两个表格对象:一个是单独的零件明细表,另一个是放在标题栏上方的零件明细表。通过双击其中一个单元就可填写文字,填写好后删除表格中的多余行,结果如图10-42所示。

8	GB/T 97.1—2002	垫圈12	6	A3			
7	GB/T 6170—2015	螺螺M12	6	A3			
6	GB/T 5782—2016	螺栓M12×50	4	A3			
5		左阀体	1	青铜			
4		球形阀瓣	1	黄铜			
3		阀杆	1	35			
2		手柄	1	HT150			
1		右阀体	1	青铜			
序号	代号	名称	数量	材料	单件	总计	备注
					重量		

图10-42 编写明细表

（15）用 SCALE 命令缩放明细表,缩放比例为2,然后用 MOVE 命令将明细表移动到标题栏上方,结果如图10-43所示。

· 245 ·

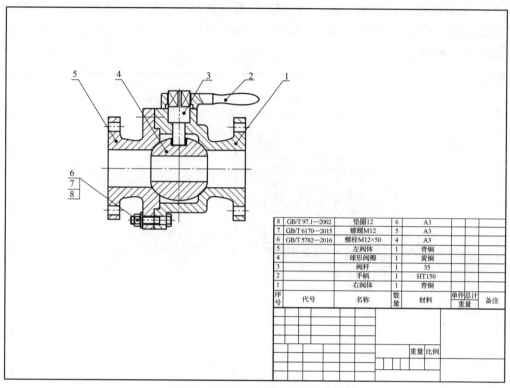

图10-43 缩放并移动明细表

10.3.2 用AutoCAD由装配图拆画零件图

练习2 从如图10-44所示的千斤顶装配图中拆画零件图。

（1）创建新图形文件，文件名为"顶垫.dwg"。

（2）切换到图形"10-2.dwg"，在绘图窗口中右击，弹出快捷菜单，选择"带基点复制"选项，然后选择顶垫零件并指定复制的基点为A点，如图10-44所示。

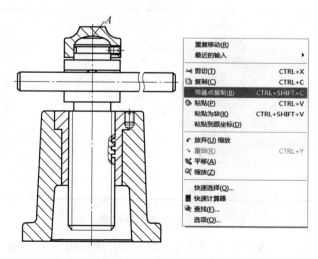

图10-44 使用"带基点复制"选项复制

(3) 切换到图形"顶垫.dwg",在绘图窗口中右击,弹出快捷菜单,选择"粘贴"选项,结果如图 10-45 所示。

(4) 对顶垫零件图进行必要的编辑,结果如图 10-46 所示。

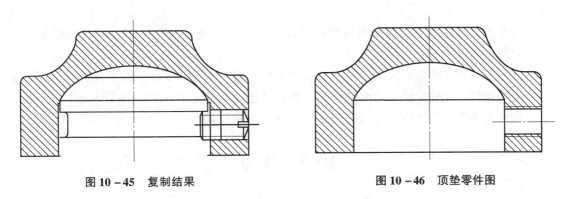

图 10-45 复制结果　　　　　　图 10-46 顶垫零件图

10.4 任务评价与总结

10.4.1 任务评价

本任务教学与实施的目的是通过装配图的识读和作图训练,使学生掌握装配图的常用表达方法、视图选择、尺寸标注,以及装配图中的零(部)件的编排方法和读装配图的方法等。

本任务实施结果的评价主要从装配图基本规定的掌握、装配图的绘制、装配图的识读、由装配图拆画零件图、用 AutoCAD 由零件图组合装配图和由装配图拆画零件图的正确与熟练程度几个方面进行。评价方式采用工作过程考核评价和作业质量考核评价。任务实施评价项目如表 10-1 所示。

表 10-1 任务实施评价项目

序号	评价项目	配分权重	实得分
1	掌握装配图基本规定的正确与熟练程度	35%	
2	绘制装配图的正确与熟练程度	10%	
3	识读装配图的正确与熟练程度	20%	
4	由装配图拆画零件图的正确与熟练程度	15%	
5	用 AutoCAD 由零件图组合装配图和由装配图拆画零件图的正确与熟练程度	20%	

10.4.2 任务总结

表达装配体的方法和表达零件的方法基本相同,各种视图、剖视图及剖面图的表达方法均可采用,但装配图主要表达装配体的工作原理、各组成零(部)件之间的连接关系和装配关系，以及有关装配与检验方面的技术要求。装配图中的每个零（部）件均必须编写序号并填写相应的明细栏。

在装配图中，只要求标注与装配体有关的性能、配合、装配、安装、总体尺寸及设计时确定的重要尺寸。

读装配图时应将图中所表达的装配体的性能、工作原理及各零（部）件之间的相互关系看懂，想象出每个零件的结构形状。

本任务的重点是在装配图中如何表达装配体的作用，内容和零件的编排方法以及它与零件图在视图选择、尺寸标注等方面的区别。难点是通过读装配图，掌握装配体的工作性能和原理，进而想象出各组成零件之间的关系和零件的结构形状。

10.5 练习

1. 装配图的作用是什么？它包括哪些内容？
2. 装配图有哪些特殊的表达方法？
3. 在装配图中，为什么要给每个零（部）件编序号？编序号时应遵循什么原则？
4. 如何读装配图？
5. 若已用 AutoCAD 绘制了机器或部件的所有零件图，当需要一张完整的装配图时，可如何利用零件图拼画装配图？

附 录

附表1　普通螺纹直径与螺距、基本尺寸（GB/T 193—2003 和 GB/T 196—2003）

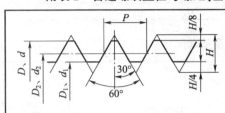

标记示例

公称直径24 mm，螺距3 mm，右旋粗牙普通螺纹，其标记为：M24

公称直径24 mm，螺距1.5 mm，左旋细牙普通螺纹，公差带代号7H，其标记为：M24×1.5 - LH

mm

公称直径 D、d		螺距 P		粗牙小径 D_1、d_1	公称直径 D、d		螺距 P		粗牙小径 D_1、d_1
第一系列	第二系列	粗牙	细牙		第一系列	第二系列	粗牙	细牙	
3		0.5	0.35	2.459	16		2	1.5,1	13.835
4		0.7	0.5	3.242		18	2.5	2,1.5,1	15.294
5		0.8		4.134	20				17.294
6		1	0.75	4.917		22			19.294
8		1.25	1,0.75	6.647	24		3	2,1.5,1	20.752
10		1.5	1.25,1,0.75	8.376	30		3.5	(3),2,1.5,1	26.211
12		1.75	1.25,1	10.106	36		4	3,2,1.5	31.670
	14	2	1.5,1.25*,1	11.835		39			34.670

注：应优先选用第一系列，括号内尺寸尽可能不用，带 * 号仅用于火花塞。

附表2　梯形螺纹直径与螺距系列、基本尺寸

（GB/T 5796.2—2005、GB/T 5796.3—2005、GB/T 5796.4—2005）

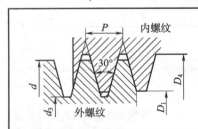

标记示例

公称直径28 mm，螺距5 mm，中径公差带代号为7H的单线右旋梯形内螺纹，其标记为：Tr28×5 - 7H

公称直径28 mm，导程10 mm，螺距5 mm，中径公差带代号为8e的双线左旋梯形外螺纹，其标记为：Tr28×10(P5)LH - 8e

内外螺纹旋合所组成的螺纹副的标记为：Tr24×8 - 7H/8e

mm

公称直径 d		螺距 P	大径 D_4	小径		公称直径 d		螺距 P	大径 D_4	小径	
第一系列	第二系列			d_3	D_1	第一系列	第二系列			d_3	D_1
16		2	16.50	13.50	14.00	24		3	24.50	20.50	21.00
		4		11.50	12.00			5		18.50	19.00
	18	2	18.50	15.50	16.00			8	25.00	15.00	16.00
		4		13.50	16.00		26	3	26.50	22.50	23.00
20		2	20.50	17.50	18.00			5		20.50	21.00
		4		15.50	16.00			8	27.00	17.00	18.00

续表

公称直径 d		螺距 P	大径 D_4	小径		公称直径 d		螺距 P	大径 D_4	小径	
第一系列	第二系列			d_3	D_1	第一系列	第二系列			d_3	D_1
	22	3	22.50	18.50	19.00	28		3	28.50	24.50	25.00
		5		16.50	17.00			5		22.50	23.00
		8	23.00	13.00	14.00			8	29.00	19.00	20.00

注:螺纹公差带代号:外螺纹有9c、8c、8e、7e;内螺纹有9H、8H、7H。

附表3 管螺纹尺寸代号及基本尺寸

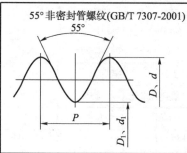

55°非密封管螺纹(GB/T 7307-2001)

标记示例
尺寸代号为1/2的A级右旋外螺纹的标记为:G1/2A
尺寸代号为1/2的B级左旋外螺纹的标记为:G1/2B-LH
尺寸代号为1/2的右旋内螺纹的标记为:G1/2

尺寸代号	每25.4mm内的牙数 n	螺距 P/mm	大径 D = d/mm	小径 $D_1 = d_1$/mm	基准距离/mm
1/4	19	1.337	13.157	11.445	6.0
3/8	19	1.337	16.662	14.950	6.4
1/2	14	1.814	20.955	18.631	8.2
3/4	14	1.814	26.441	24.117	9.5
1	11	2.309	33.249	30.291	10.4
1 1/4	11	2.309	41.910	38.952	12.7
1 1/2	11	2.309	47.803	44.845	12.7
2	11	2.309	59.614	56.656	15.9

附表4 六角头螺栓

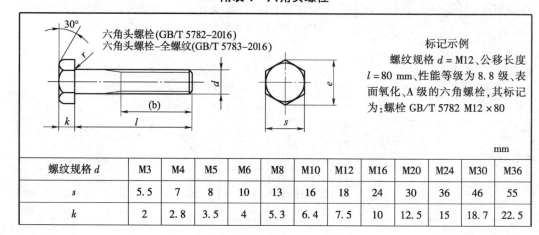

六角头螺栓(GB/T 5782-2016)
六角头螺栓—全螺纹(GB/T 5783-2016)

标记示例
螺纹规格 d = M12、公移长度 l = 80 mm、性能等级为8.8级、表面氧化、A级的六角螺栓,其标记为:螺栓 GB/T 5782 M12×80

mm

螺纹规格 d	M3	M4	M5	M6	M8	M10	M12	M16	M20	M24	M30	M36
s	5.5	7	8	10	13	16	18	24	30	36	46	55
k	2	2.8	3.5	4	5.3	6.4	7.5	10	12.5	15	18.7	22.5

续表

螺纹规格 d		M3	M4	M5	M6	M8	M10	M12	M16	M20	M24	M30	M36
r		0.10	0.20	0.20	0.25	0.40	0.40	0.60	0.60	0.60	0.80	1.00	1.00
e	A	6.01	7.66	8.79	11.05	14.38	17.77	20.03	26.75	33.53	39.98	—	—
	B	5.88	7.50	8.63	10.89	14.20	17.59	19.85	26.17	32.95	39.55	50.85	51.11
(b) GB/T 5782	$l \leq 125$	12	14	16	18	22	26	30	38	46	54	66	—
	$125 < l \leq 200$	18	20	22	24	28	32	36	44	52	60	72	84
	$l > 200$	31	33	35	37	41	45	49	57	65	73	85	97
l 范围 (GB/T 5782)		20~30	25~40	25~50	30~60	40~80	45~100	50~120	65~160	80~200	90~240	110~300	140~360
l 范围 (GB/T 5782)		6~30	8~40	10~50	12~60	16~80	20~100	25~120	30~150	40~150	50~150	60~200	70~200
l 系列		6,8,10,12,16,20,25,30,35,40,45,50,55,60,65,70,80,90,100,110,120,130, 140,150,160,180,200,220,240,260,280,300,320,340,360,380,400,420,440,460, 480,500											

附表5 双头螺柱

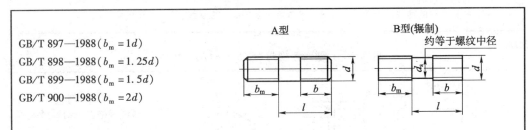

GB/T 897—1988 ($b_m = 1d$)
GB/T 898—1988 ($b_m = 1.25d$)
GB/T 899—1988 ($b_m = 1.5d$)
GB/T 900—1988 ($b_m = 2d$)

标记示例

两端均为粗牙普通螺纹,$d = 10$ mm、$l = 50$ mm、性能等级为4.8级、不经表面处理、B 型、$b_m = 1d$ 的双头螺柱,其标记为:　　　　　　　　螺柱　GB/T897　M10×50

若为 A 型,则标记为:　　　　　　　　螺柱　GB/T897　AM10×50

双头螺柱各部分尺寸　　　　　　　　　　　　　　　　　　　　　　　　mm

螺纹规格 d		M3	M4	M5	M6	M8
b_m 公称	GB/T 897—1988			5	6	8
	GB/T 898—1988			6	8	10
	GB/T 899—1988	4.5	6.0	8.0	10.0	12.0
	GB/T 900—1988	6	8	10	12	16
$\dfrac{l}{b}$		$\dfrac{16\sim20}{6}$ $\dfrac{(22)\sim40}{12}$	$\dfrac{16\sim(22)}{8}$ $\dfrac{25\sim40}{14}$	$\dfrac{16\sim(22)}{10}$ $\dfrac{25\sim50}{16}$	$\dfrac{20\sim(22)}{10}$ $\dfrac{25\sim30}{14}$ $\dfrac{(32)\sim(75)}{18}$	$\dfrac{20\sim(22)}{12}$ $\dfrac{25\sim30}{16}$ $\dfrac{(32)\sim90}{22}$

续表

螺纹规格 d		M10	M12	M16	M20	M24
b_m 公称	GB/T 897—1988	10	12	16	20	24
	GB/T 898—1988	12	15	20	25	30
	GB/T 899—1988	15	18	24	30	36
	GB/T 900—1988	20	24	32	40	48
$\dfrac{l}{b}$		$\dfrac{23\sim(28)}{14}$ $\dfrac{30\sim(38)}{16}$ $\dfrac{40\sim120}{26}$ $\dfrac{130}{32}$	$\dfrac{25\sim30}{16}$ $\dfrac{(32)\sim40}{20}$ $\dfrac{45\sim120}{30}$ $\dfrac{130\sim180}{36}$	$\dfrac{23\sim(38)}{20}$ $\dfrac{40\sim(55)}{30}$ $\dfrac{60\sim120}{38}$ $\dfrac{130\sim220}{44}$	$\dfrac{35\sim40}{25}$ $\dfrac{(45)\sim(65)}{35}$ $\dfrac{70\sim120}{46}$ $\dfrac{130\sim200}{52}$	$\dfrac{45\sim50}{30}$ $\dfrac{(55)\sim(75)}{45}$ $\dfrac{80\sim120}{54}$ $\dfrac{130\sim200}{60}$

注:1. GB/T 897—1988 和 GB/T 898—1988 规定螺柱的螺纹规格 d = M5 ~ M48,公称长度 l = 16 ~ 300 mm;GB/T 899—1988 和 GB/T 900—1988 规定螺柱的螺纹规格 d = M2 ~ M48,公称长度 l = 12 ~ 300 mm。
2. 螺柱公称长度 l(系列):12,(14),16,(18),20,(22),25,(28),30,(32),35,(38),40,45,50,(55),60,(65),70,(75),80,(85),90,(95),100 ~ 260(10 进位),280,300 mm,尽可能不采用括号内的数值。
3. 材料为钢的螺柱性能等级有 4.8、5.8、6.8、8.8、10.9、12.9 级,其中 4.8 级为常用。

附表6 1型六角螺母(GB/T 6170—2015)

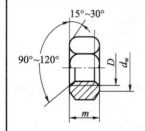 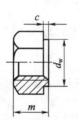 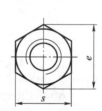

标记示例

螺纹规格 D = M12、性能等级为 8 级、不经表面处理、产品等级为 A 级的 1 型六角螺母,其标记为:

螺母 GB/T 6170 M12

mm

螺纹规格 d		M3	M4	M5	M6	M8	M10	M12	M16	M20	M24	M30	M36
e	min	6.01	7.66	8.79	11.05	14.38	17.77	20.03	26.75	32.95	39.55	50.85	60.79
s	max	5.5	7	8	10	13	16	18	24	30	36	46	55
	min	5.32	6.78	7.78	9.78	12.73	15.73	17.73	23.67	29.16	35	45	53.8
c	max	0.4	0.4	0.5	0.5	0.6	0.6	0.6	0.8	0.8	0.8	0.8	0.8
d_w	max	4.6	5.9	6.9	8.9	11.6	14.6	16.6	22.5	27.7	33.2	42.7	51.1
	min	3.45	4.6	5.75	6.75	8.75	10.8	13	17.3	21.6	25.9	32.4	38.9
m	max	2.4	3.2	4.7	5.2	6.8	8.4	10.8	14.8	18	21.5	25.6	31
	min	2.15	2.9	4.4	4.9	6.44	8.04	10.37	14.1	16.9	20.2	24.3	29.4

附表7 平垫圈 A级(GB/T 97.1—2002)、平垫圈 倒角型 A级(GB/T 97.2—2002)

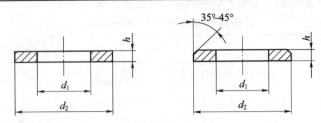

标记示例

标准系列,公称规格8 mm,由钢制造的硬度等级为200HV级、不经表面处理、产品等级为A级的平垫圈,其标记为:垫圈 GB/T 97.1 8

mm

公称规格 (螺纹大径 d)	2	2.5	3	4	5	6	8	10	12	14	16	20	24	30
内径 d_1	2.2	2.7	3.2	4.3	5.3	6.4	8.4	10.5	13.0	15.0	17.0	21.0	25.0	31.0
外径 d_2	5	6	7	9	10	12	16	20	24	28	30	37	44	56
厚度 h	0.3	0.5	0.5	0.8	1.0	1.6	1.6	2.0	2.5	2.5	3.0	3.0	4.0	4.0

附表8 标准型弹簧垫圈(GB/T 93—1987)、轻型弹簧垫圈(GB/T 859—1987)

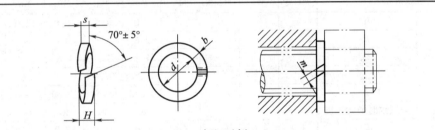

标记示例

公称直径16 mm、材料为65Mn、表面氧化的标准型弹簧垫圈,其标记为:
垫圈 GB/T 93 16

mm

规格(螺纹大径)		2	2.5	3	4	5	6	8	10	12	16	20	24	30	36	42	48
d		2.1	2.6	3.1	4.1	5.1	6.2	8.2	10.2	12.3	16.3	20.5	24.5	30.5	36.6	42.6	49.0
H	GB/T 93—1987	1.2	1.6	2.0	2.4	3.2	4.0	5.0	6.0	7.0	8.0	10.0	12.0	13.0	14.0	16.0	18.0
	GB/T 859—1987	1	1.2	1.6	1.6	2.0	2.4	3.2	4.0	5.0	6.4	8.0	9.6	12.0			
$S(b)$	GB/T 93—1987	0.6	0.8	1.0	1.2	1.6	2.0	2.5	3.0	3.5	4.0	5.0	6.0	6.5	7.0	8.0	9.0
S	GB/T 859—1987	0.5	0.6	0.8	0.8	1.0	1.2	1.6	2.0	2.5	3.2	4.0	4.8	6.0			
$m\leqslant$	GB/T 93—1987	0.4	0.5	0.6	0.8	1.0	1.2	1.5	1.7	2.0	2.5	3.0	3.2	3.5	4.0	4.5	
	GB/T 859—1987	0.3	0.4		0.5	0.6	0.8	1.0	1.2	1.6	2.0	2.4	3.0				
b	GB/T 859—1987	0.8	1.0		1.2		1.6	2.0	2.5	3.5	4.5	5.5	6.5	8.0			

附表9 开槽螺钉
开槽圆柱头螺钉(GB/T 65—2016)、开槽沉头螺钉(GB/T 68—2016)、开槽盘头螺钉(GB/T 67—2016)

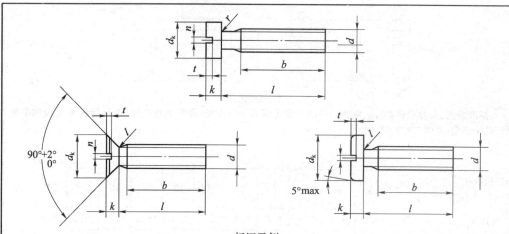

标记示例

螺纹规格 d = M5、公称长度 l = 20 mm、性能等级为 4.8 级、不经表面处理的 A 级开槽圆柱头螺钉,其标记为:螺钉 GB/T 65 M5×20

mm

	螺纹规格 d	M1.6	M2	M2.5	M3	M4	M5	M6	M8	M10
GB/T 65—2016	d_k					7.0	8.5	10.0	13.0	16.0
	k					2.6	3.3	3.9	5.0	6.0
	t_{min}					1.1	1.3	1.6	2.0	2.4
	r_{min}					0.20	0.20	0.25	0.40	0.40
	l					5~40	6~50	8~60	10~80	12~80
	全螺纹时最大长度					40	40	40	40	40
GB/T 67—2016	d_k	3.2	4.0	5.0	5.6	8.0	9.5	12.0	16.0	23.0
	k	1.0	1.3	1.5	1.8	2.4	3.0	3.6	4.8	6.0
	t_{min}	0.35	0.50	0.60	0.70	1.00	1.20	1.40	1.90	2.40
	r_{min}	0.10	0.10	0.10	0.10	0.20	0.20	0.25	0.40	0.40
	l	2~16	2.5~20	3~25	4~30	5~40	6~50	8~60	10~80	12~80
	全螺纹时最大长度	30	30	30	30	40	40	40	40	40
GB/T 68—2016	d_k	3.0	3.8	4.7	5.5	8.4	9.3	11.3	15.8	18.5
	k	1.00	1.20	1.50	1.65	2.70	2.70	3.30	4.65	5.00
	t_{min}	0.32	0.40	0.50	0.60	1.00	1.10	1.20	1.80	2.00
	r_{min}	0.4	0.5	0.6	0.8	1	1.3	1.5	2.0	2.5
	l	2.5~16	3~20	4~25	5~30	6~40	8~50	8~60	10~80	12~80
	全螺纹时最大长度	30	30	30	30	45	45	45	45	45
	n	0.4	0.5	0.6	0.8	1.2	1.2	1.6	2.0	2.5
	b_{min}			25				38		
	l 系列	2、2.5、3、4、5、6、8、10、12、(14)、16、20、25、30、35、40、45、50、(55)、60、(65)70、(75)、80								

附表10 圆柱销 不淬硬钢和奥氏体不锈钢(GB/T 119.1—2000)、圆柱销 淬硬钢和马氏体不锈钢(GB/T 119.2—2000)

标记示例

公称直径 d = 6 mm、公差 m6、公称长度 l = 30 mm、材料为钢、不经淬火、不经表面处理的圆柱销,其标记为:

销 GB/T 119.1 6m6×30

公称直径 d = 6 mm、公称长度 l = 30 mm、材料为钢、普通淬火(A型)、表面氧化处理的圆柱销,其标记为:

销 GB/T 119.2 6×30

公称直径 d		3	4	5	6	8	10	12	16	20	25	30	40	50
c≈		0.50	0.63	0.80	1.20	1.60	2.00	2.50	3.00	3.50	4.00	5.00	6.30	8.00
公称长度 l	GB/T 119.1	8~30	8~40	10~50	12~60	14~80	18~95	22~140	26~180	35~200	50~200	60~200	80~200	95~200
	GB/T 119.2	8~30	10~40	12~50	14~60	18~80	22~100	26~100	40~100	50~100	—	—	—	—
l 系列		8,10,12,14,16,18,20,22,24,26,28,30,32,35,40,45,50,55,60,65,70,75,80,85,90,95,100,120,140,160,180,200												

注:1. GB/T 119.1—2000 规定圆柱销的公称直径 d = 0.6 ~ 50 mm,公称长度 l = 2 ~ 200 mm,公差有 m6 和 h8。
2. GB/T 119.2—2000 规定圆柱销的公称直径 d = 1 ~ 20 mm,公称长度 l = 3 ~ 100 mm,公差仅有 m6。
3. 当圆柱销公差为 h8 时,其表面粗糙度 Ra ≤ 1.6 μm。

附表11 圆锥销(GB/T 117—2000)

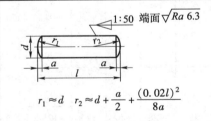

$r_1 ≈ d \quad r_2 ≈ d + \dfrac{a}{2} + \dfrac{(0.02l)^2}{8a}$

标记示例

公称直径 d = 10 mm、公称长度 l = 60 mm、材料为 35 钢、热处理硬度(28 ~ 38)HRC、表面氧化处理的 A 型圆锥销,其标记为:

销 GB/T 117 10×60

mm

公称直径 d	4	5	6	8	10	12	16	20	25	30	40	50
a≈	0.50	0.63	0.80	1.00	1.20	1.60	2.00	2.50	3.00	4.00	5.00	6.30
公称长度 l	14~55	18~60	22~90	22~120	26~160	32~180	40~200	45~200	50~200	55~200	60~200	65~200
l 系列	2,3,4,5,6,8,10,12,14,16,18,20,22,24,26,28,30,32,35,40,45,50,55,60,65,70,75,80,85,90,95,100,120,140,160,180,200											

注:1. 标准规定圆锥销的公称直径 d = 0.6 ~ 50 mm。
2. 有 A 型和 B 型。A 型为磨削,锥面表面粗糙度为 Ra0.8 μm;B 型为切削或冷镦,锥面粗糙度为 Ra3.2 μm。

附表 12　优先配合中轴的极限偏差（摘自 GB/T 1800.2—2009）

基本尺寸/mm 大于	至	C11	D9	F7	G6	H6	H7	H9	H11	K6	N6	P6	S6	U6
—	3	−60 / −120	−20 / −45	−6 / −16	−2 / −8	0 / −6	0 / −10	0 / −25	0 / −60	+6 / 0	+10 / +4	+12 / +6	+20 / +14	+24 / +18
3	6	−70 / −145	−30 / −60	−10 / −22	−4 / −12	0 / −8	0 / −12	0 / −30	0 / −75	+9 / +1	+16 / +8	+20 / +12	+27 / +19	+31 / +23
6	10	−80 / −170	−40 / −76	−13 / −28	−5 / −14	0 / −9	0 / −15	0 / −36	0 / −90	+10 / +1	+19 / +10	+24 / +15	+32 / +23	+37 / +28
10	14	−95 / −205	−50 / −93	−16 / −34	−6 / −17	0 / −11	0 / −18	0 / −43	0 / −110	+12 / +1	+23 / +12	+29 / +18	+39 / +28	+44 / +33
14	18	−95 / −205	−50 / −93	−16 / −34	−6 / −17	0 / −11	0 / −18	0 / −43	0 / −110	+12 / +1	+23 / +12	+29 / +18	+39 / +28	+44 / +33
18	24	−110 / −240	−65 / −117	−20 / −41	−7 / −20	0 / −13	0 / −21	0 / −52	0 / −130	+15 / +2	+28 / +15	+35 / +22	+48 / +35	+54 / +41
24	30	−110 / −240	−65 / −117	−20 / −41	−7 / −20	0 / −13	0 / −21	0 / −52	0 / −130	+15 / +2	+28 / +15	+35 / +22	+48 / +35	+61 / +48
30	40	−120 / −280	−80 / −142	−25 / −50	−9 / −25	0 / −16	0 / −25	0 / −62	0 / −160	+18 / +2	+33 / +17	+42 / +26	+59 / +43	+76 / +60
40	50	−130 / −290	−80 / −142	−25 / −50	−9 / −25	0 / −16	0 / −25	0 / −62	0 / −160	+18 / +2	+33 / +17	+42 / +26	+59 / +43	+86 / +70
50	65	−140 / −330	−100 / −174	−30 / −60	−10 / −29	0 / −19	0 / −30	0 / −74	0 / −190	+21 / +2	+39 / +20	+51 / +32	+72 / +53	+106 / +87
65	80	−150 / −340	−100 / −174	−30 / −60	−10 / −29	0 / −19	0 / −30	0 / −74	0 / −190	+21 / +2	+39 / +20	+51 / +32	+78 / +59	+121 / +102
80	100	−170 / −390	−120 / −207	−36 / −71	−12 / −34	0 / −22	0 / −35	0 / −87	0 / −220	+25 / +3	+45 / +23	+59 / +37	+93 / +71	+146 / +124
100	120	−180 / −400	−120 / −207	−36 / −71	−12 / −34	0 / −22	0 / −35	0 / −87	0 / −220	+25 / +3	+45 / +23	+59 / +37	+101 / +79	+166 / +144
120	140	−200 / −450	−145 / −245	−43 / −83	−14 / −39	0 / −25	0 / −40	0 / −100	0 / −250	+28 / +3	+52 / +27	+68 / +43	+117 / +92	+195 / +170
140	160	−210 / −460	−145 / −245	−43 / −83	−14 / −39	0 / −25	0 / −40	0 / −100	0 / −250	+28 / +3	+52 / +27	+68 / +43	+125 / +100	+215 / +190
160	180	−230 / −480	−145 / −245	−43 / −83	−14 / −39	0 / −25	0 / −40	0 / −100	0 / −250	+28 / +3	+52 / +27	+68 / +43	+133 / +108	+235 / +210
180	200	−240 / −530	−170 / −285	−50 / −96	−15 / −44	0 / −29	0 / −46	0 / −115	0 / −290	+33 / +4	+60 / +31	+79 / +50	+151 / +122	+265 / +236
200	225	−260 / −550	−170 / −285	−50 / −96	−15 / −44	0 / −29	0 / −46	0 / −115	0 / −290	+33 / +4	+60 / +31	+79 / +50	+159 / +130	+287 / +258
225	250	−280 / −570	−170 / −285	−50 / −96	−15 / −44	0 / −29	0 / −46	0 / −115	0 / −290	+33 / +4	+60 / +31	+79 / +50	+169 / +140	+313 / +284

续表

基本尺寸/mm		公差带											
		C	D	F	G	H				K	N	P	S	U
大于	至	11	9	7	6	6	7	9	11	6	6	6	6	6
250	280	-300 -620	-190 -320	-55 -108	-17 -49	0 -32	0 -52	0 -130	0 -320	+36 +4	+66 +34	+88 +56	+190 +158	+347 +315
280	315	-330 -650											+202 +170	+382 +350
315	355	-360 -720	-210 -350	-62 -119	-18 -54	0 -36	0 -57	0 -140	0 -360	+40 +4	+73 +37	+98 +62	+226 +190	+426 +390
355	400	-400 -760											+244 +208	+471 +435
400	450	-440 -840	-230 -385	-68 -131	-20 -60	0 -40	0 -63	0 -155	0 -400	+45 +5	+80 +40	+108 +68	+272 +232	+530 +490
450	500	-480 -880											+292 +252	+580 +540

附表 13　优先配合中孔的极限偏差（摘自 GB/T 1800.2—2009）

基本尺寸/mm		公差带											
		C	D	F	G	H				K	N	P	S	U
大于	至	11	9	8	7	7	8	9	11	7	7	7	7	7
—	3	+120 +60	+45 +20	+20 +6	+12 +2	+10 0	+14 0	+25 0	+60 0	0 -10	-4 -14	-6 -16	-14 -24	-18 -28
3	6	+145 +70	+60 +30	+28 +10	+16 +4	+12 0	+18 0	+30 0	+75 0	+3 -9	-4 -16	-8 -20	-15 -27	-19 -31
6	10	+170 +80	+76 +40	+35 +13	+20 +5	+15 0	+22 0	+36 0	+90 0	+5 -10	-4 -19	-9 -24	-17 -32	-22 -37
10	14	+205 +95	+93 +50	+43 +16	+24 +6	+18 0	+27 0	+43 0	+110 0	+6 -12	-5 -23	-11 -29	-21 -39	-26 -44
14	18													
18	24	+240 +110	+117 +65	+53 +20	+28 +7	+21 0	+33 0	+52 0	+130 0	+6 -15	-7 -28	-14 -35	-27 -48	-33 -54
24	30													-40 -61
30	40	+280 +120	+142 +80	+64 +25	+34 +9	+25 0	+39 0	+62 0	+160 0	+7 -18	-8 -33	-17 -42	-34 -59	-51 -76
40	50	+290 +130												-61 -86
50	65	+330 +140	+174 +100	+76 +30	+40 +10	+30 0	+46 0	+74 0	+190 0	+9 -21	-9 -39	-21 -51	-42 -72	-76 -106
65	80	+340 +150											-48 -78	-91 -121

续表

基本尺寸/mm		公 差 带											
		C	D	F	G	H				K	N	P	S	U
大于	至	11	9	7	6	6	7	9	11	6	6	6	6	6
80	100	+390 +170	+207 +120	+90 +36	+47 +12	+35 0	+54 0	+87 0	+220 0	+10 -25	-10 -45	-24 -59	-58 -93	-111 -146
100	120	+400 +180											-66 -101	-131 -166
120	140	+450 +200	+245 +145	+106 +43	+54 +14	+40 0	+63 0	+100 0	+250 0	+12 -28	-12 -52	-28 -68	-77 -117	-155 -195
140	160	+460 +210											-85 -125	-175 -215
160	180	+480 +230											-93 -133	-195 -235
180	200	+530 +240	+285 +170	+122 +50	+61 +15	+46 0	+72 0	+115 0	+290 0	+13 -33	-14 -60	-33 -79	-105 -151	-219 -265
200	225	+550 +260											-113 -159	-241 -287
225	250	+570 +280											-123 -169	-267 -313
250	280	+620 +300	+320 +190	+137 +56	+69 +17	+52 0	+81 0	+130 0	+320 0	+16 -36	-14 -66	-36 -88	-138 -190	-295 -347
280	315	+650 +330											-150 -202	-330 -382
315	355	+720 +360	+350 +210	+151 +62	+75 +18	+57 0	+89 0	+140 0	+360 0	+17 -40	-16 -73	-41 -98	-169 -226	-369 -426
355	400	+760 400											-187 -244	-414 -471
400	450	+840 +440	+385 +230	+165 +68	+83 +20	+63 0	+97 0	+155 0	+400 0	+18 -45	-17 -80	-45 -108	-209 -272	-467 -530
450	500	+880 +480											-220 -292	-517 -580

附表 14 常用热处理和表面处理(GB/T 7232—2012 和 JB/T 8555—2008)

名称	有效硬化层深度和硬度标注举例	说　明	目　的
退火	退火(163～197)HBS 或退火	加热→保温→缓慢冷却	用来消除铸、锻、焊零件的内应力,降低硬度,以利切削加工,细化晶粒,改善组织,增加韧性
正火	正火(170～217)HBS 或正火	加热→保温→空气冷却	用于处理低碳钢、中碳结构钢及渗碳零件,细化晶粒,增加强度与韧性,减少内应力,改善切削性能

(续表)

名称	有效硬化层深度和硬度标注举例	说　明	目　的
淬火	淬火(42~47)HRC	加热→保温→急冷 工件加热奥氏体化后以适当方式冷却获得马氏体或(和)贝氏体的热处理工艺	提高机件强度及耐磨性。但淬火后引起内应力,使钢变脆,所以淬火后必须回火
回火	回火	回火是将淬硬的钢件加热到临界点(Ac_1)以下的某一温度,保温一段时间,然后冷却到室温	用来消除淬火后的脆性和内应力,提高钢的塑性和冲击韧性
调质	调质(200~230)HBS	淬火→高温回火	提高韧性及强度、重要的齿轮、轴及丝杠等零件需调质
感应淬火	感应淬火 DS=0.8~1.6,(48~52)HRC	用感应电流将零件表面加热→急速冷却	提高机件表面的硬度及耐磨性,而心部保持一定的韧性,使零件既耐磨又能承受冲击,常用来处理齿轮
渗碳淬火	渗碳淬火 DC=0.8~1.2,(58~63)HRC	将零件在渗碳介质中加热、保温,使碳原子渗入钢的表面后,再淬火回火渗碳深度(0.8~1.2)mm	提高机件表面的硬度、耐磨性、抗拉强度等,适用于低碳、中碳(C<0.40%)结构钢的中小型零件
渗氮	渗氮 DN=0.25~0.4,≥850HV	将零件放入氨气内加热,使氮原子渗入钢表面。氮化层(0.25~0.4)mm,氮化时间(40~50)h	提高机件的表面硬度、耐磨性、疲劳强度和抗蚀能力。适用于合金钢、碳钢、铸铁件,如机床主轴、丝杠、重要液压元件中的零件
碳氮共渗淬火	碳氮共渗淬火 DC=0.5~0.8,(58~63)HRC	钢件在含碳氮的介质中加热,使碳、氮原子同时渗入钢表面。可得到(0.5~0.8)mm 硬化层	提高表面硬度、耐磨性、疲劳强度和耐蚀性,用于要求硬度高、耐磨的中小型、薄片零件及刀具等
时效	自然时效 人工时效	机件精加工前,加热到(100~150)℃后,保温(5~20)h,空气冷却,铸件也可自然时效(露天放一年以上)	消除内应力,稳定机件形状和尺寸,常用于处理精密机件,如精密轴承、精密丝杠等
发蓝、发黑	发蓝或发黑	将零件置于氧化剂内加热氧化、使表面形成一层氧化铁保护膜	防腐蚀、美化,如用于螺纹紧固件
镀镍	镀镍	用电解方法,在钢件表面镀一层镍	防腐蚀、美化
镀铬	镀铬	用电解方法,在钢件表面镀一层铬	提高表面硬度、耐磨性和耐蚀能力,也用于修复零件上磨损了的表面
硬度	HBS(布氏硬度见 GB/T 231.1—2002) HRC(洛氏硬度见 GB/T 230—1991) HV(维氏硬度见 GB/T 4340.1—1999)	材料抵抗硬物压入其表面的能力 依测定方法不同而有布氏、洛氏、维氏等几种	检验材料经热处理后的力学性能 ——硬度 HBS 用于退火、正火、调制的零件及铸件 ——HRC 用于经淬火、回火及表面渗碳、渗氮等处理的零件 ——HV 用于薄层硬化零件

注:"JB/T"为机械工业行业标准的代号。

附表15 铁和钢

1. 灰铸铁（摘自 GB/T 9439—2010）、工程用铸钢（摘自 GB/T 11352—2009）			
牌　号	统一数字代号	使 用 举 例	说　明
HT150 HT200 HT350		中强度铸铁：底座、刀架、轴承座、端盖 高强度铸铁：床身、机座、齿轮、凸轮、联轴器、机座、箱体、支架	"HT"表示灰铸铁，后面的数字表示最小抗拉强度（MPa）
ZG230—450 ZG310—570		各种形状的机件、齿轮、飞轮、重负荷机架	"ZG"表示铸钢，第一组数字表示屈服强度（MPa）最低值，第二组数字表示抗拉强度（MPa）最低值
2. 碳素结构钢（摘自 GB/T 700—1988）、优质碳素结构钢（摘自 GB/T 699—1999）			
牌　号	统一数字代号	使 用 举 例	说　明
Q215 Q235 Q255 Q275		受力不大的螺钉、轴、凸轮、焊件等 螺栓、螺母、拉杆、钩、连杆、轴、焊件 金属构造物中的一般机件、拉杆、轴、焊件 重要的螺钉、拉杆、钩、连杆、轴、销、齿轮	"Q"表示钢的屈服点，数字为屈服点数值（MPa），同一钢号下分质量等级，用 A、B、C、D 表示质量依次下降，例如 Q235-A
30 35 40 45 65Mn	U20302 U20352 U20402 U20452 U21652	曲轴、轴销、连杆、横梁 曲轴、摇杆、拉杆、键、销、螺栓 齿轮、齿条、凸轮、曲柄轴、链轮 齿轮轴、联轴器、衬套、活塞销、链轮 大尺寸的各种扁、圆弹簧，如座板簧/弹簧发条	牌号数字表示钢中平均含碳量的万分数，例如："45"表示平均含碳量为 0.45%，数字依次增大，表示抗拉强度、硬度依次增加，延伸率依次降低。当含锰量在 0.7%～1.2% 时需注出"Mn"
3. 合金结构钢（摘自 GB/T 3077—1999）			
牌　号	统一数字代号	使 用 举 例	说　明
15Cr 40Cr 20GrMnTi	A20152 A20402 A26202	用于渗透零件、齿轮、小轴、离合器、活塞销 活塞销、凸轮。用于心部韧性较高的渗碳零件 工艺性好，汽车拖拉机的重要齿轮，供渗碳处理	符号前数字表示含碳量的万分数，符号后数字表示元素含量的百分数，当含量小于 1.5% 时，不注数字

附表16 有色金属及其合金

1. 加工黄铜（摘自 GB/T 5231—2012）、铸造铜合金（摘自 GB/T 1176—2013）		
牌号或代号	使 用 举 例	说　明
H62（代号）	散热器、垫圈、弹簧、螺钉等	"H"表示普通黄铜，数字表示铜含量的平均百分数
ZCuZn38Mn2Pb2 ZCuSn5Pb5Zn5 ZCuAl10Fe3	铸造黄铜：用于轴瓦、轴套及其他耐磨零件 铸造锡青铜：用于承受摩擦的零件，如轴承 铸造铝青铜：用于制造蜗轮、衬套和耐蚀性零件	"ZCu"表示铸造铜合金，合金中其他主要元素用化学符号表示，符号后数字表示该元素的含量平均百分数

续表

2. 铝及铝合金(摘自 GB/T 3190—2008)、铸造铝合金(摘自 GB/T 1173—2013)		
牌　号	使　用　举　例	说　明
1060 1050A 2A12 2A13	适于制作储槽、塔、热交换器、防止污染及深冷设备 适用于中等强度的零件,焊接性能好	铝及铝合金牌号用 4 位数字或字符表示,部分新旧牌号对照如下: 新　　　旧　　　新　　　旧 1060　　L2　　2A12　　LY12 1050A　 L3　　2A13　　LY13
ZAlCu5Mn (代号 ZL201) ZAlMg10 (代号 ZL301)	砂型铸造,工作温度在 175℃～300℃ 的零件,如内燃机缸头、活塞 在大气或海水中工作,承受冲击载荷,外形不太复杂的零件,如舰船配件、氨用泵体等	"ZAl"表示铸造铝合金,合金中的其他元素用化学符号表示,符号后数字表示该元素含量平均百分数。代号中的数字表示合金系列代号和顺序号

机械制图与CAD习题集

主　编：李善锋　刘德强　莫建国
副主编：孙志刚　闫　纲　赵鹤群
　　　　黄　鑫　孙学智　王瑞玲
　　　　王伟楠　朱立东
主　审：马建华　段全辉　孙秀伟

北京理工大学出版社
BEIJING INSTITUTE OF TECHNOLOGY PRESS

任务 1　认识国家标准及绘图软件

1. 字体综合练习。

字	体	工	整	笔	画	清	楚	间	隔	均	匀	排	列	整	齐	横	平	竖	直	注	意	起	落

结	构	匀	称	填	满	方	格	机	械	制	图	标	准	名	称	技	术	审	核	日	期	轴	

班级　　　　　　姓名　　　　　　学号

班级　　　　姓名　　　　学号

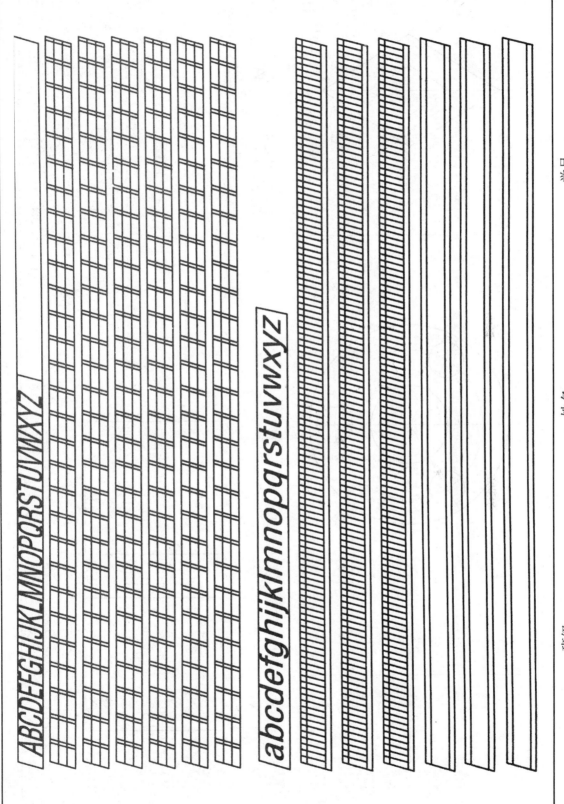

2. 图线练习。

在指定位置,照样画出或补全各种图线和图形。

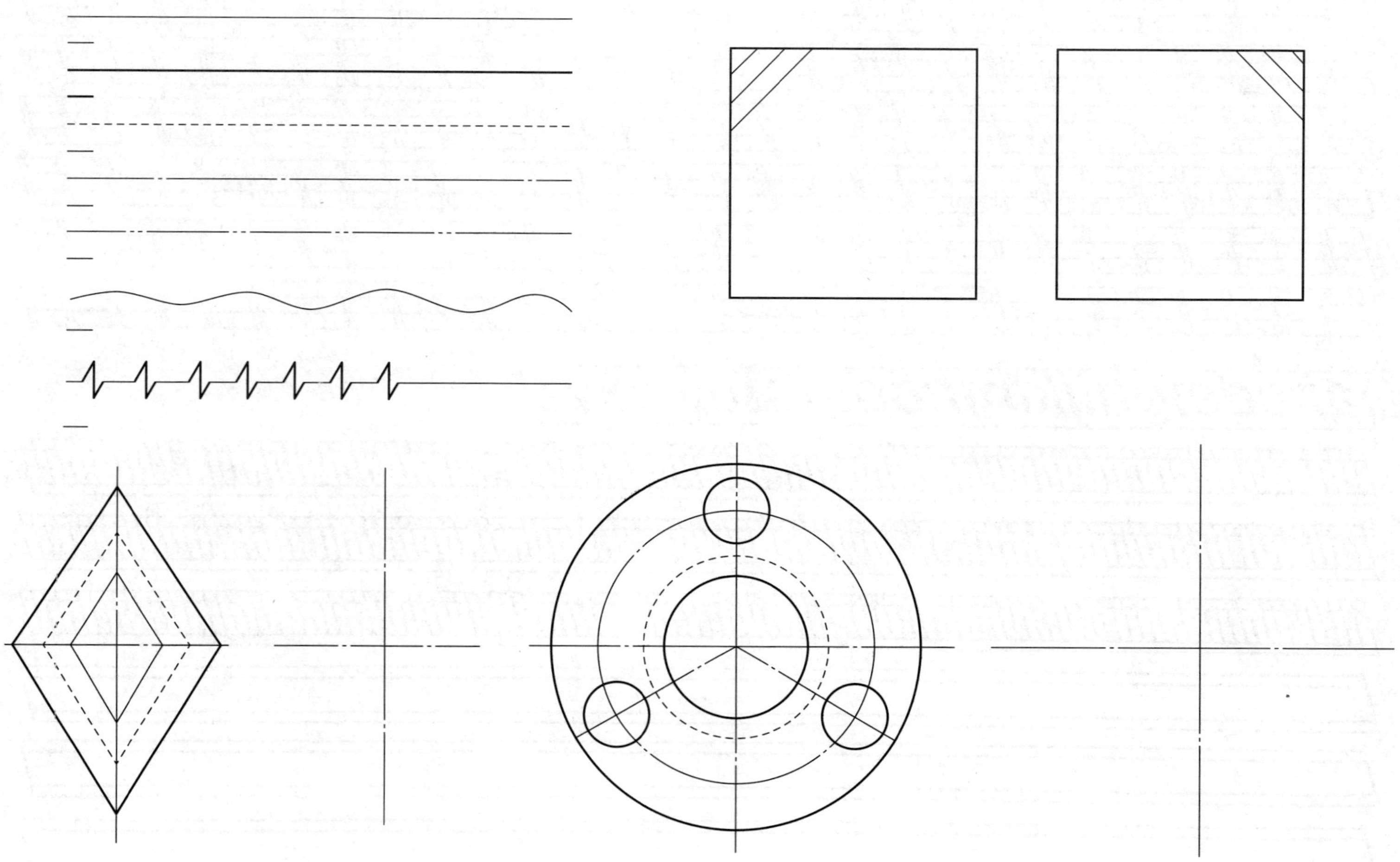

3. 尺寸标注：尺寸数字直接从图中量取并取整。

(1) 对比阅读下列两图，初学者注意避免标注尺寸时常犯的错误。

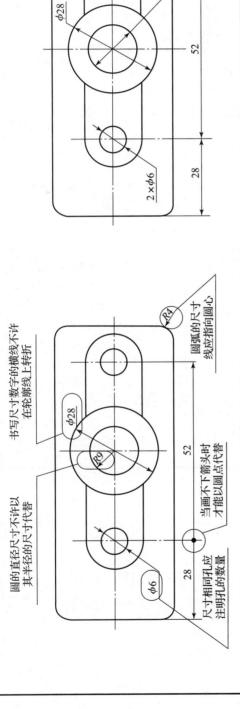

(2) 在下列图形中填写未标注的尺寸数字和补画遗漏的箭头，其数字大小和箭头形状大小以图中注出的为准。

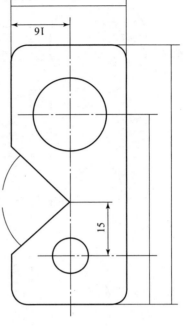

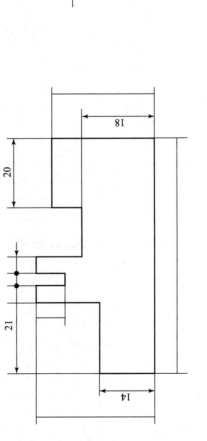

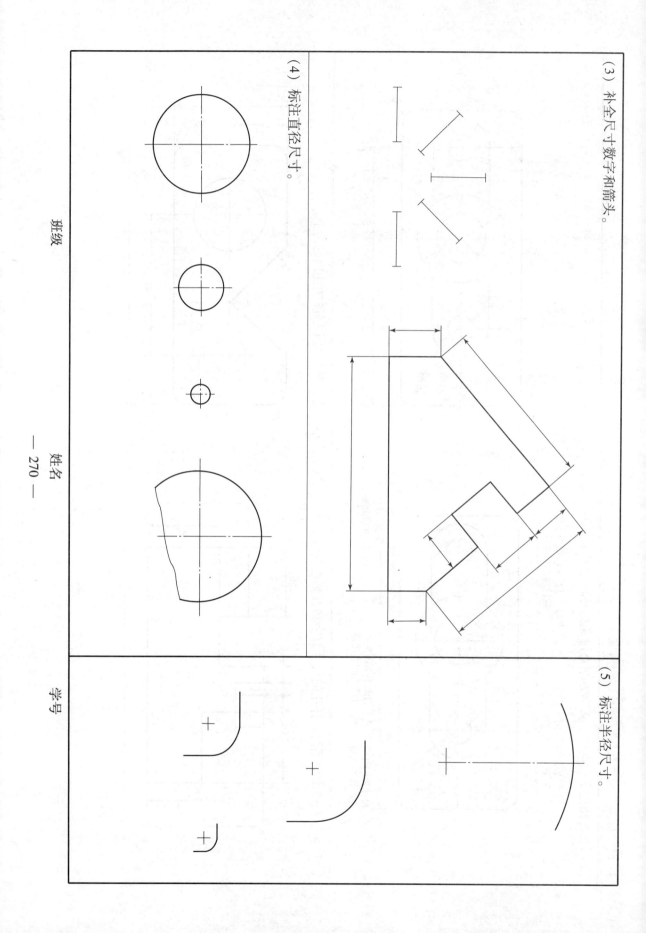

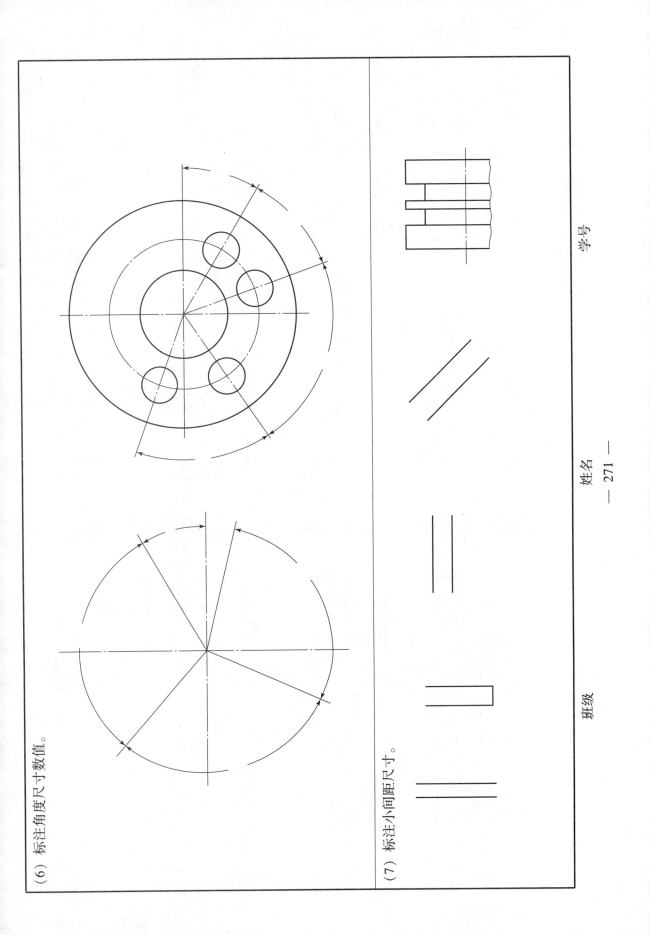

4. 用 AutoCAD 书写文字和标注尺寸。

(1) 打开附盘文件"1-1.dwg",请在图中加入段落文字,字高分别为"5"和"3.5",字体为"黑体"和"宋体"。

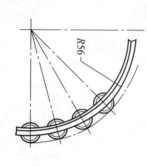

技术要求
1. 本滚轮组是推车机链条在端头的转向设备,适用的钩轨距为600 mm和500 mm两种。
2. 考虑到设备在运输中的变形等情况,承梁上的安装孔应由施工现场配作。

(2) 打开附盘文件"1-2.dwg",将见到如下方左图所示的图形。请依据下方右图标注该图形。

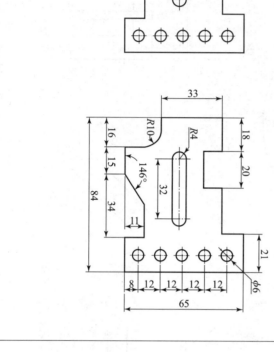

(3) 打开附盘文件"1-3.dwg",请依据下图标注该图形。

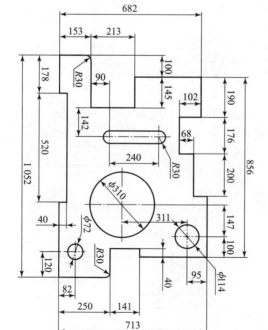

任务 2　绘制平面图形

1. 等分、斜度与锥度练习。

(1) 用比例法将线段 AB 作五等分。

(2) 作圆内接正五边形。

(3) 作圆内接正六边形。

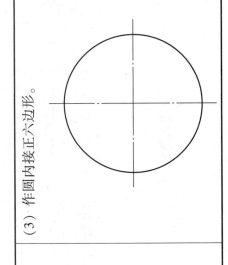

(4) 按下方图形和尺寸，用 1∶1 比例在指定位置抄画图形并标注尺寸。

① 斜度

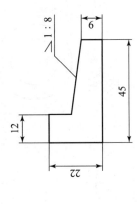

② 锥度

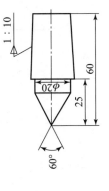

班级　　　　　　姓名　　　　　　学号

2. 圆弧连接：按比例完成图形连接，标出连接弧圆心和切点。

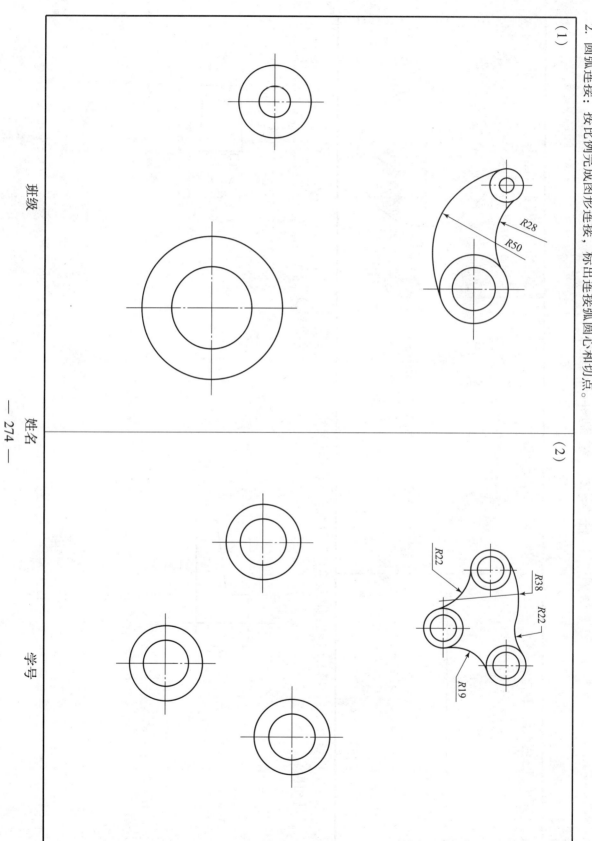

3. 选择适当的比例抄画平面图形，并标注尺寸。

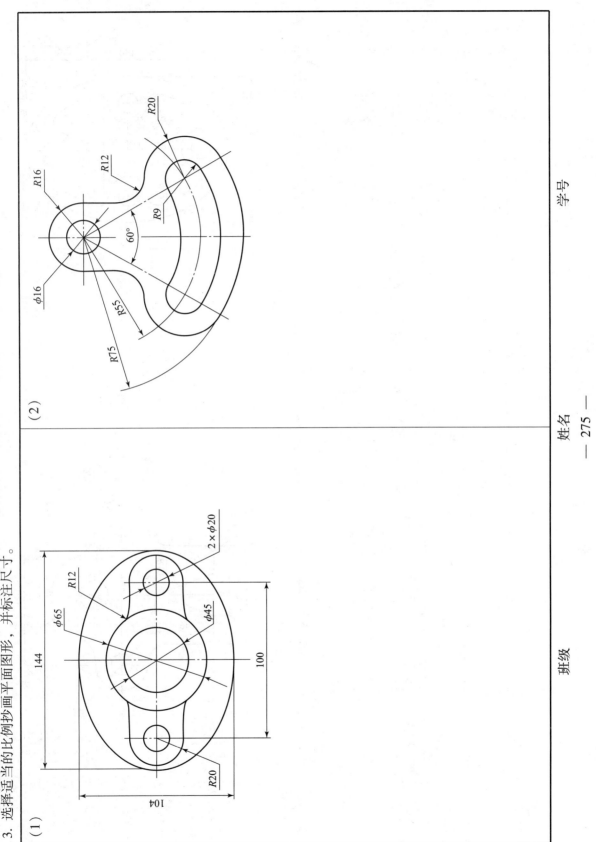

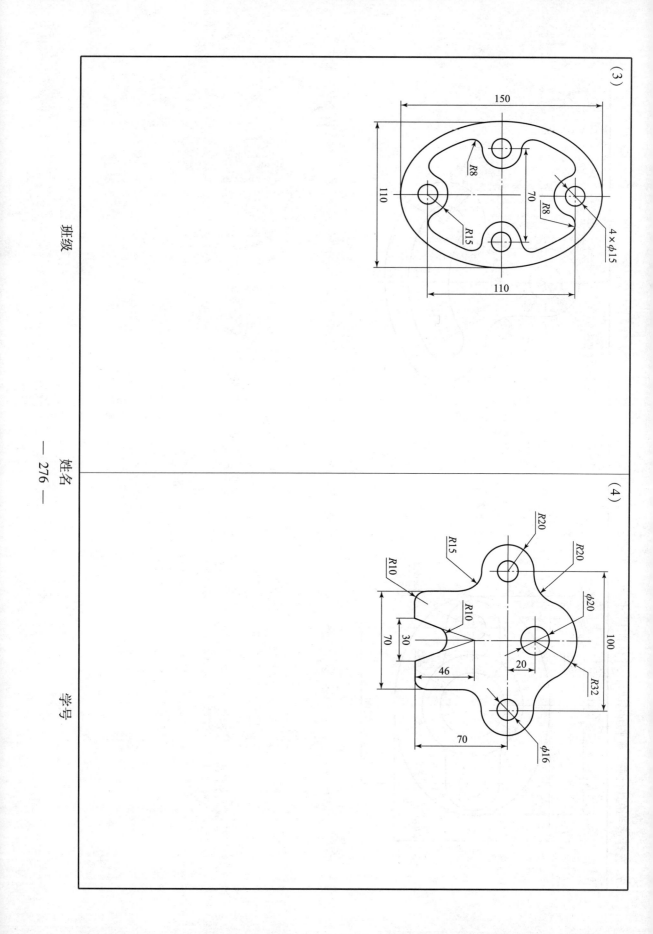

4. 用 AutoCAD 绘制平面图形。

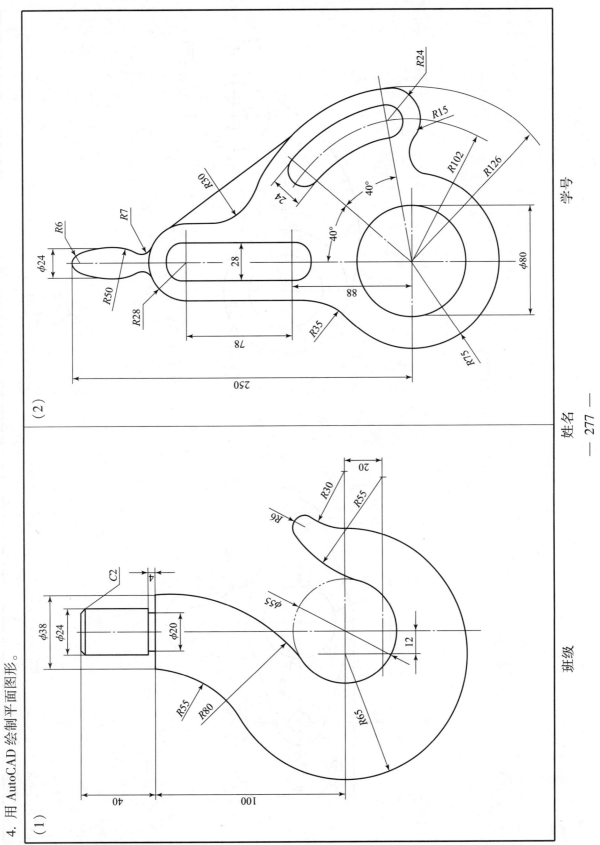

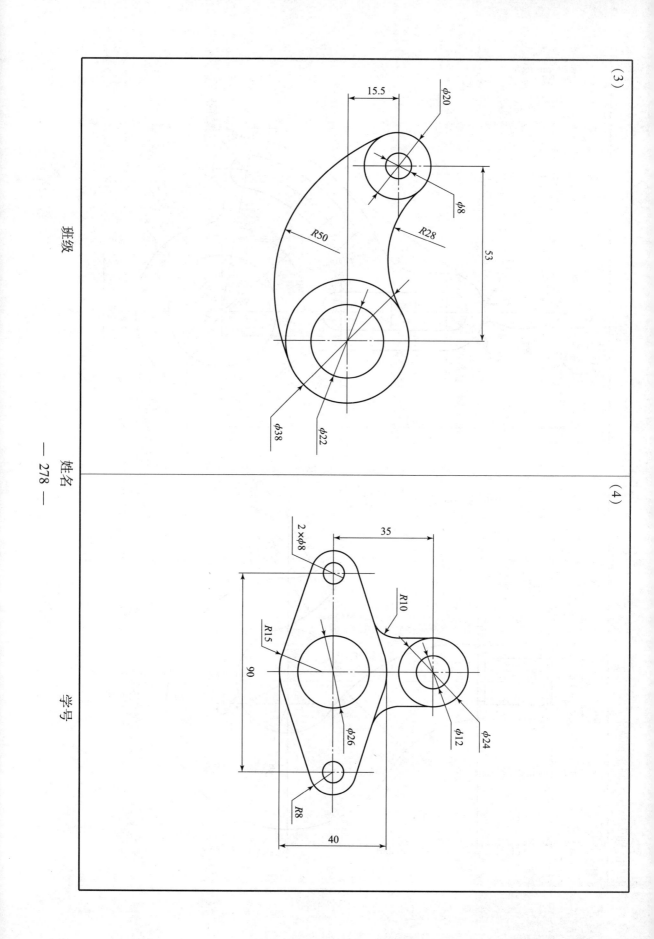

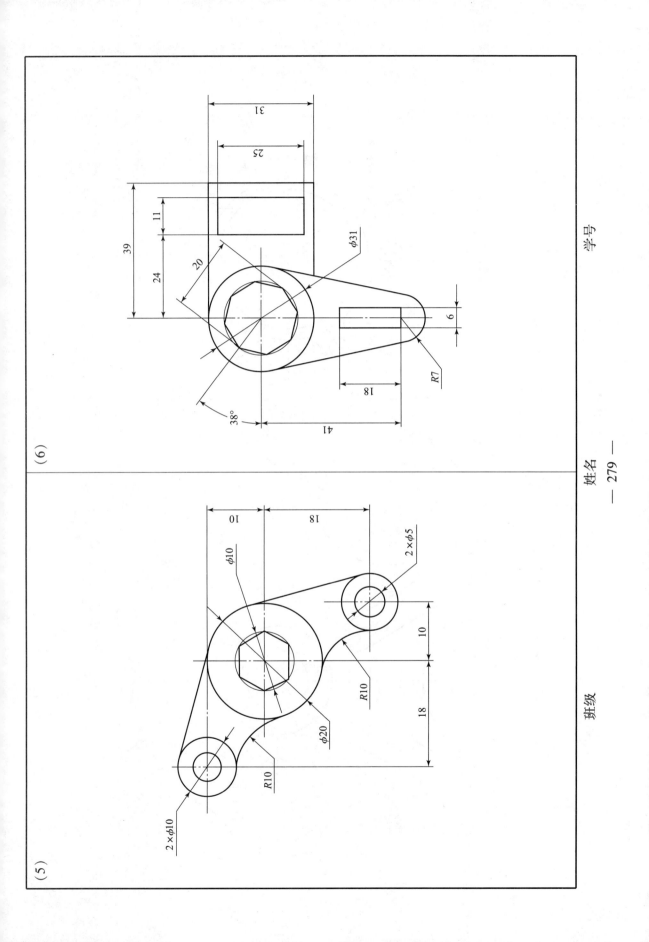

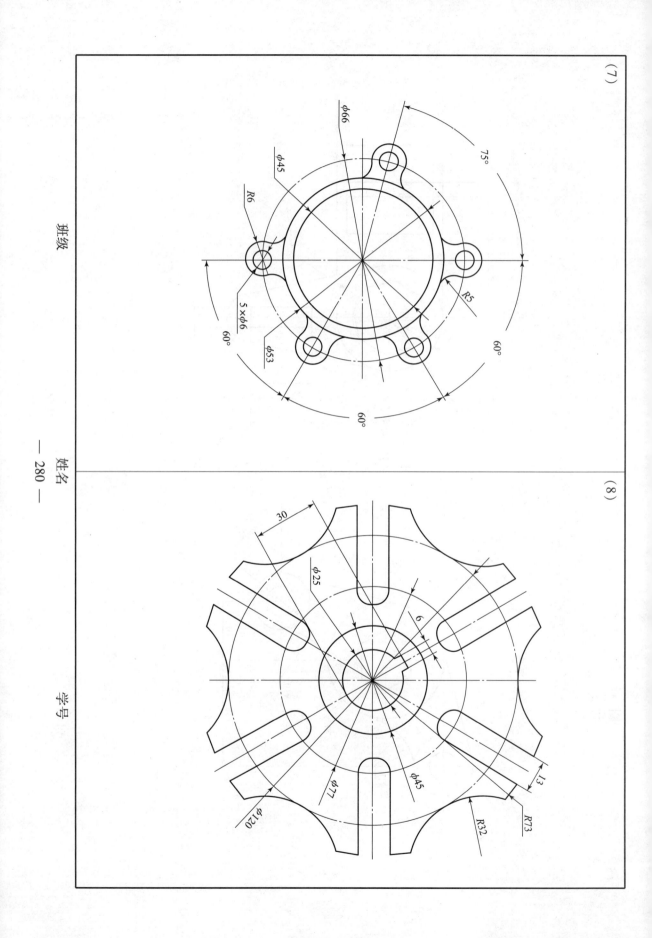

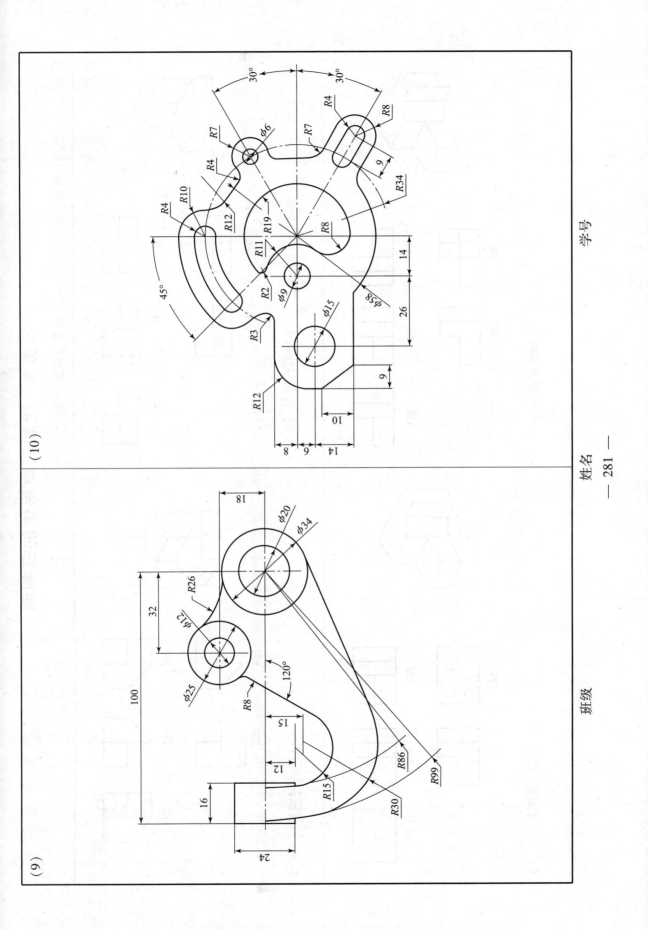

任务 3 绘制简单形体的三视图

1. 三视图：看懂立体图，选择箭头所指方向看去呈现的视图。

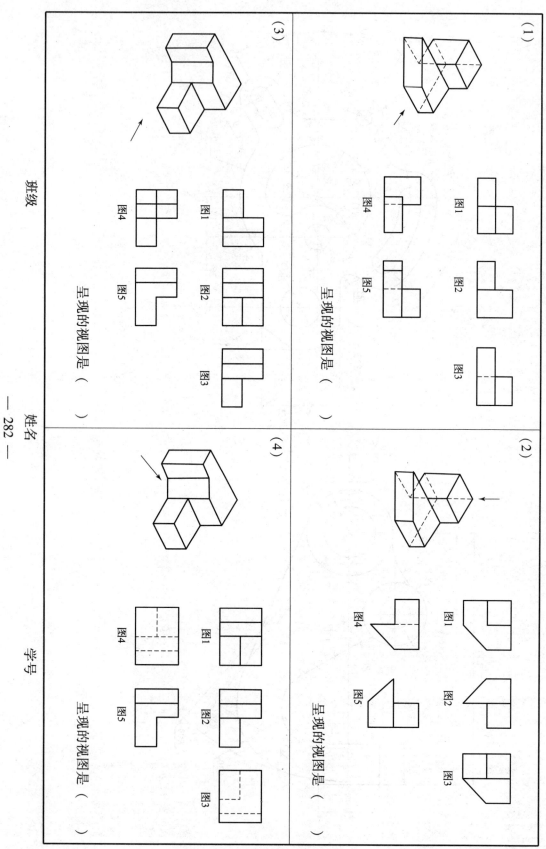

(1) 呈现的视图是（　　）

(2) 呈现的视图是（　　）

(3) 呈现的视图是（　　）

(4) 呈现的视图是（　　）

2. 点的投影：已知点的两面投影，求作第三面投影。

(1)

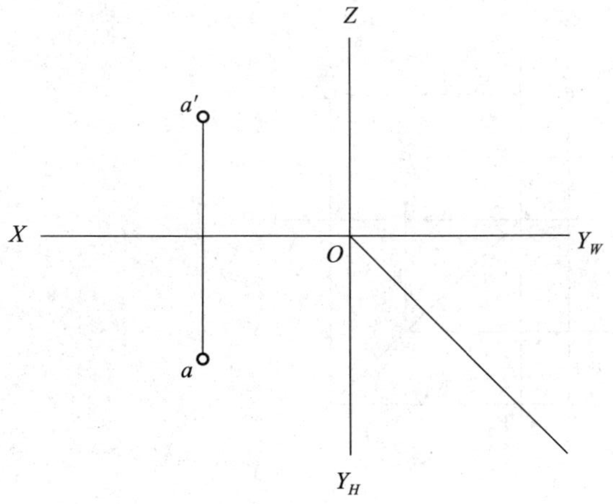

(2)

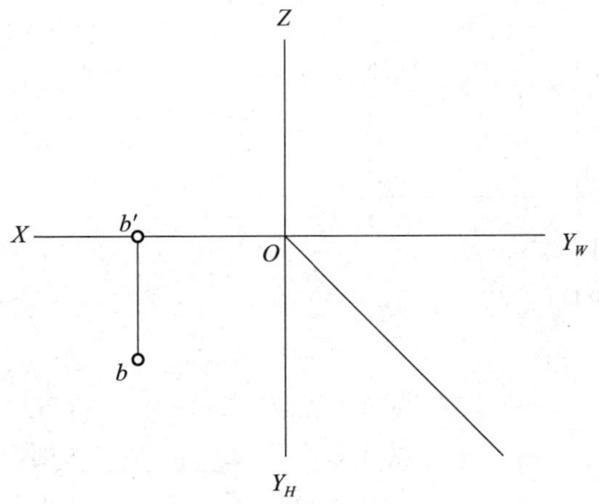

(3)

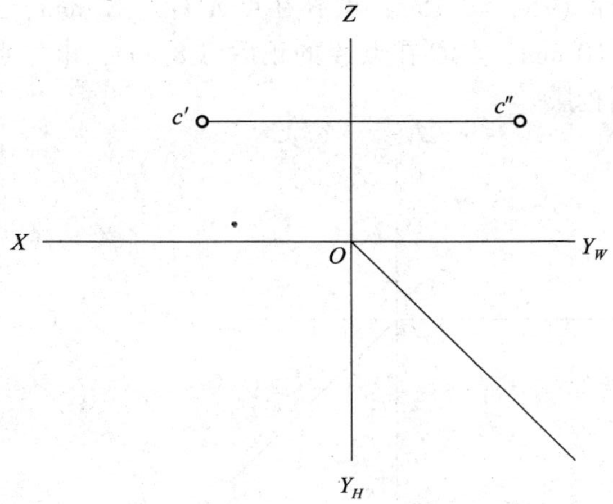

(4)

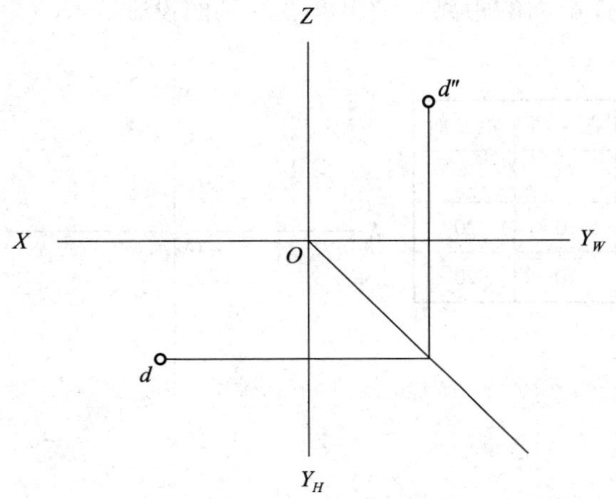

班级　　姓名　　学号

3. 点的投影。

(1) 已知点的两面投影,求作第三面投影,并填空说明点的位置。

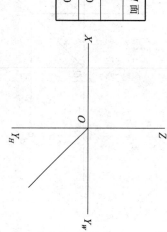

(2) 已知 A, B 两点的投影,试确定它们的坐标值(数值由图中直接量取并取整)。

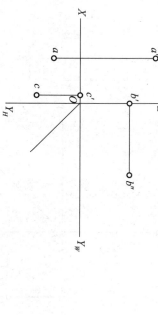

A (, ,)
B (, ,)

(3) 已知各点对投影面的距离,画出各点的三面投影。

	距 W 面	距 V 面	距 H 面
A	10	15	5
B	20	10	20
C	20	20	20

点 A 在点 B 之_____(左,右)
点 A 在点 B 之_____(前,后)
点 A 在点 B 之_____(上,下)

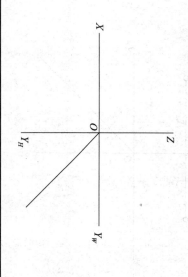

(4) 已知点 A 坐标 (25, 5, 15),点 B 在点 A 右方 12 mm,上方 5 mm,前方 10 mm,点 C 在点 A 的正后方 8 mm,求作点 A, B, C 的三面投影。

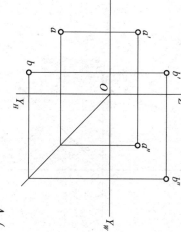

4. 点的投影：根据立体上点的标记，完成三视图上点的投影标记。

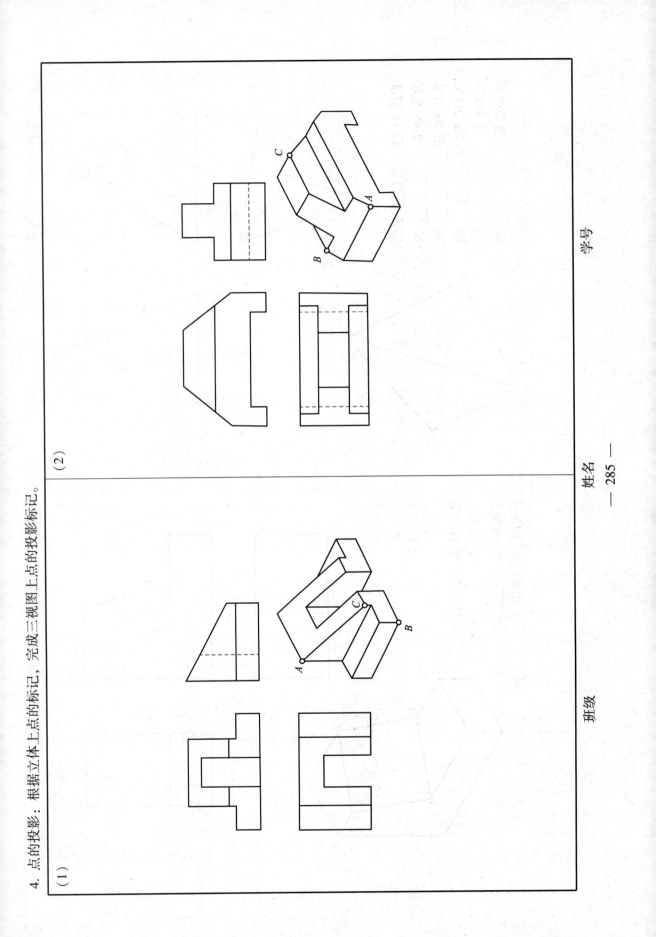

5. 直线的投影:在三视图中指出立体上指定点的三面投影,画出它们投影之间的投影连线,填空并回答问题。

(1)

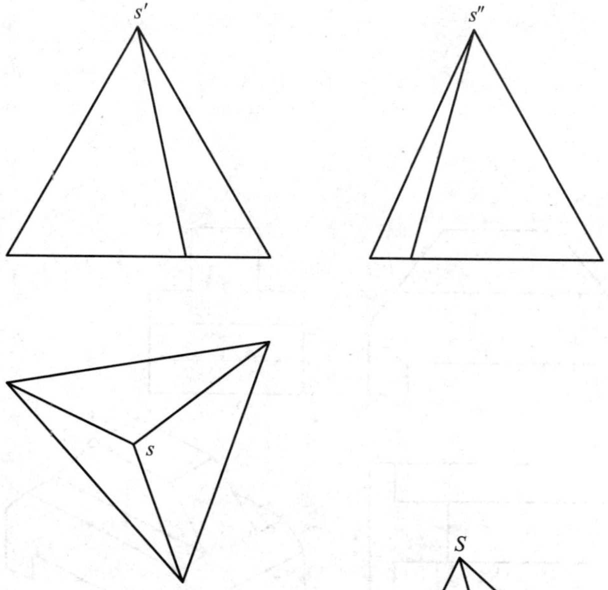

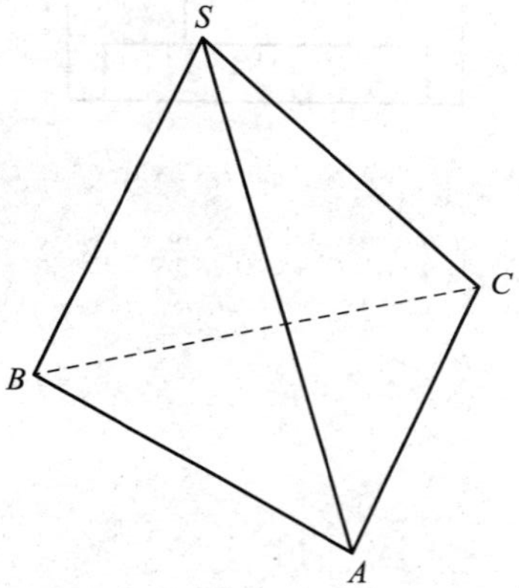

直线 SA 是 _____ 一般位置 _____ 直线;
直线 SB 是 _____ 线;
直线 SC 是 _____ 线;
△ASC 是 _____ 面;
△ABC 是 _____ 面;
△BSC 是 _____ 面。

(2)

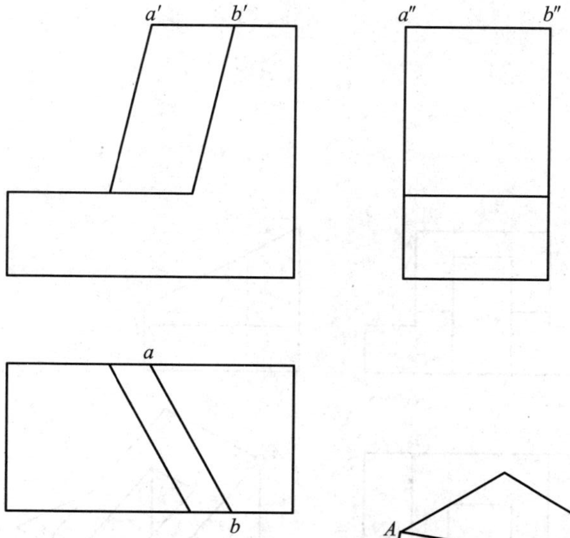

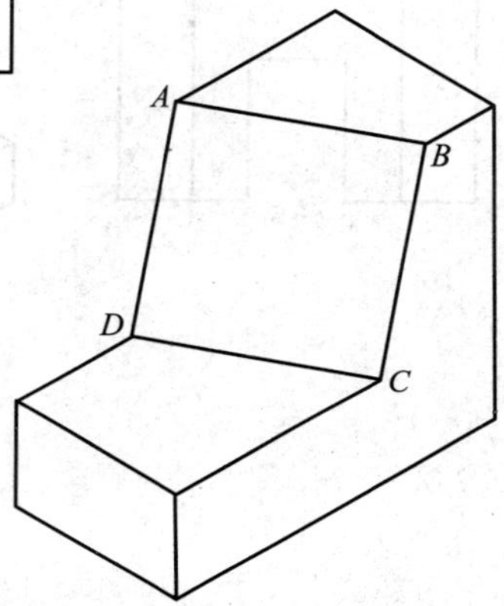

直线 AB 是 _____ 水平 _____ 直线;
直线 AD 是 _____ 线;
直线 CD 是 _____ 线;
平面四边形 ABCD 是 _____ 面。

6. 直线的投影：已知直线的两面投影，求作第三投影，并判断空间位置。

(1)

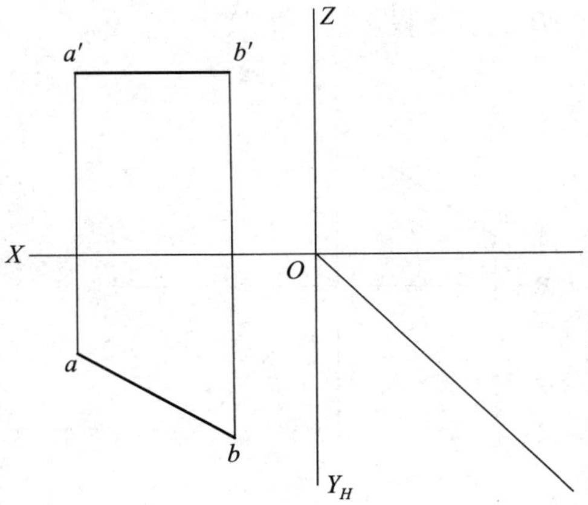

直线 AB 与 V 面 _____ ；
直线 AB 与 H 面 _____ ；
直线 AB 与 W 面 _____ ；
直线 AB 为 _____ 线。

(2)

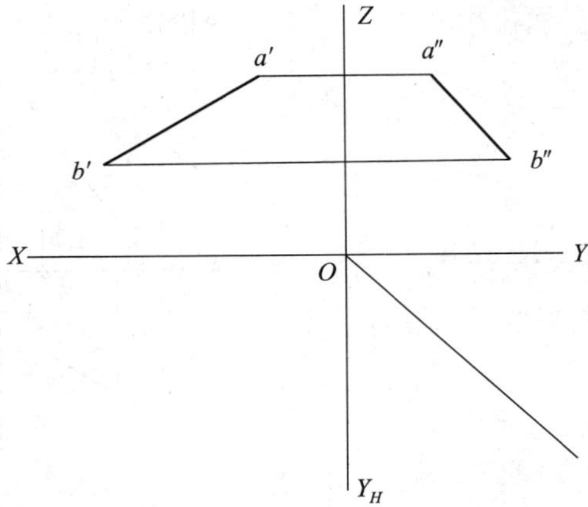

直线 AB 与 V 面 _____ ；
直线 AB 与 H 面 _____ ；
直线 AB 与 W 面 _____ ；
直线 AB 为 _____ 线。

(3)

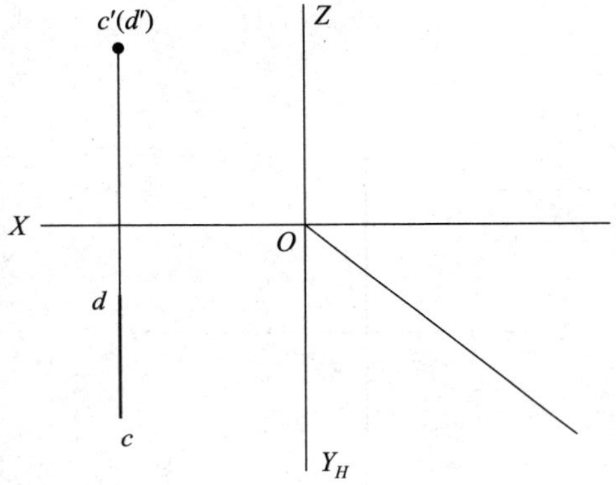

直线 CD 与 V 面 _____ ；
直线 CD 与 H 面 _____ ；
直线 CD 与 W 面 _____ ；
直线 CD 为 _____ 线。

(4)

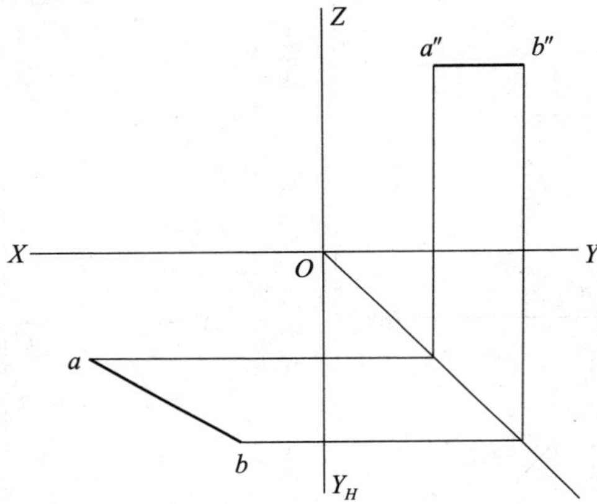

直线 AB 与 V 面 _____ ；
直线 AB 与 H 面 _____ ；
直线 AB 与 W 面 _____ ；
直线 AB 为 _____ 线。

班级　　　　　姓名　　　　　学号

7. 直线的投影。

(1) 已知点 A (20, 8, 5), 点 B (5, 18, 20), 求作直线 AB 的三面投影。

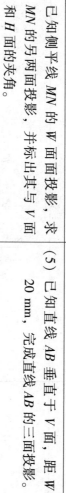

(2) 已知直线 CD 的两面投影, 求作第三面投影。

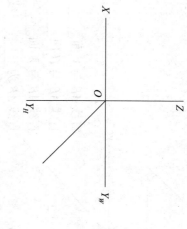

(3) 已知直线 AB 平行于 V 面, 完成直线 AB 的三面投影。

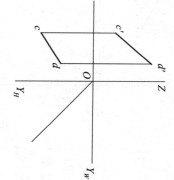

(4) 已知侧平线 MN 的 W 面投影, 求 MN 的另两面投影, 并标出其与 V 面和 H 面的夹角。

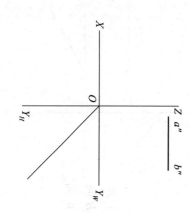

(5) 已知直线 AB 垂直于 V 面, 距 W 面 20 mm, 完成直线 AB 的三面投影。

(6) 已知点 K 在直线 AB 上, 且点 K 距 V 面 15 mm, 求点 K 的两面投影。

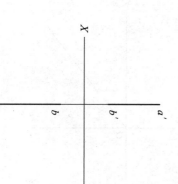 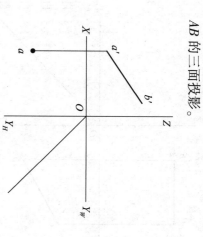

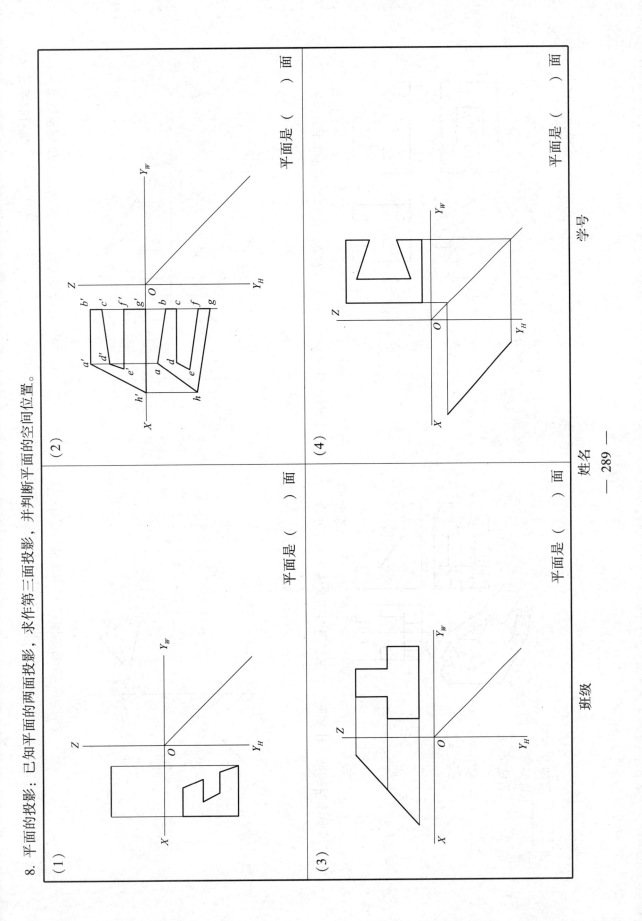

9. 平面的投影。

(1) 求铅垂面 ABC 在 H 面和 W 面上的投影，$\beta = 30°$。

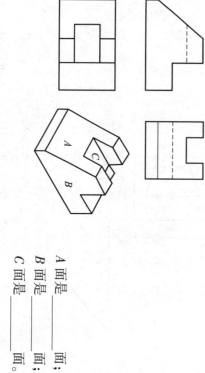

(2) 求正平面 ABC 在 H 面和 W 面上的投影。

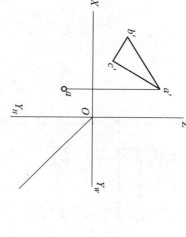

(3) 根据立体上平面的标记，完成三视图中平面的投影标记，并填空。

A 面是 _____ 面；
B 面是 _____ 面；
C 面是 _____ 面。

(4) 根据立体上平面的标记，完成三视图中平面的投影标记，并填空。

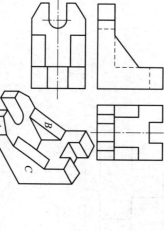

A 面是 _____ 面；
B 面是 _____ 面；
C 面是 _____ 面。

任务 4 绘制基本几何体的三视图

1. 基本立体的三视图：根据轴测图和一个已知视图，画出其他两个视图。

轴测图	已知主视图	已知左视图
(1) 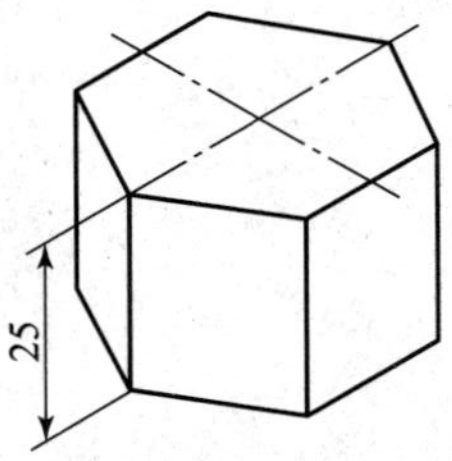	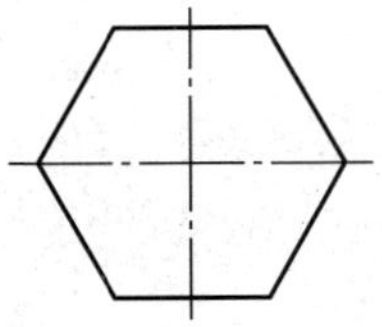	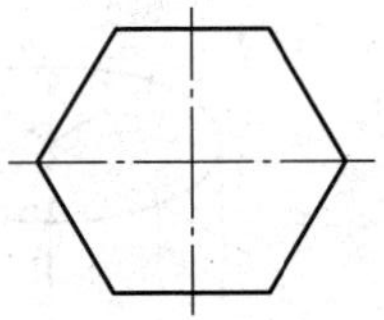
(2) 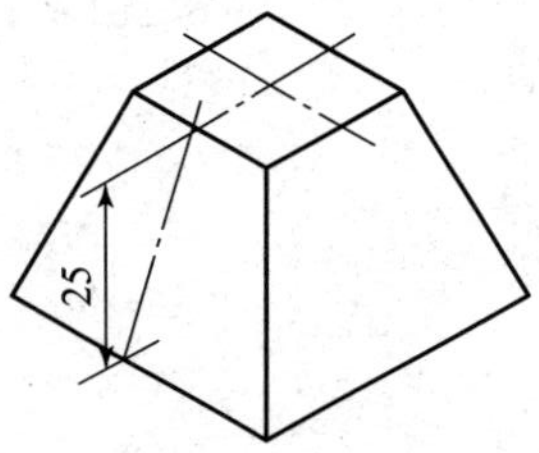	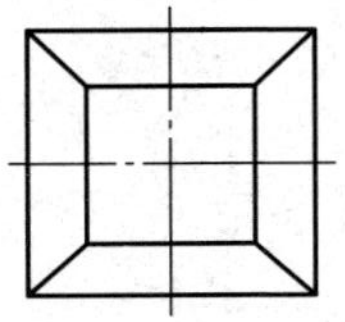	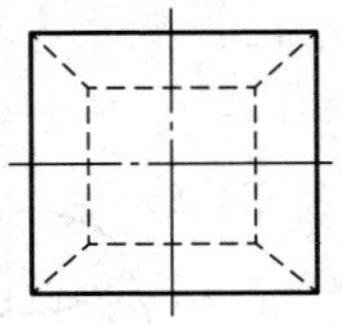

班级　　　　　　　姓名　　　　　　　学号

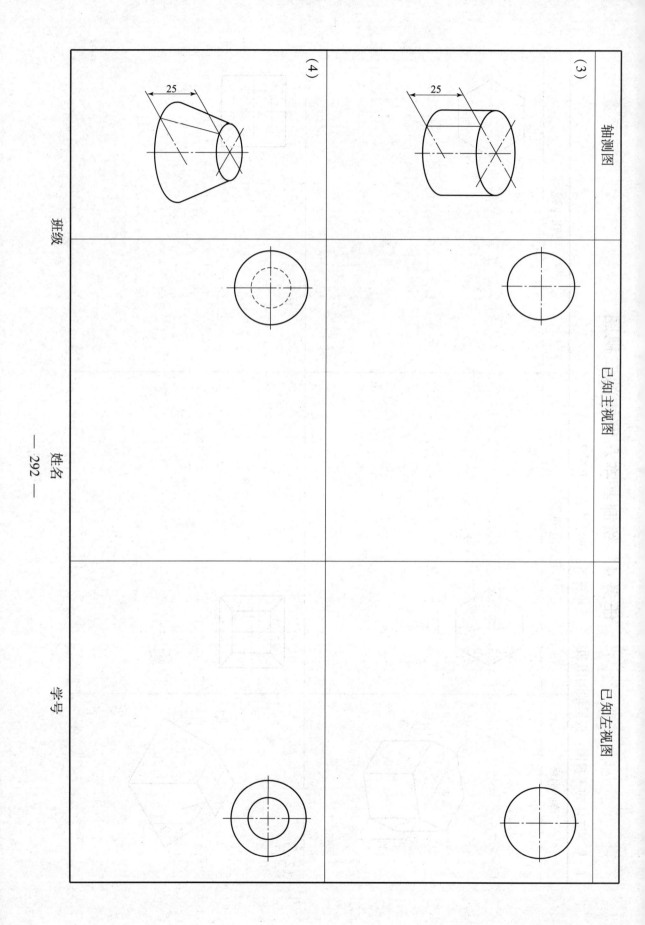

2. 基本立体的三视图：已知立体表面上点的一个投影，求作另外两个投影。

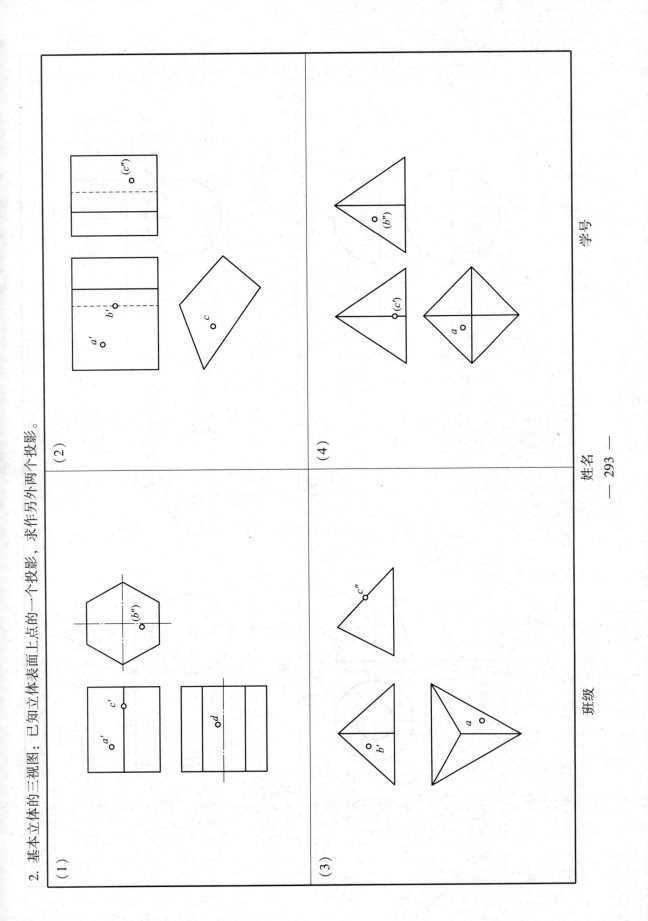

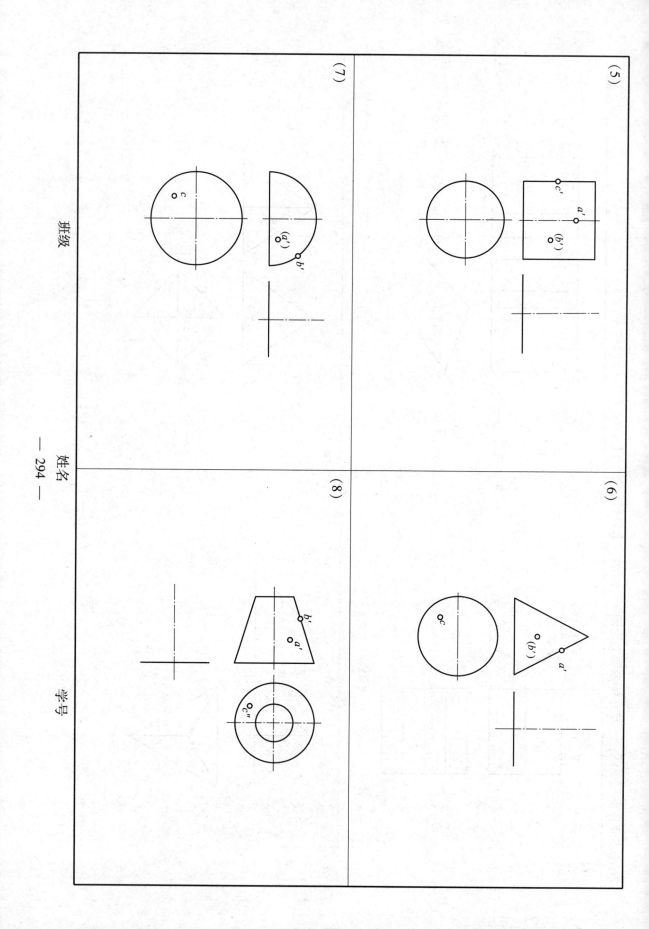

3. 基本几何体的截交线：根据立体图，补全三视图。

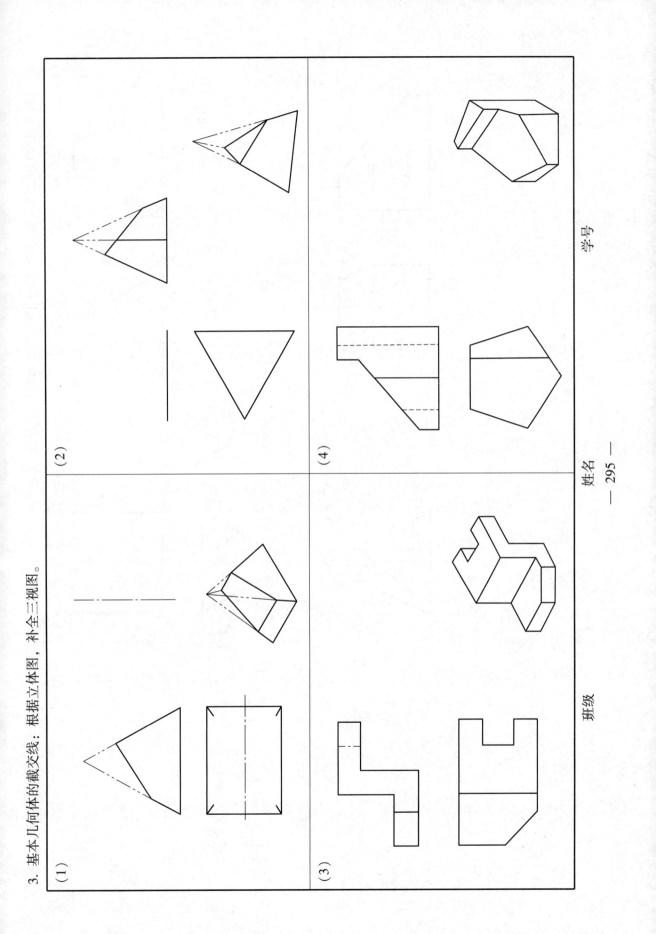

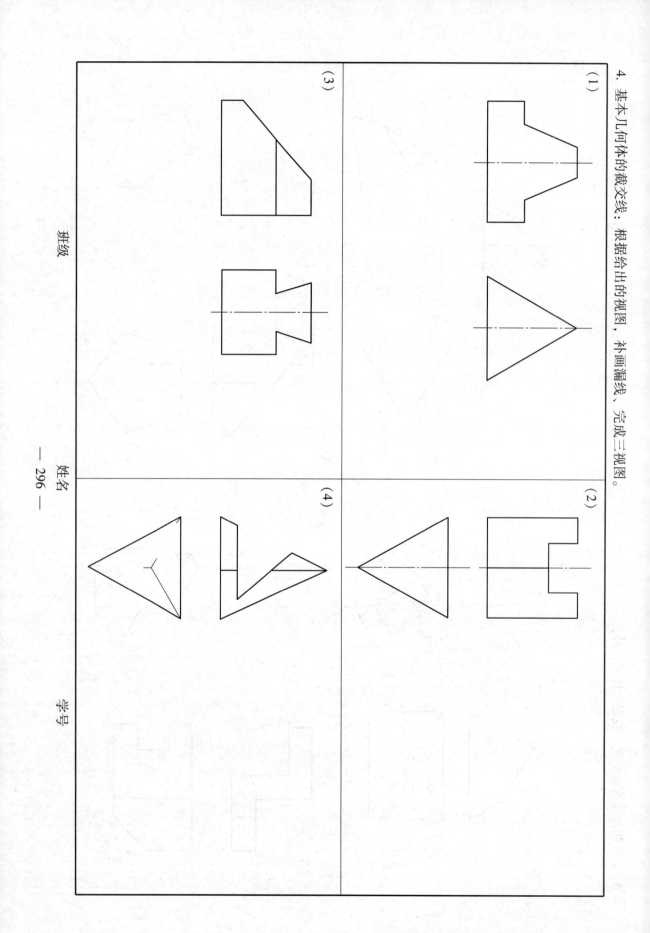

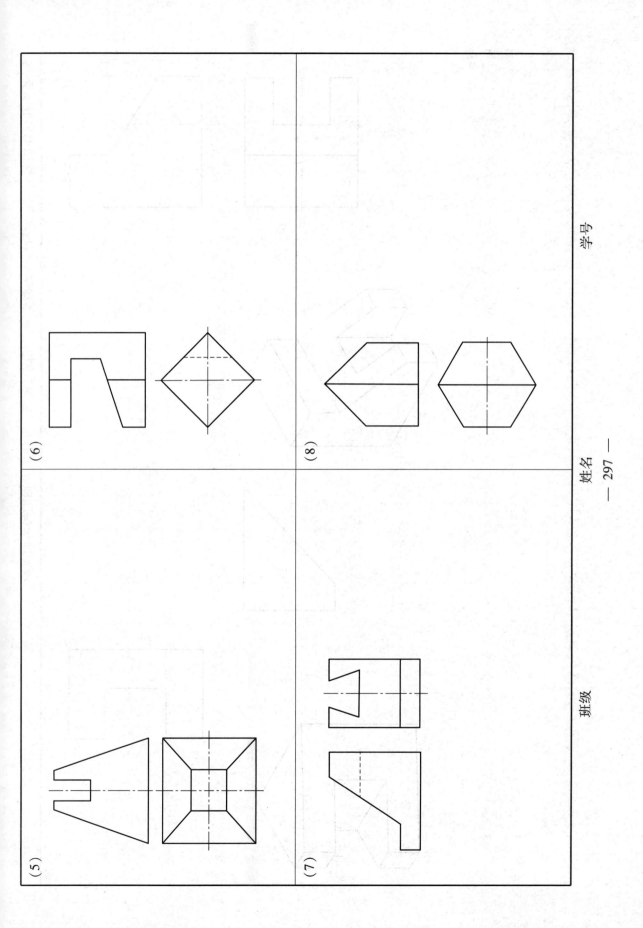

5. 基本几何体的截交线：分析形体的截交线，完成三视图，并注出 R 面的另两面投影。

(1)

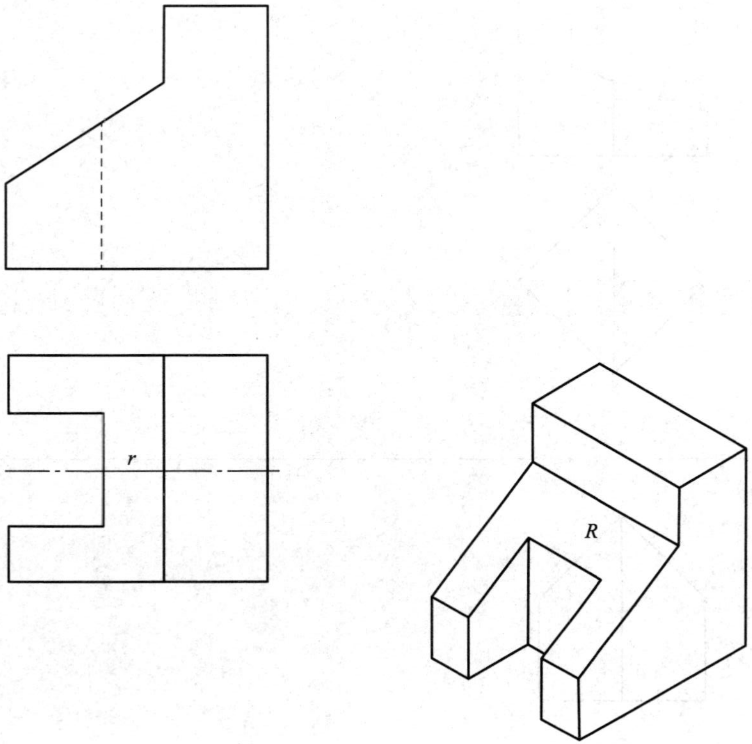

(2)

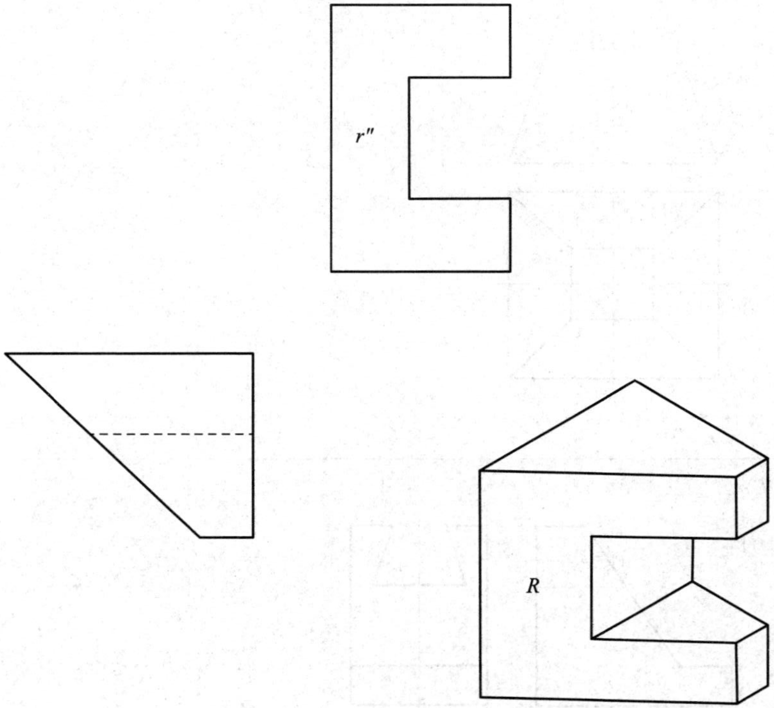

6. 基本几何体的截交线：根据已知视图，分析截交线，补全三视图。

(1) (2) 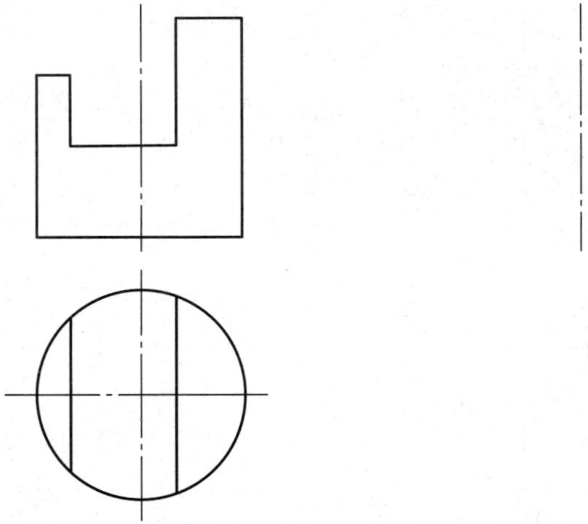 (3) 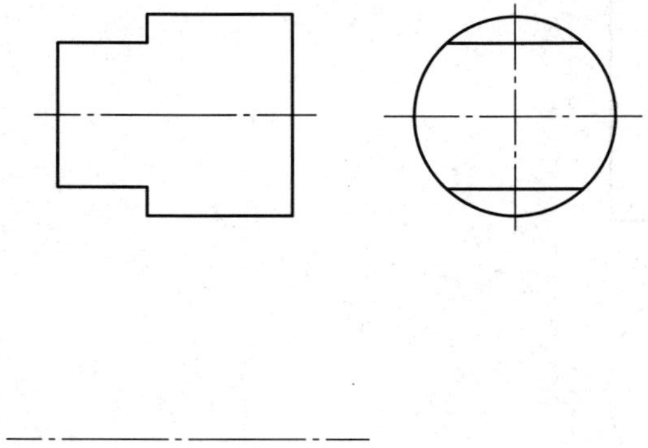 (4)

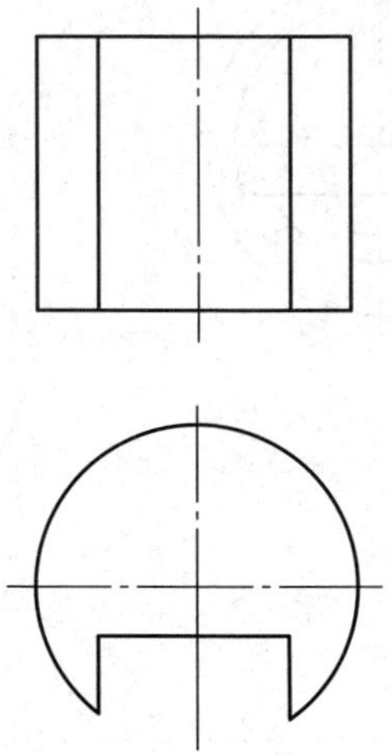

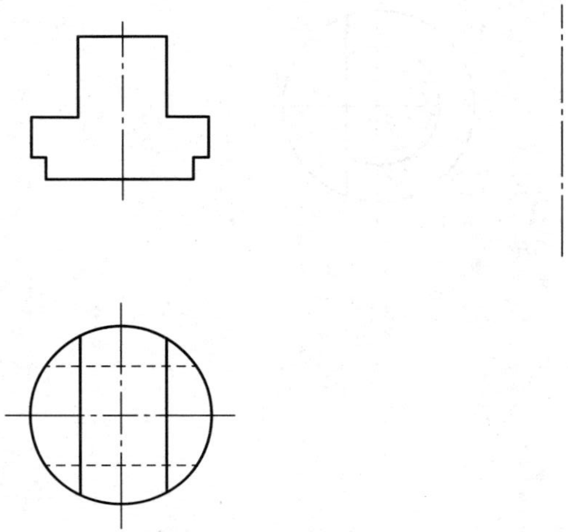

班级　　　　　姓名　　　　　学号

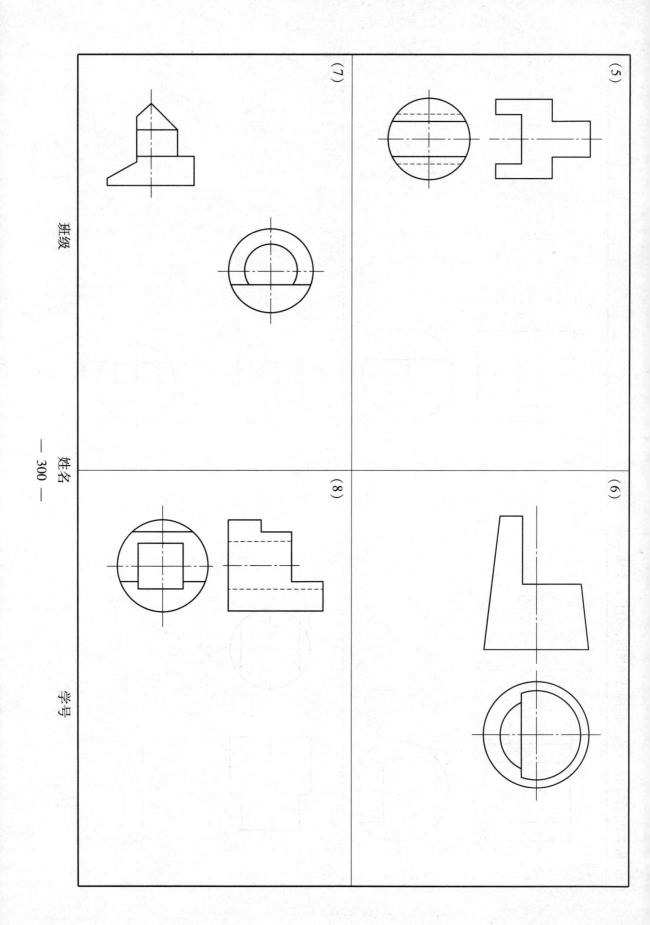

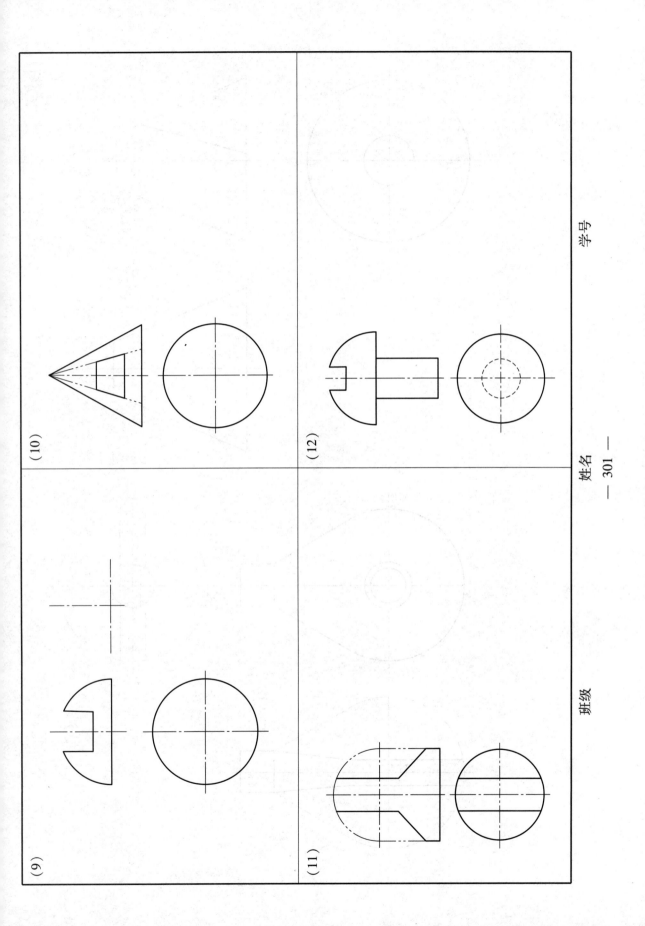

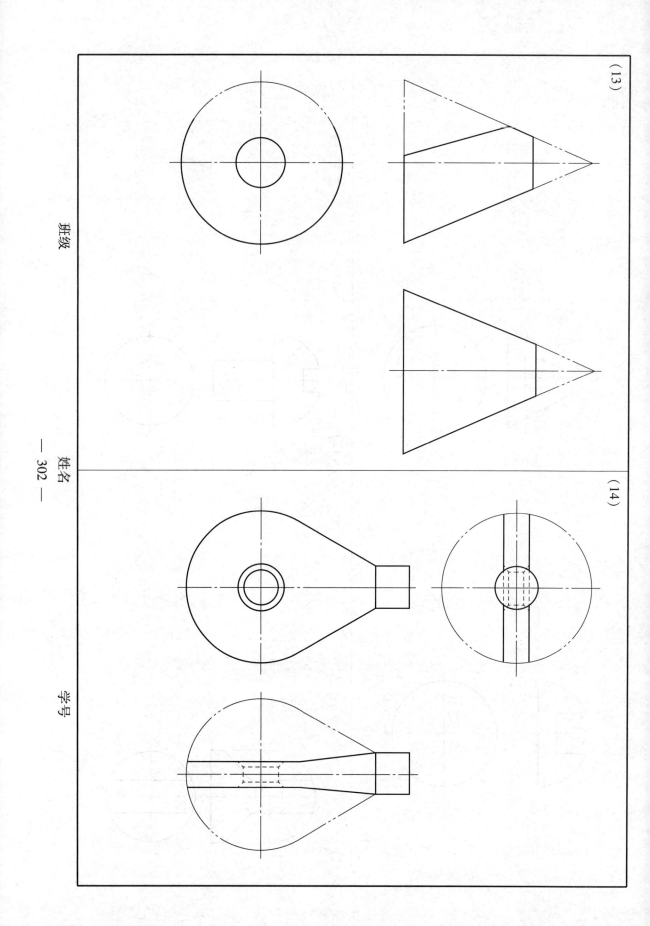

7. 基本几何形体的截交线：看懂立体图，找出与各物体相对应的左视图，将编号填写在下表内。

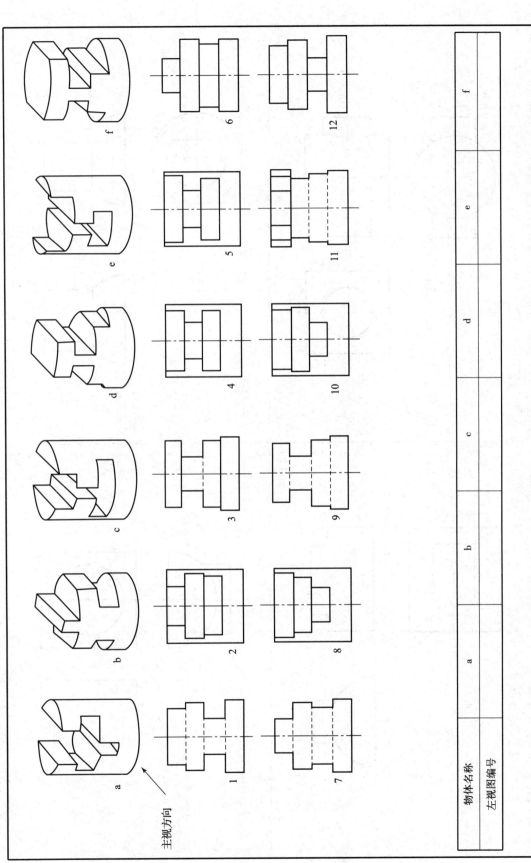

8. 基本几何体的相贯线：分析相贯线形状，并补全视图。

(1)

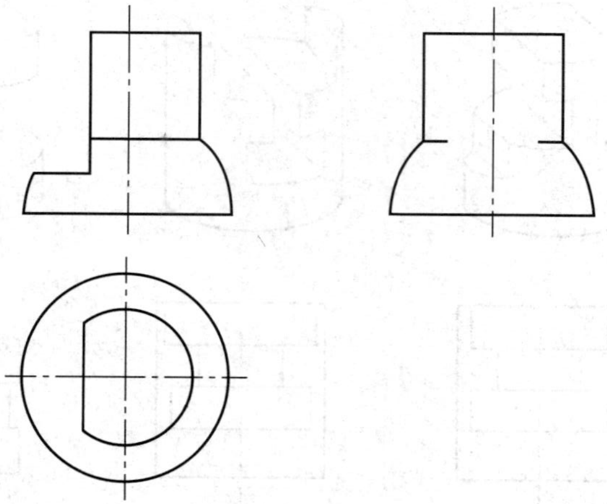

(2)

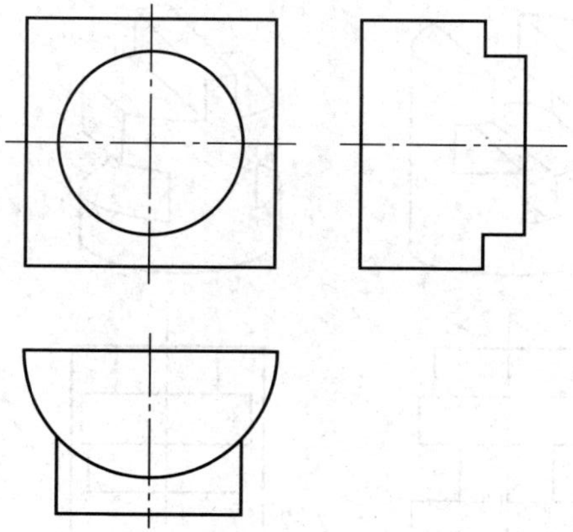

(3)

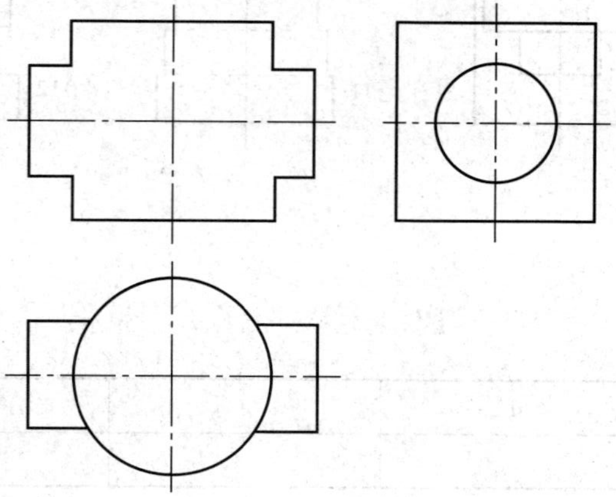

(4)

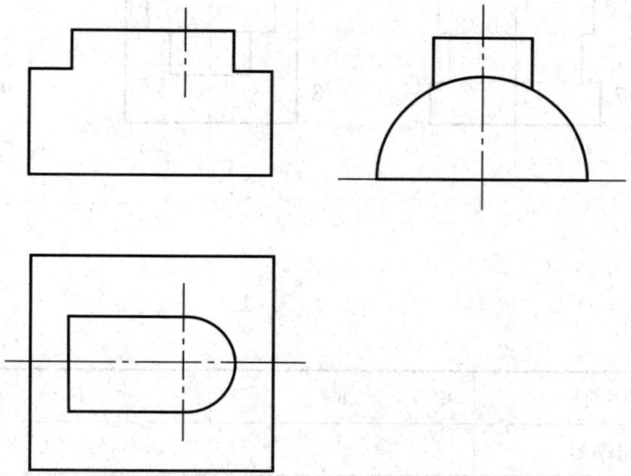

班级　　　姓名　　　学号

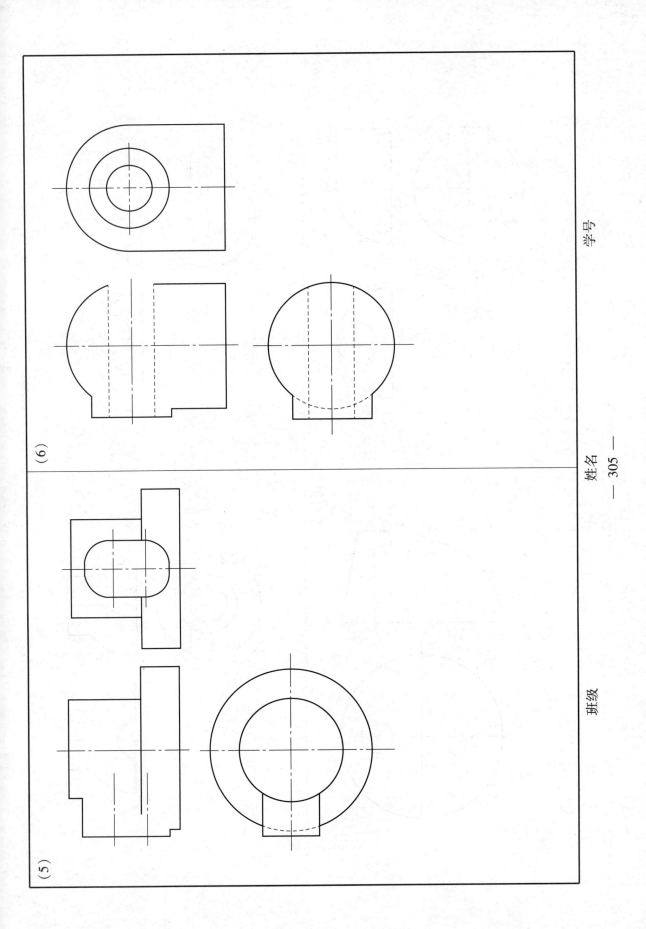

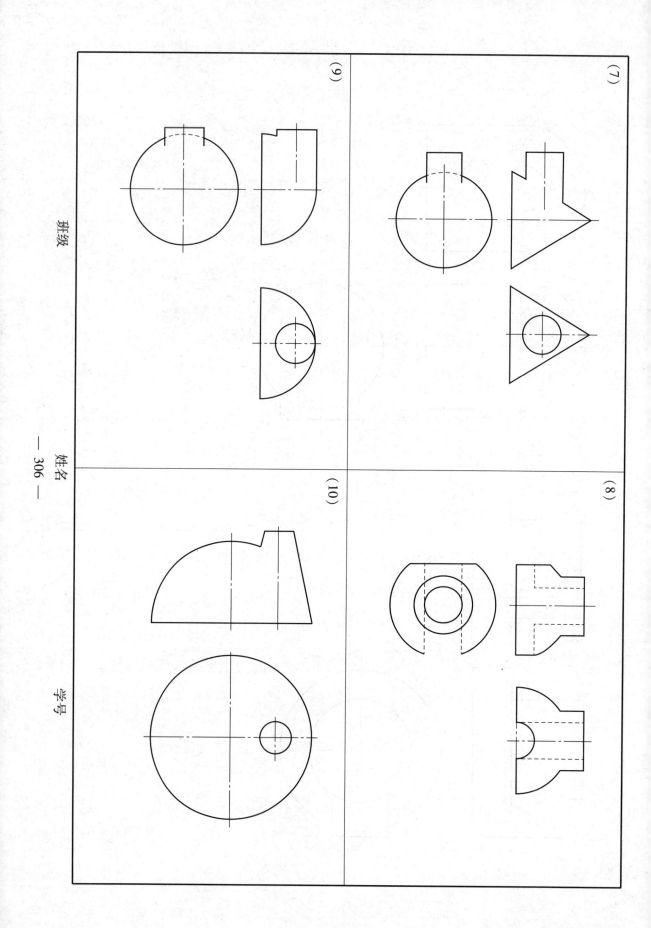

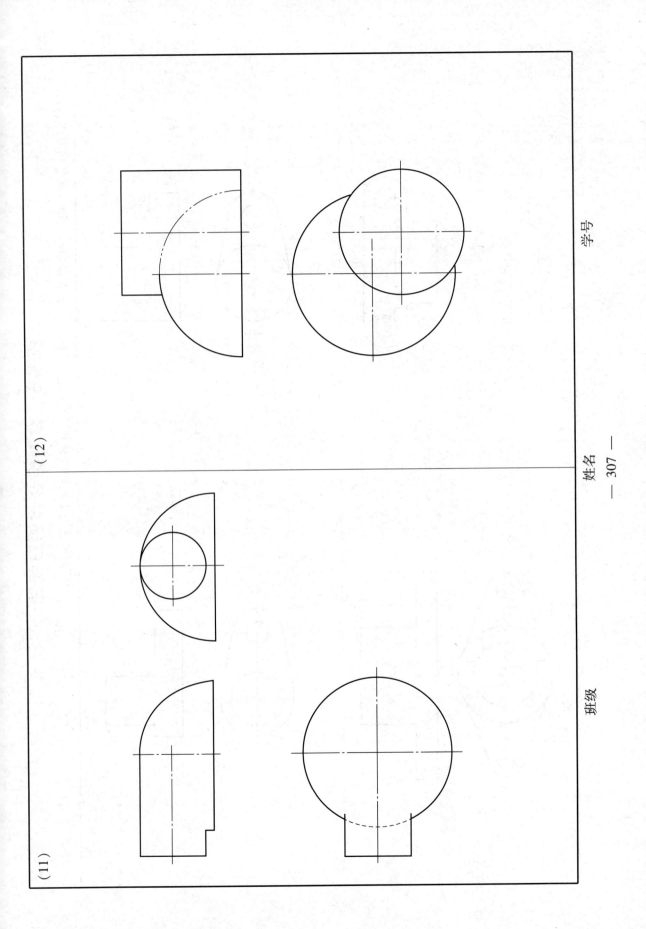

任务 5 绘制组合体的三视图

1. 组合体的形体分析：根据所给的视图，分析物体的形状，并补画视图中所缺的图线。

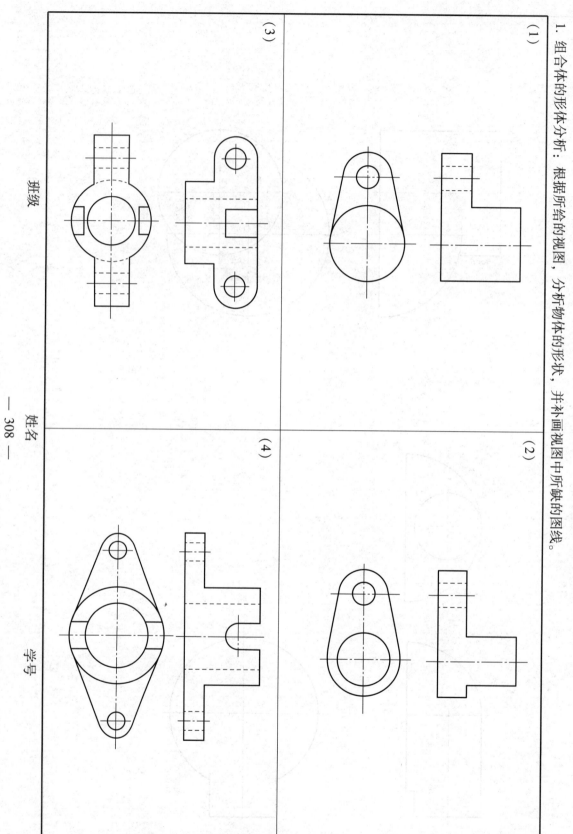

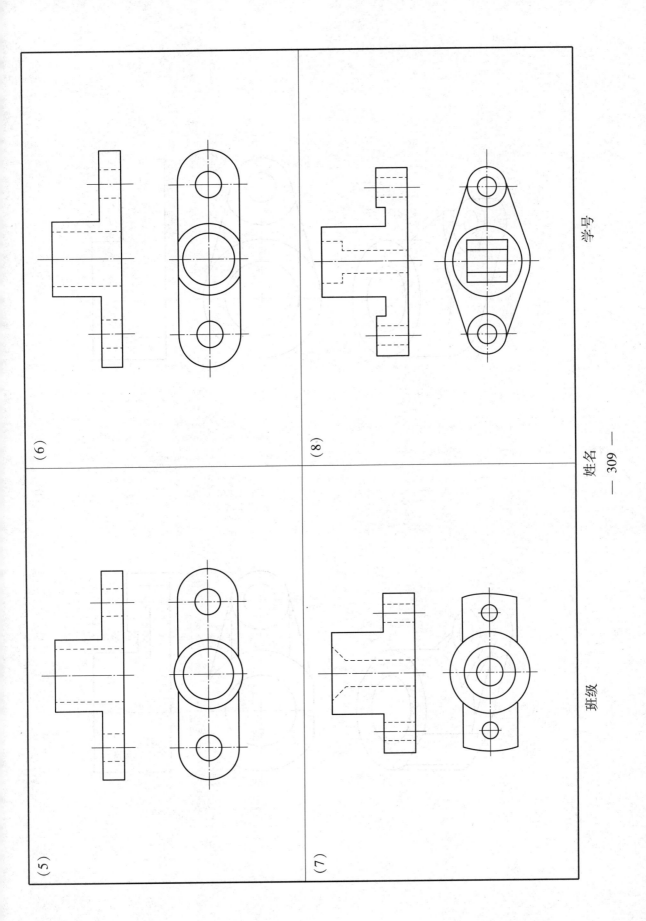

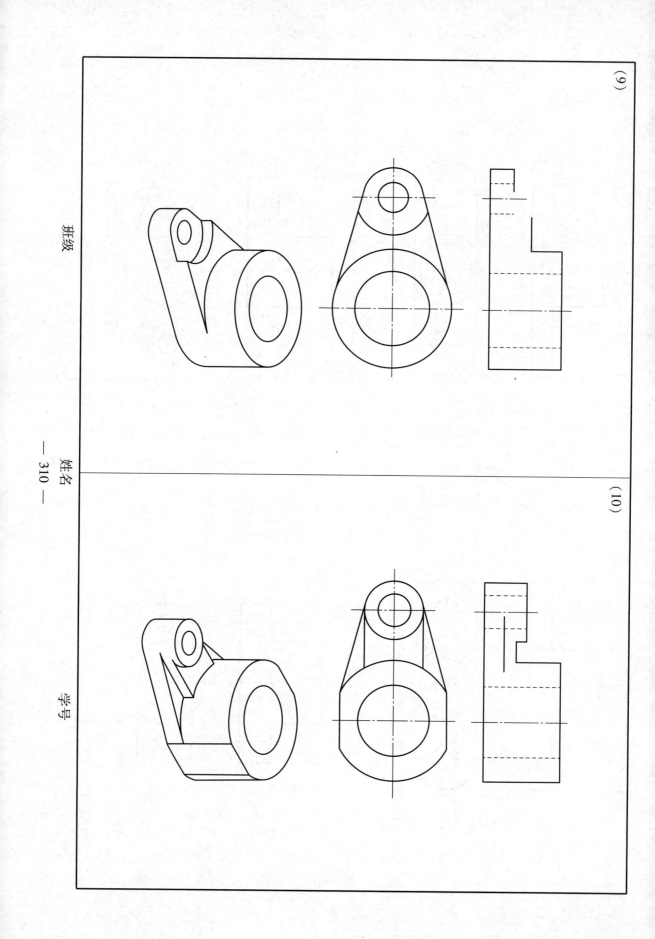

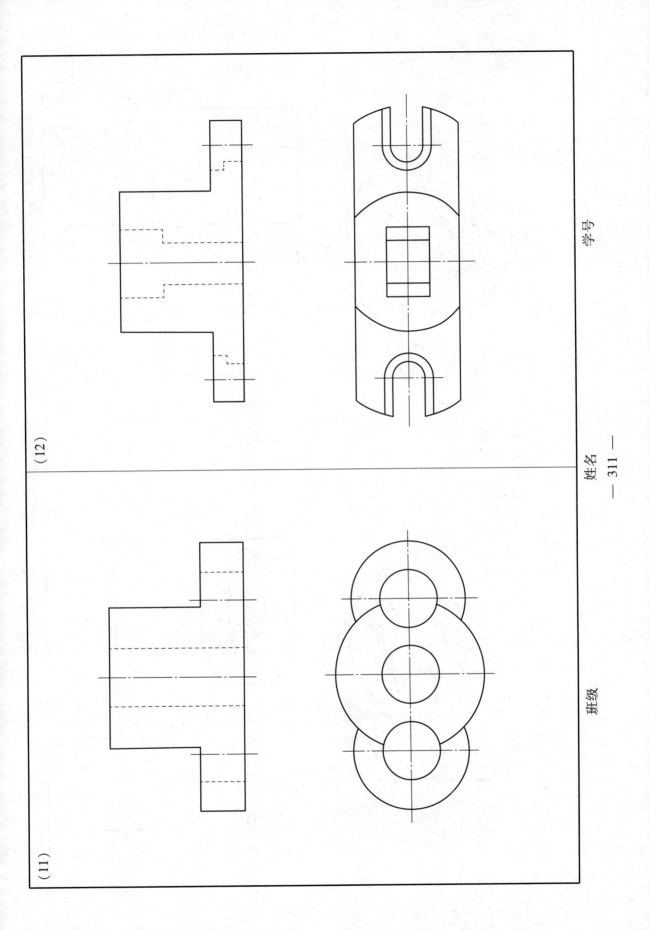

2. 组合体三视图的画法：分析物体的组合方式，补画视图中所缺的图线。

(1)

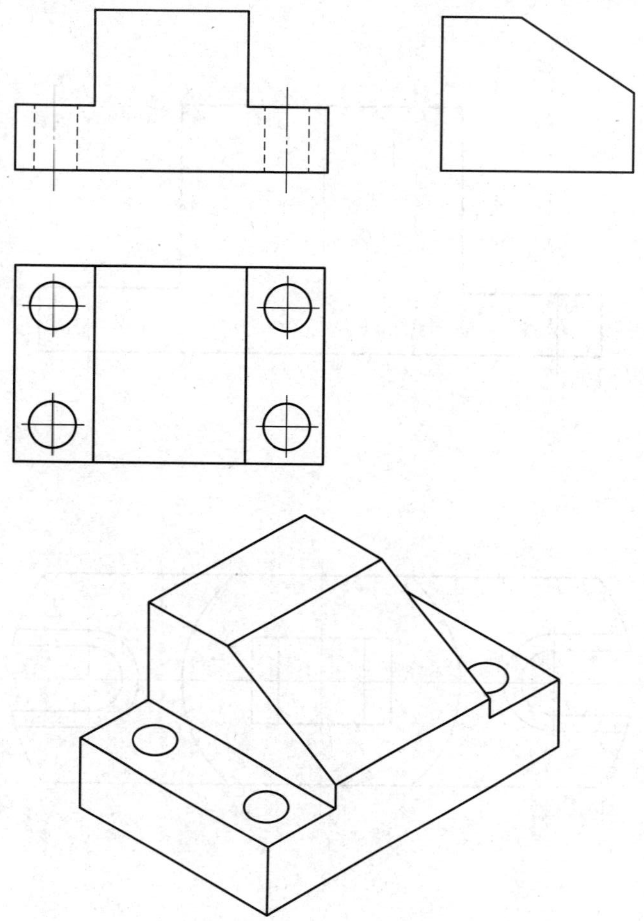

(2)

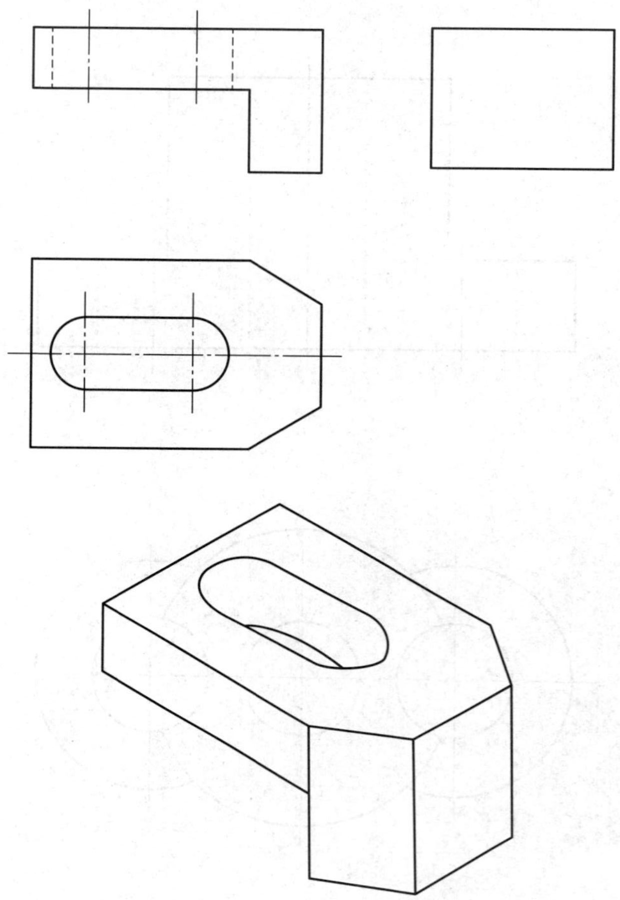

3. 组合体三视图的画法：根据两视图，参照轴测图补画第三视图。

(1)

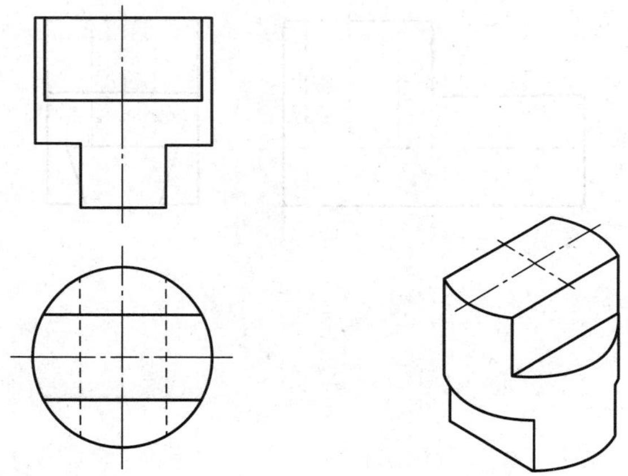

(2)

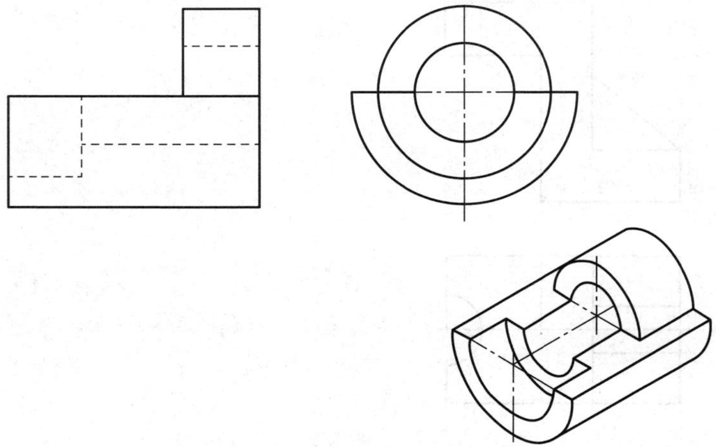

(3)

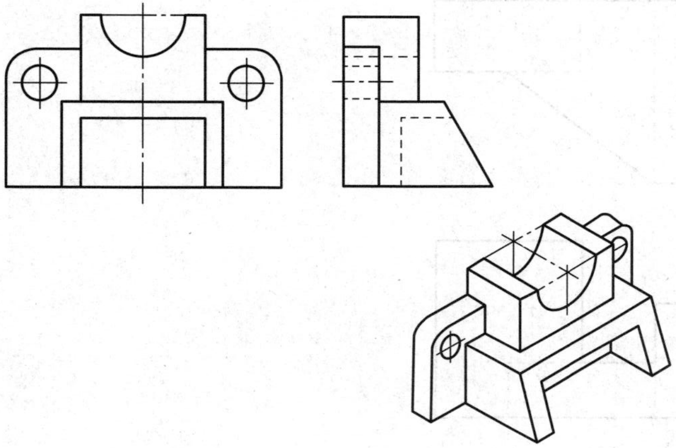

(4)

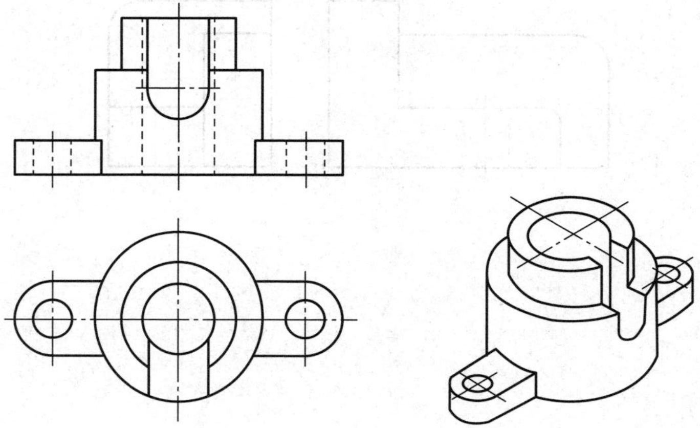

班级　　　　　姓名　　　　　学号

4. 组合体三视图的画法：根据两视图补画第三视图。

(1)

(2)

(3)

(4)

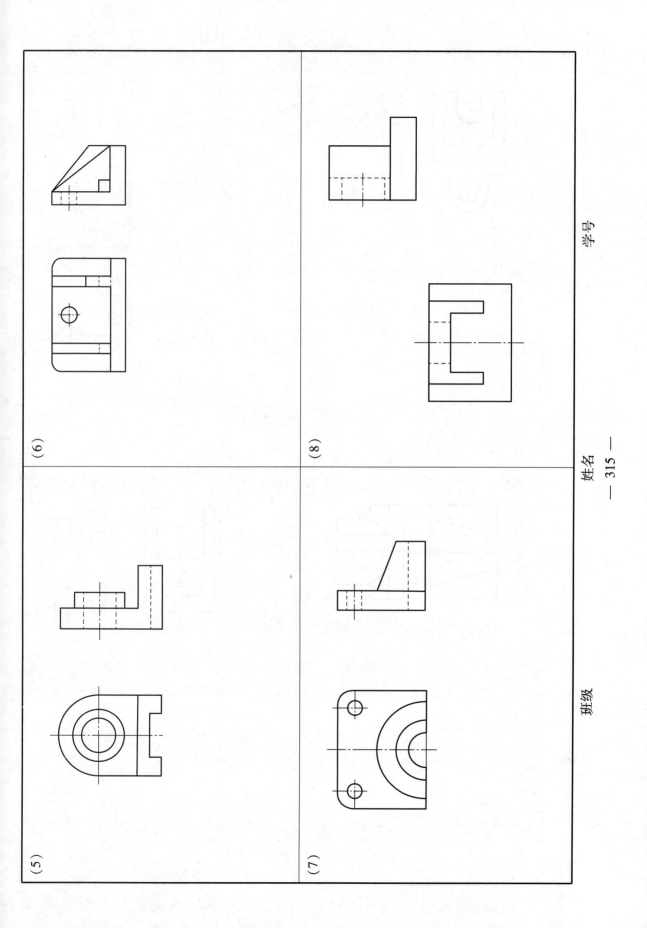

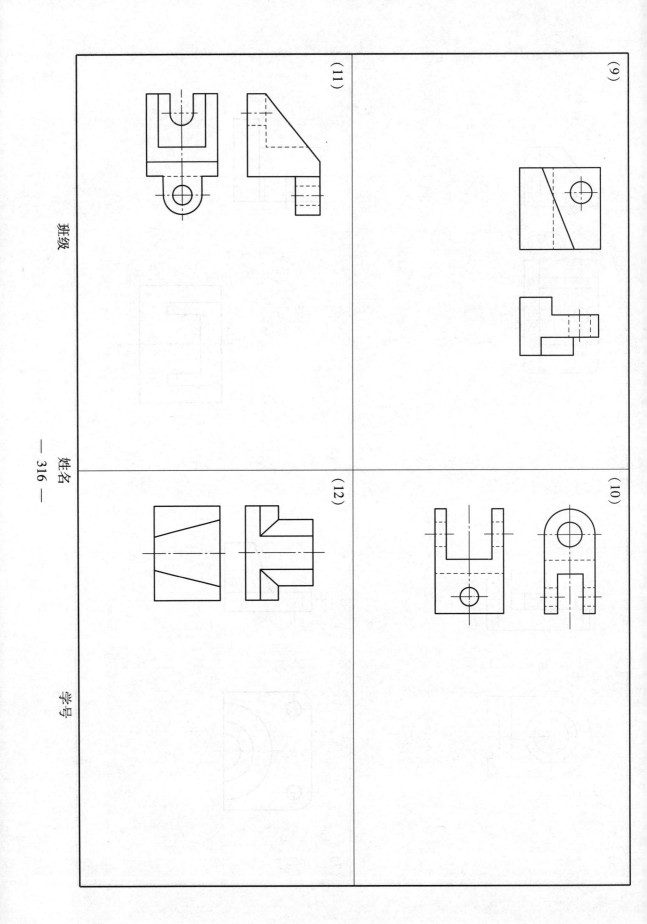

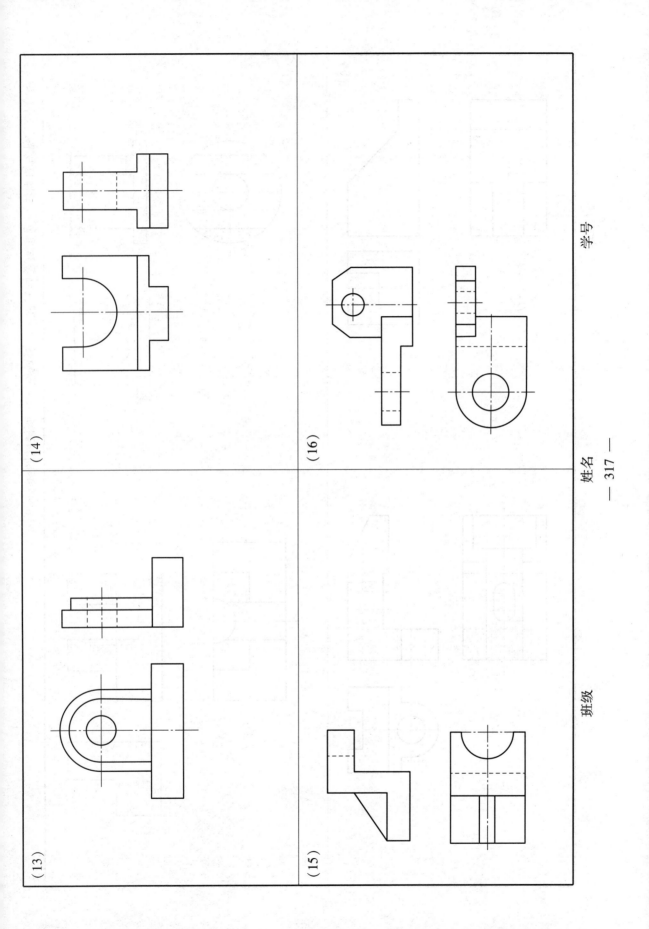

5. 组合体三视图的画法：读懂组合体三视图，补画视图中所缺的图线。

(1)

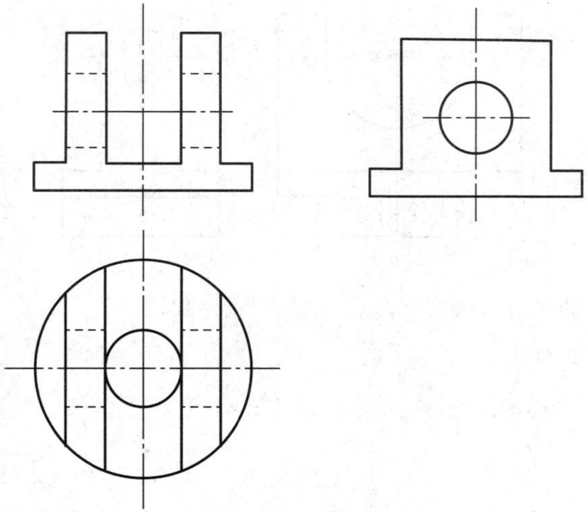

(2)

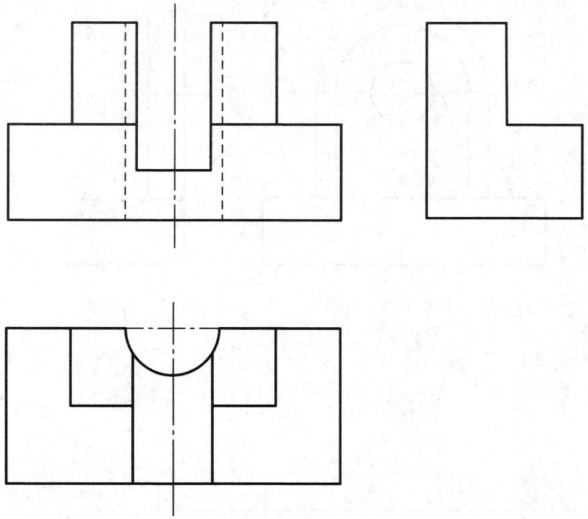

(3)

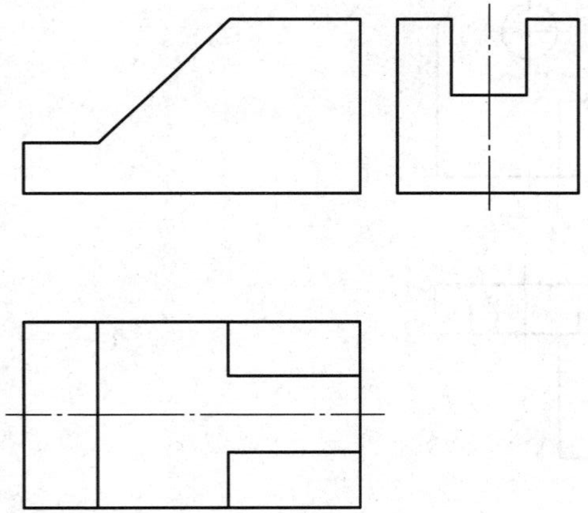

(4)

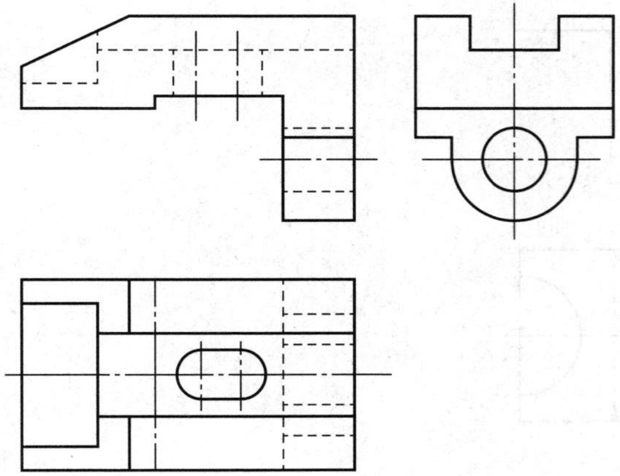

6. 组合体三视图的画法：根据轴测图绘制三视图，尺寸从轴测图中量取，图中圆孔均为通孔。

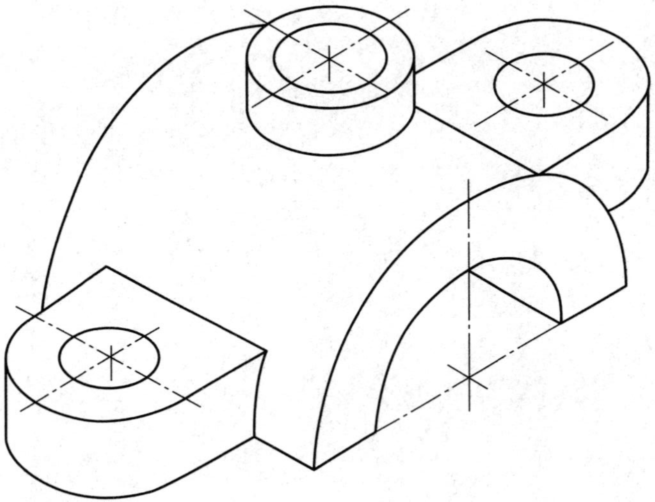

班级　　　　　　姓名　　　　　　学号

7. 组合体三视图的画法：根据轴测图绘制三视图，比例 2∶1。

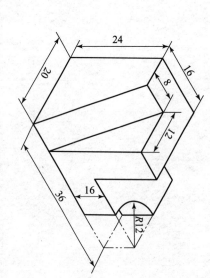

8. 组合体三视图的画法：根据轴测图绘制三视图。

9. 组合体的尺寸标注：指出视图中尺寸标注的错误，并改正。

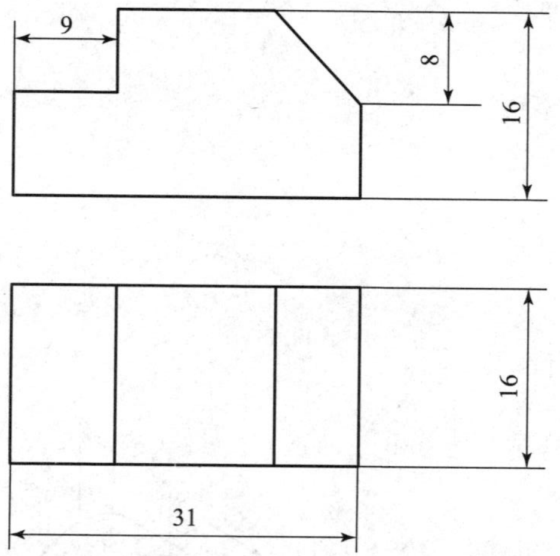

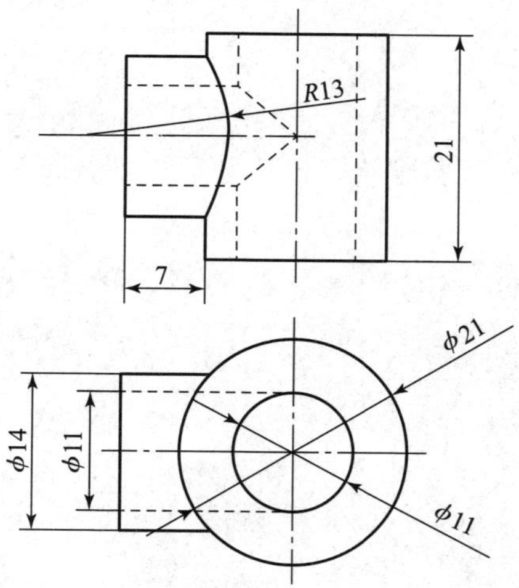

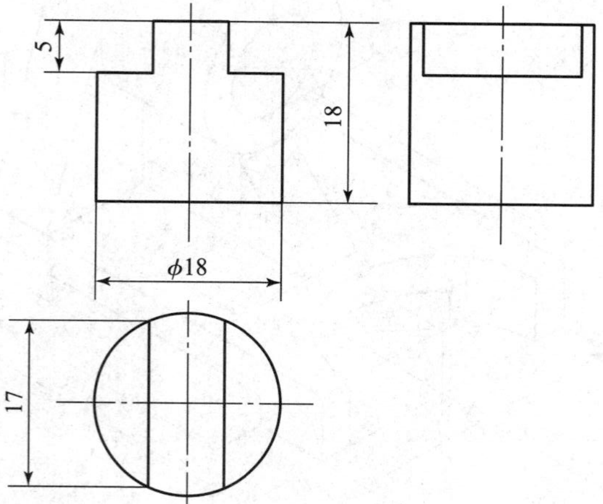

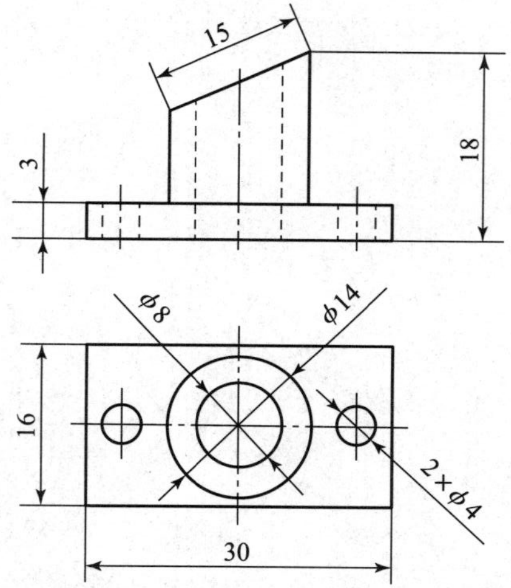

10. 组合体的尺寸标注：根据已知视图和立体图，标注尺寸，尺寸数值从图中按比例1∶1量取并取整。

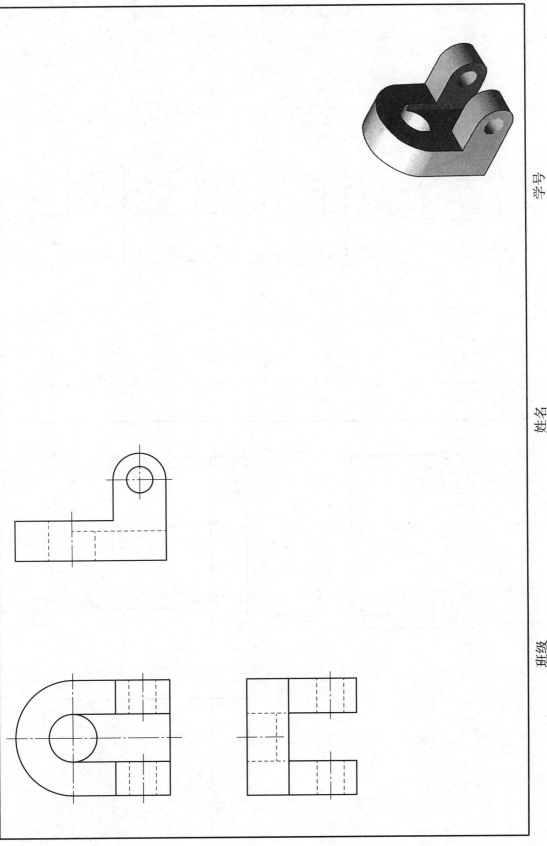

11. 组合体的尺寸标注：根据所给视图标注尺寸，尺寸数值从图中按比例1：1量取并取整。

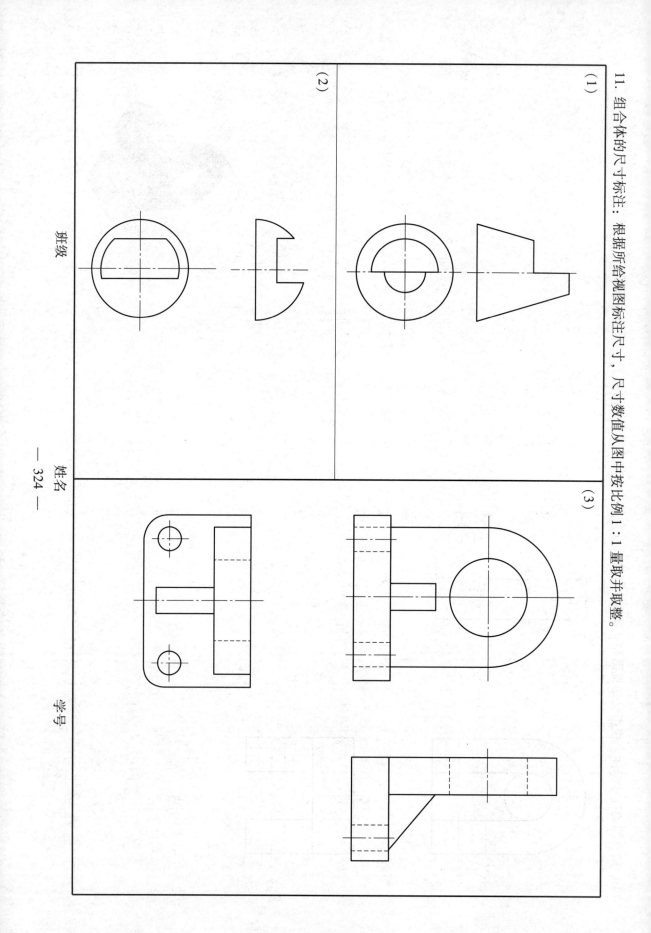

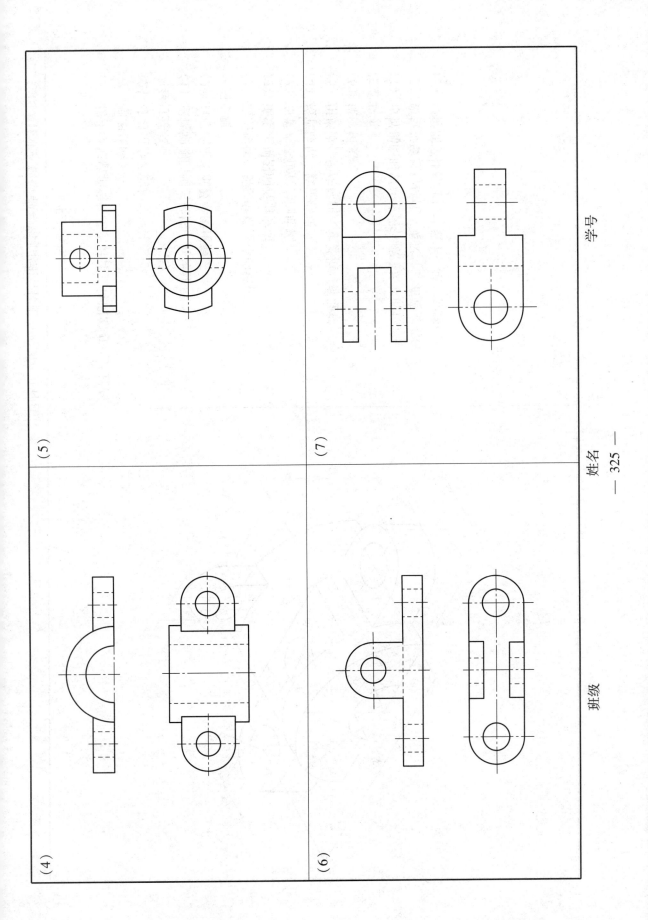

12. 绘图大作业：根据轴测图画出组合体的三视图，并标注尺寸。

作业指导

1. 作业目的
（1）初步掌握由轴测图画组合体三视图的方法，提高画图技能。
（2）练习组合体的尺寸标注。

2. 内容与要求
（1）根据轴测图画组合体三视图，并标注尺寸。
（2）自己确定图纸及绘图比例。

3. 作图步骤
（1）运用形体分析法分析立体的结构。
（2）确定主视图的投射方向。
（3）布置视图位置，画底稿。
（4）检查底稿，修正错误。
（5）用形体分析法标注尺寸，填写标题栏。
（6）描深粗实线。

4. 注意事项
（1）布置视图时要注意留有标注尺寸的位置。
（2）要按步骤进行标注三类尺寸，布置要清晰。
（3）用标准字体标注尺寸数字，填写标题栏。

（1）

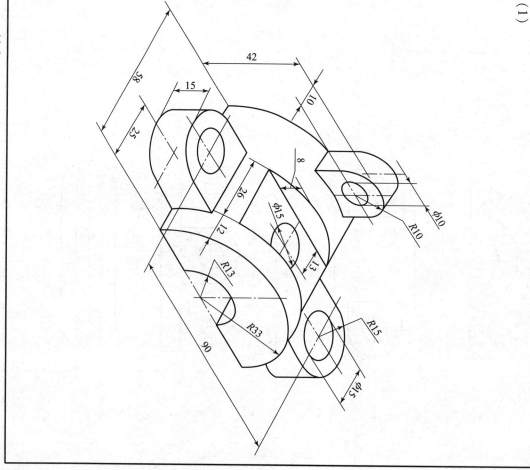

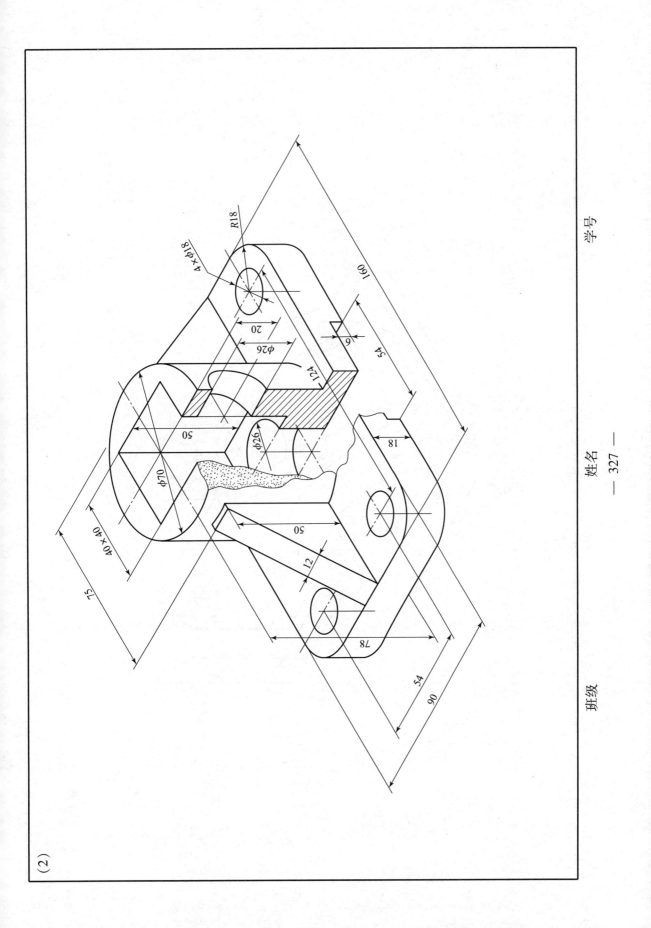

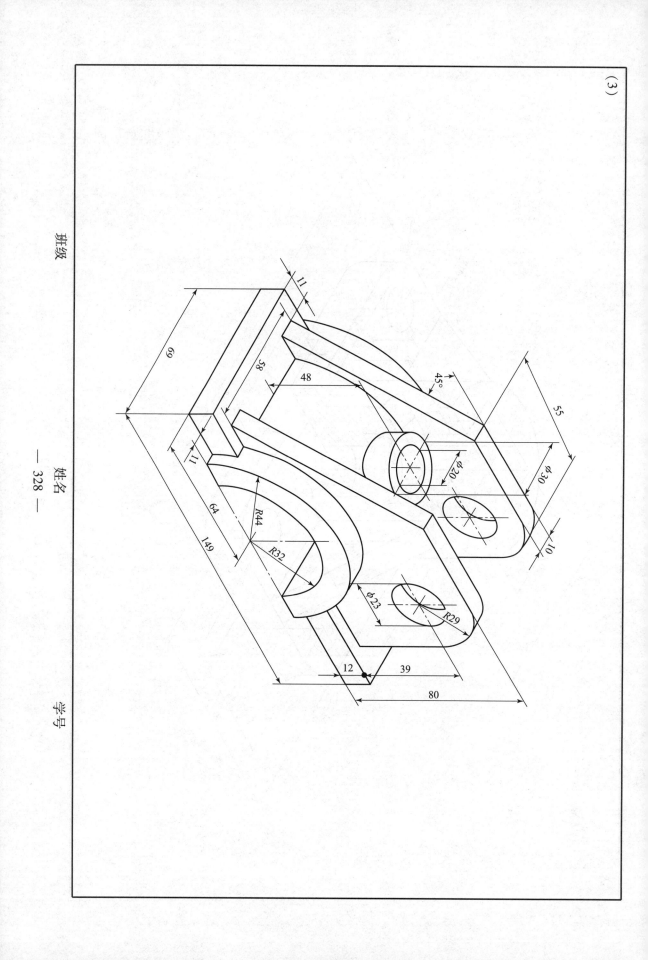

13. 用 AutoCAD 绘制组合体三视图。

(1)

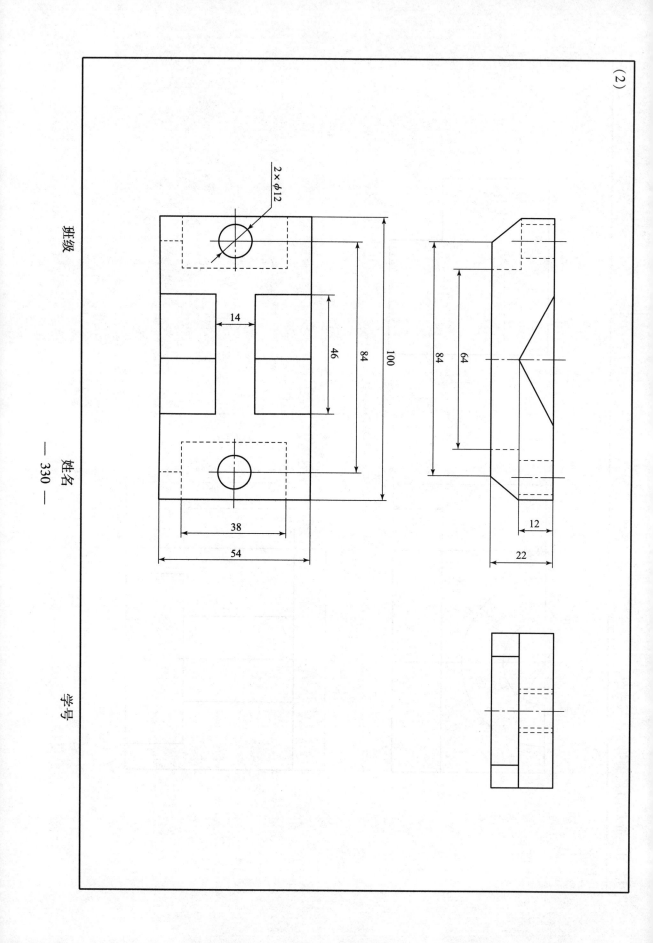

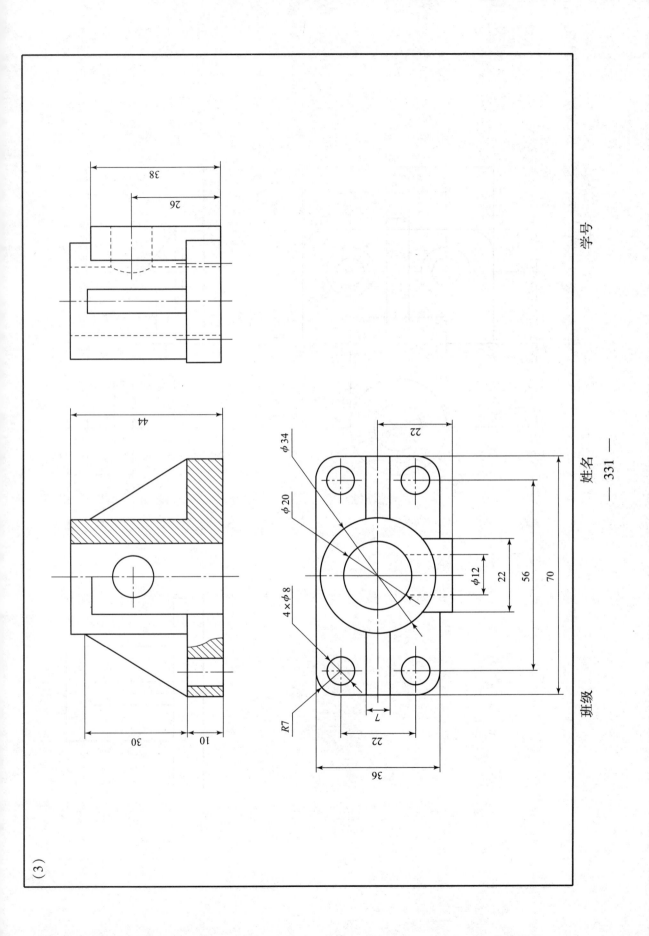

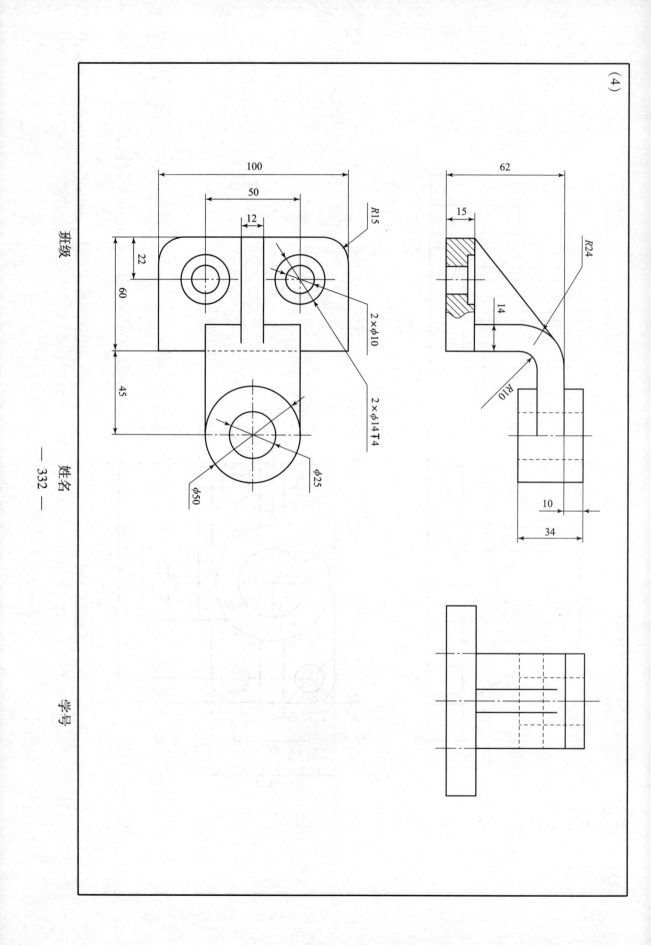

14. 根据轴测图，用 AutoCAD 绘制三视图。

(1)

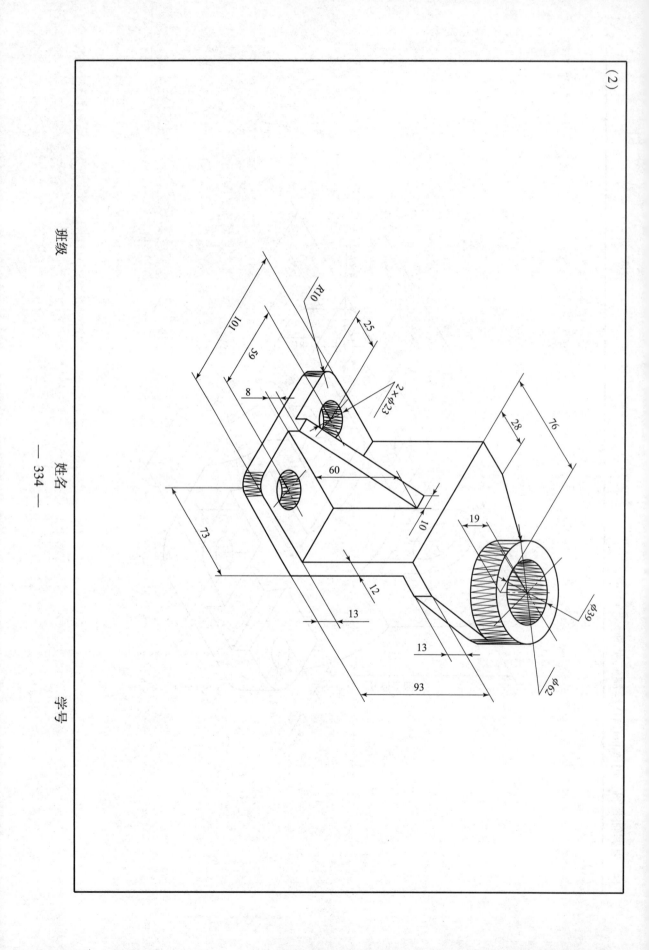

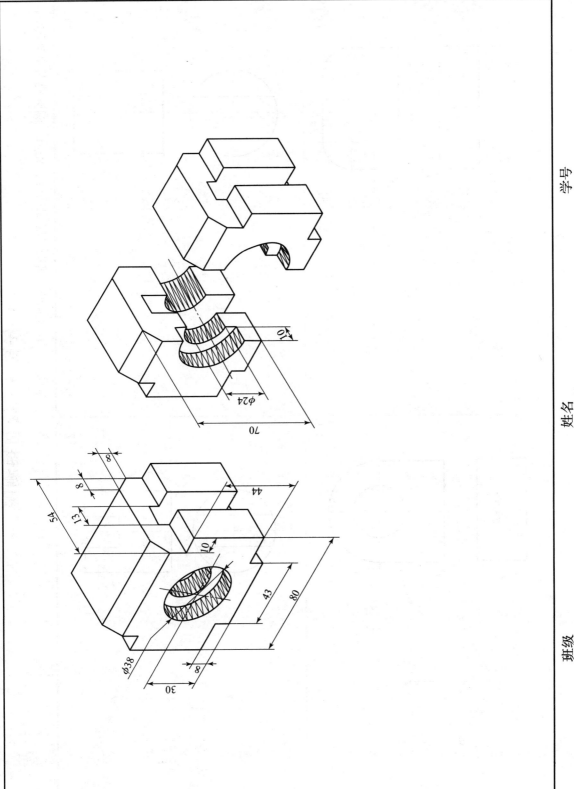

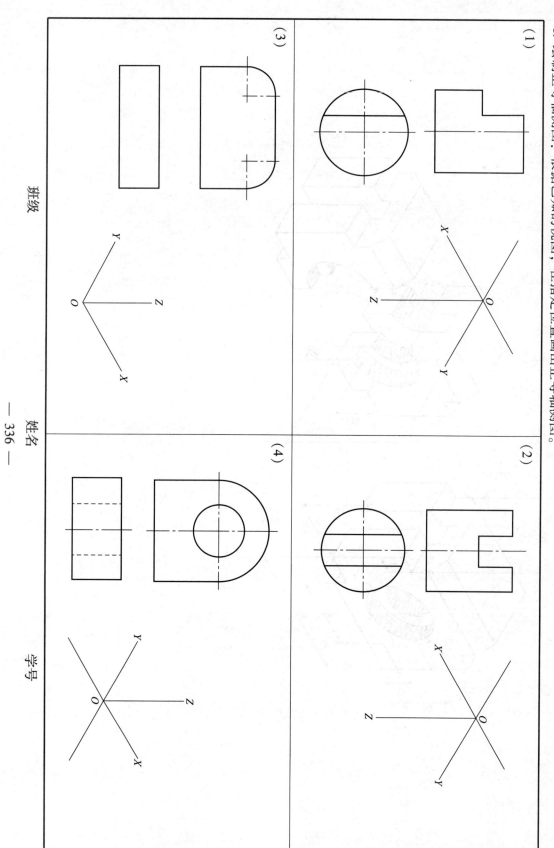

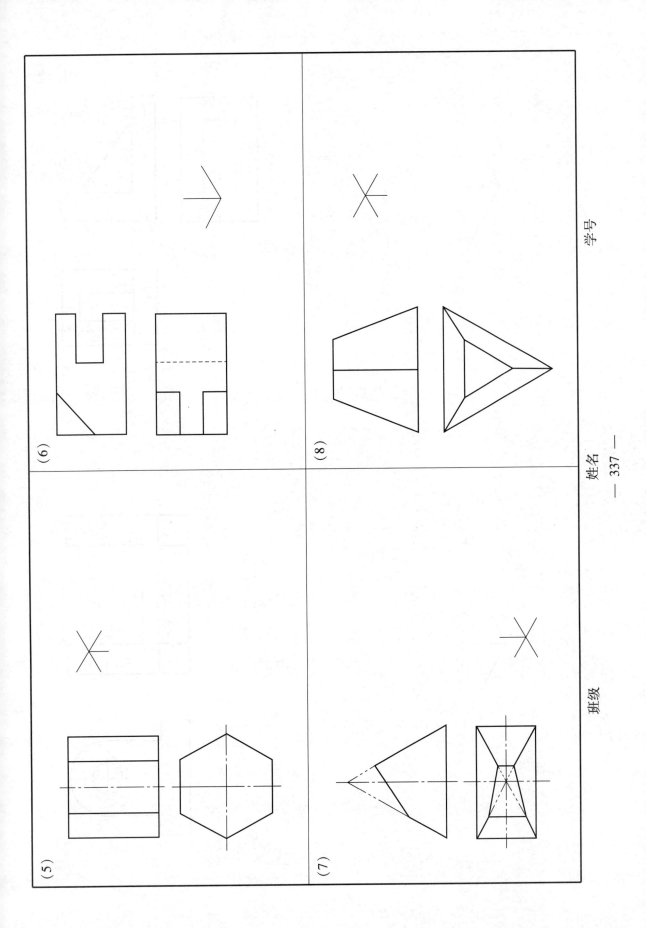

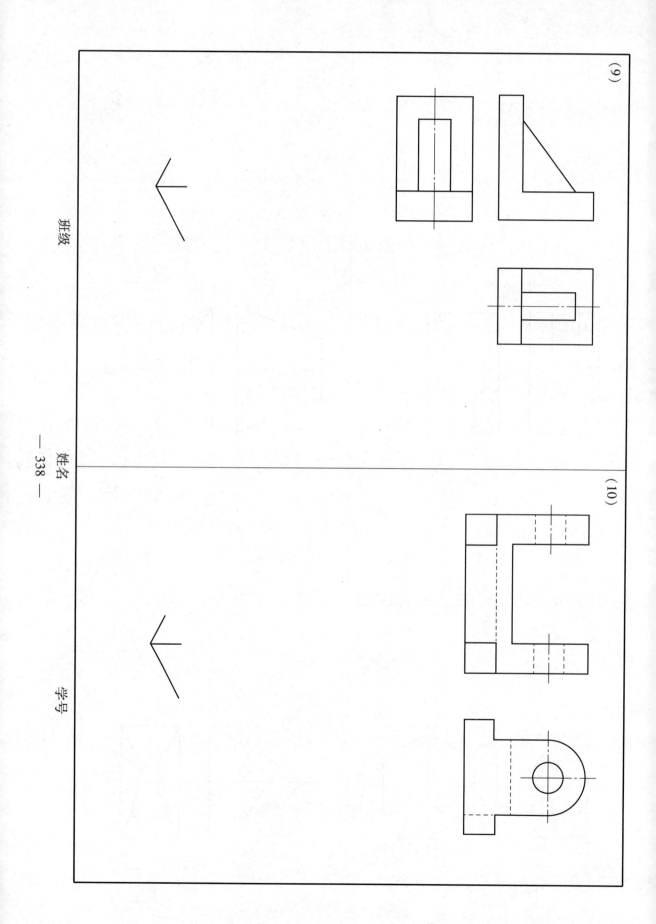

2. 绘制斜二轴测图：补画第三视图，并画斜二等轴测图。

(1)

(2)

3. 用 AutoCAD 绘制正等轴测图。

(1)

(2)

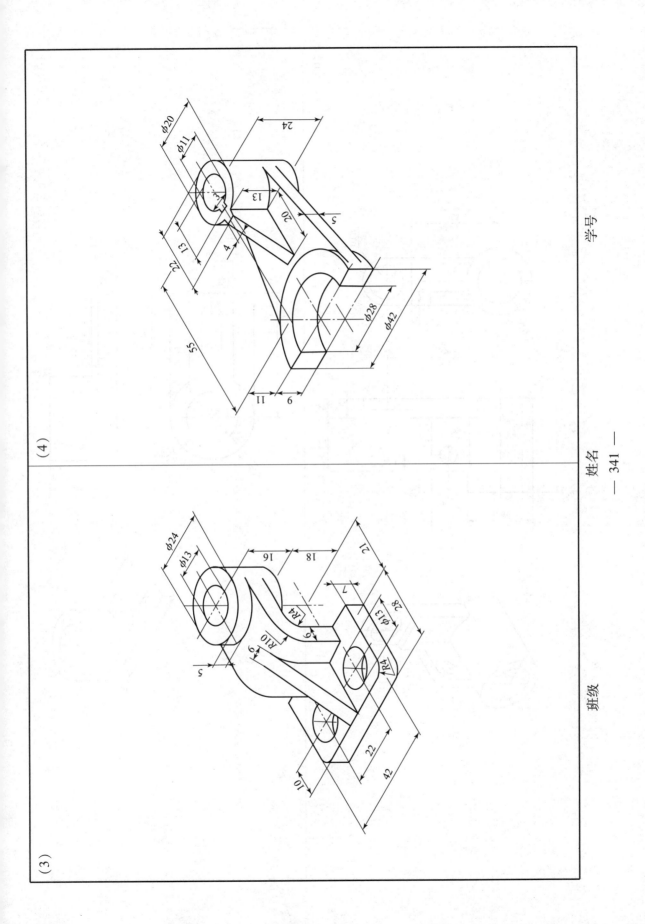

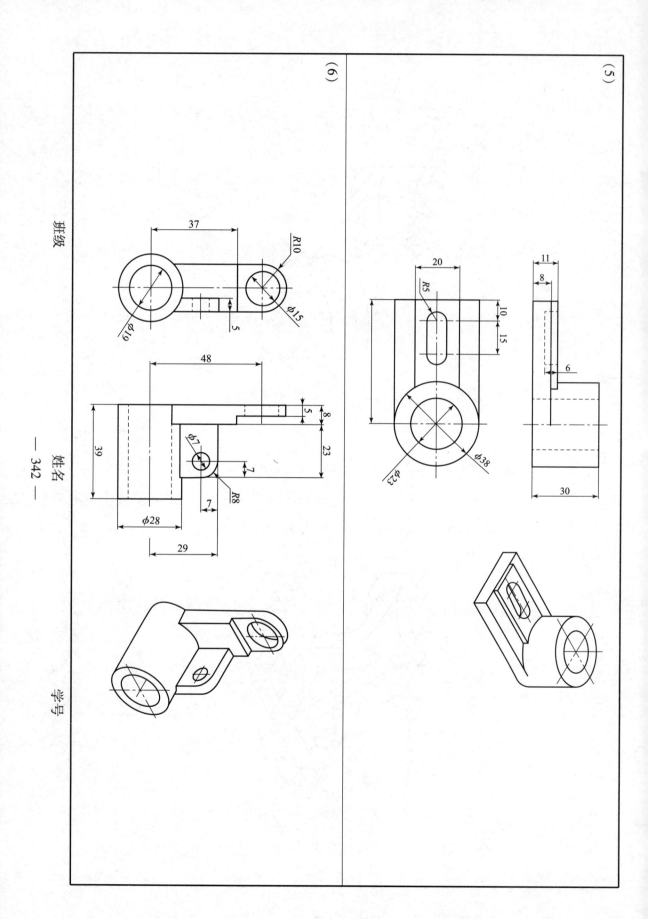

任务 7　运用常用表达方法表达机件结构

1. 视图：根据主、俯、左视图画出其余三个基本视图。

(1)

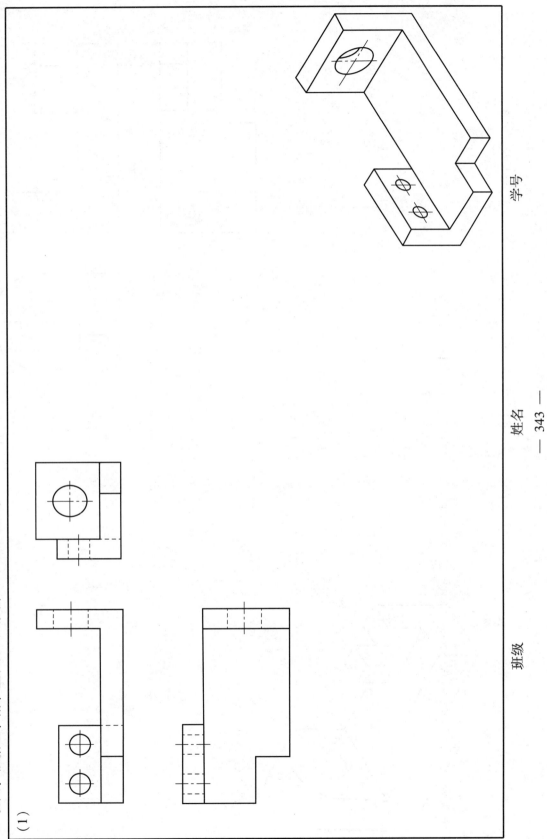

2. 视图：根据主、俯视图，补画左视图，并按指定方向作出向视图。

3. 视图：按指定方向作出局部视图。

(1)

(2)

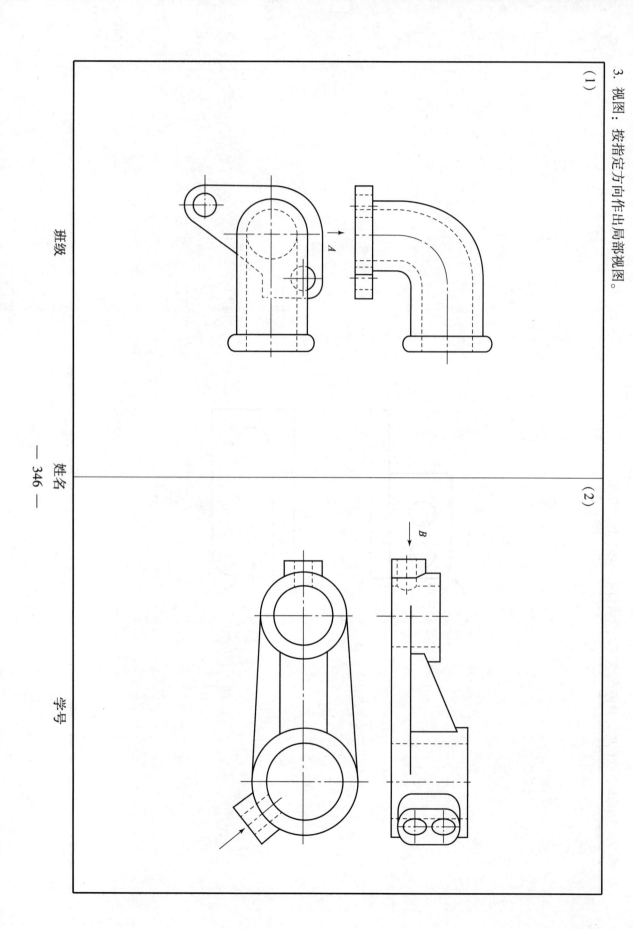

4. 视图：按指定方向作出局部视图和斜视图。

(1) 画出 A 向局部视图和 B 向斜视图。

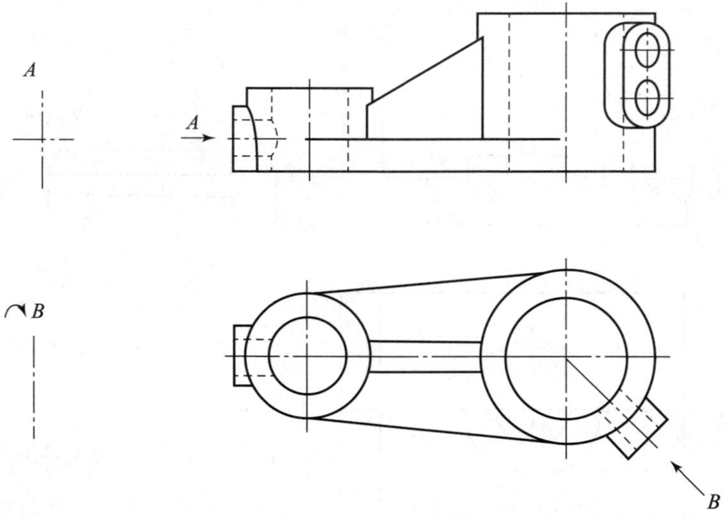

(2) 将左视图改为局部视图，并画出 A 向斜视图以表示底板的形状。

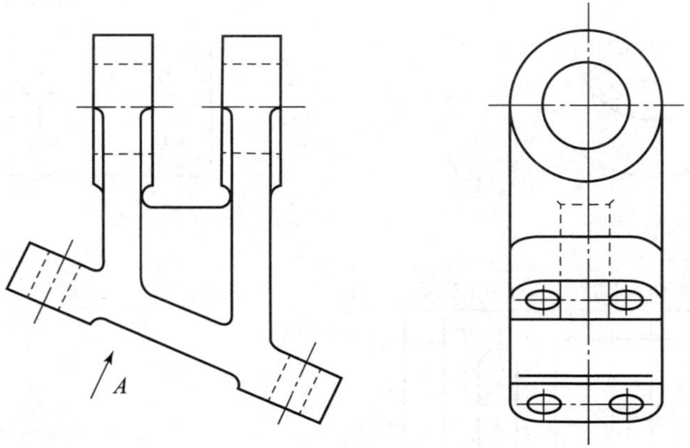

5. 剖视图：将主视图画成全剖视图。

(1)

(2)

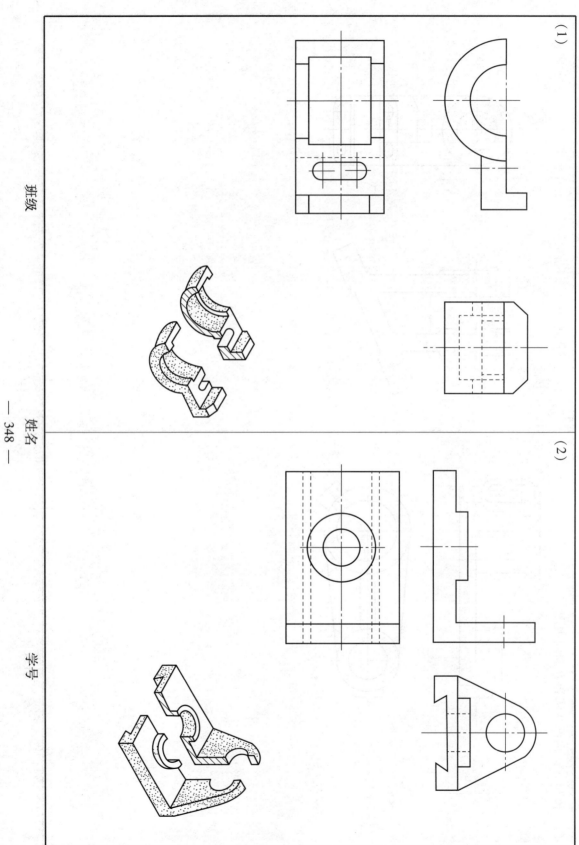

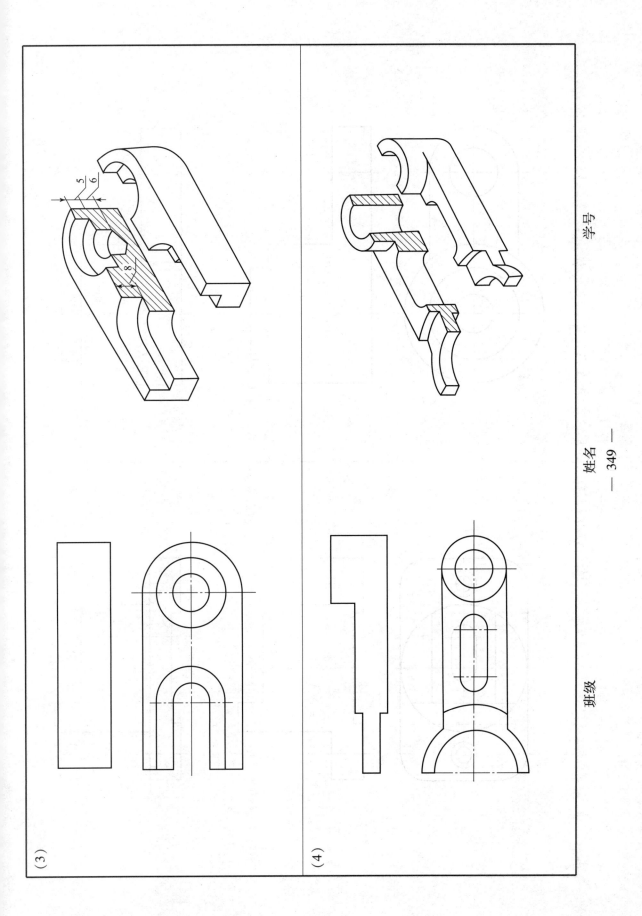

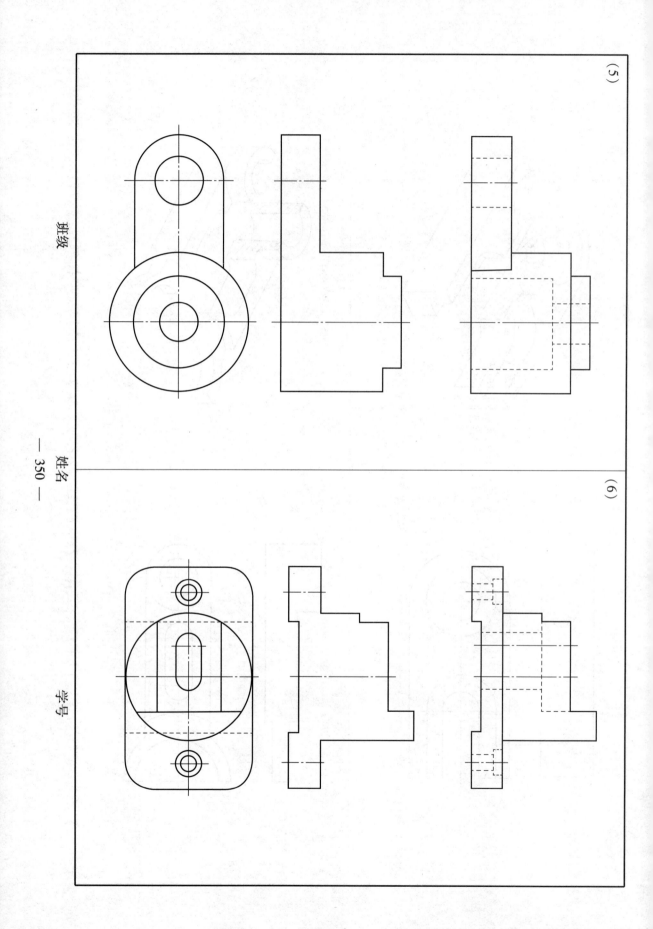

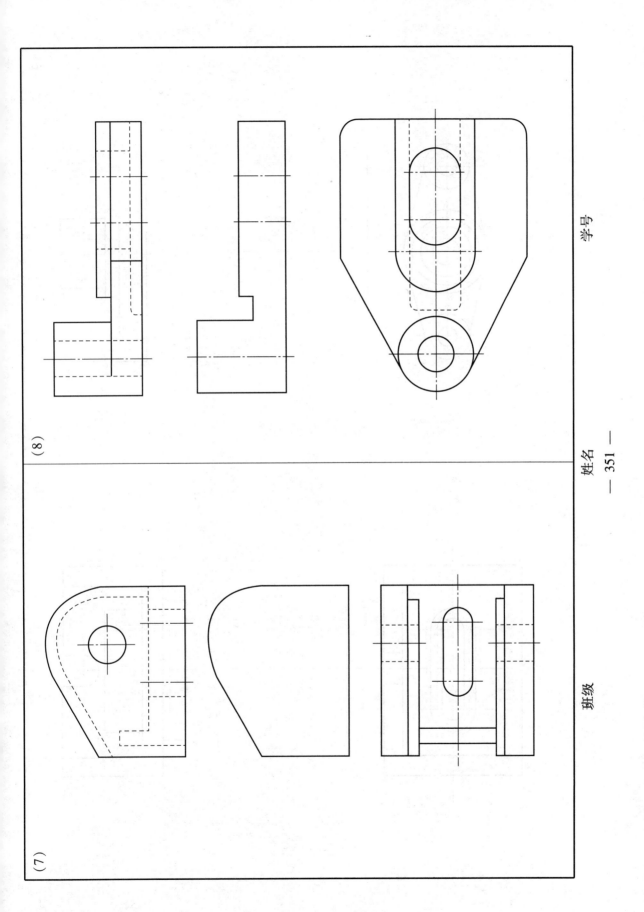

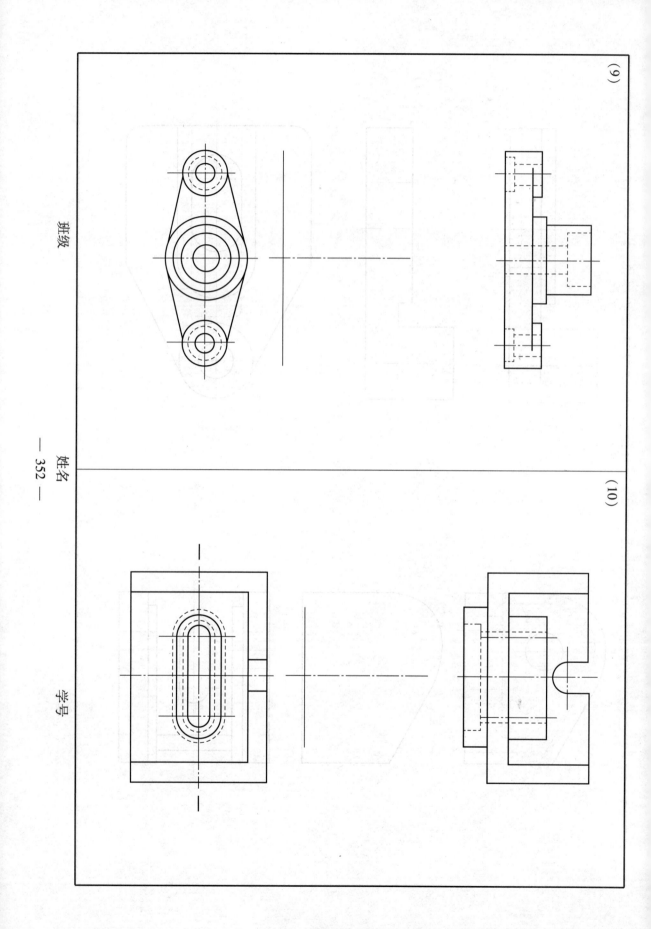

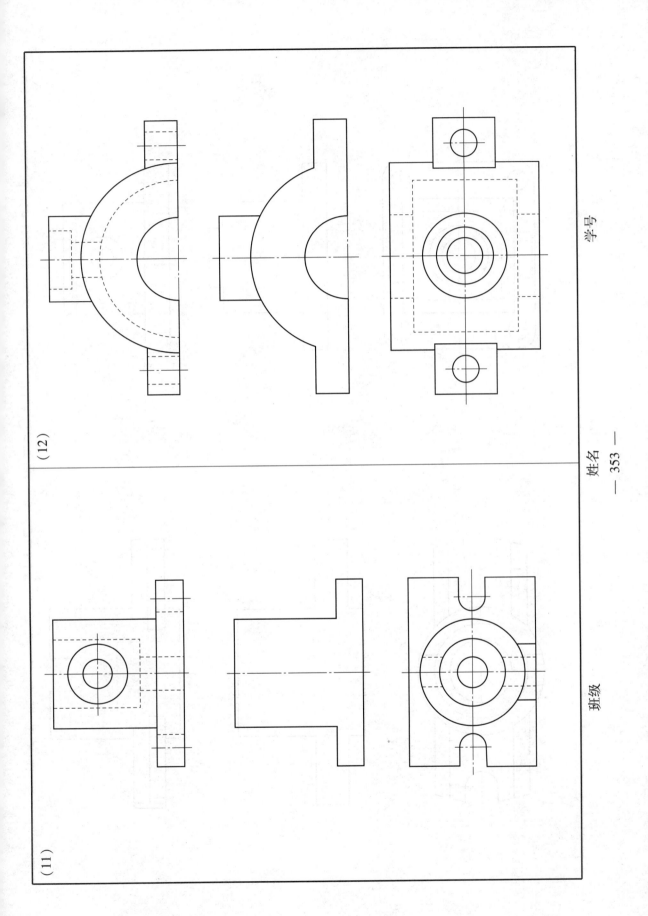

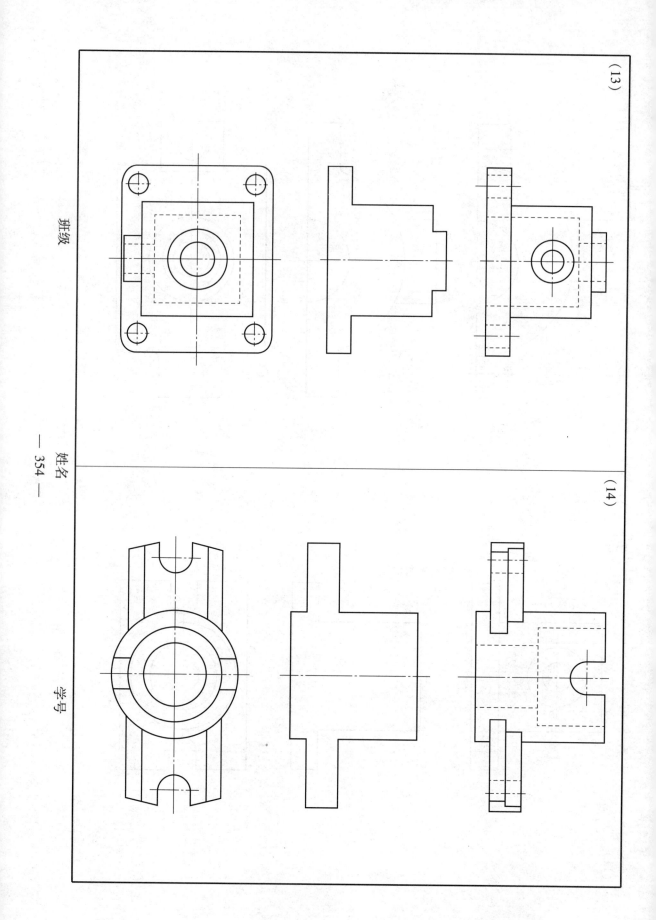

6. 剖视图：将主视图改画成半剖视图，左视图画成全剖视图。

7. 剖视图：将两个视图改画成局部剖视图。

(1)

(2)

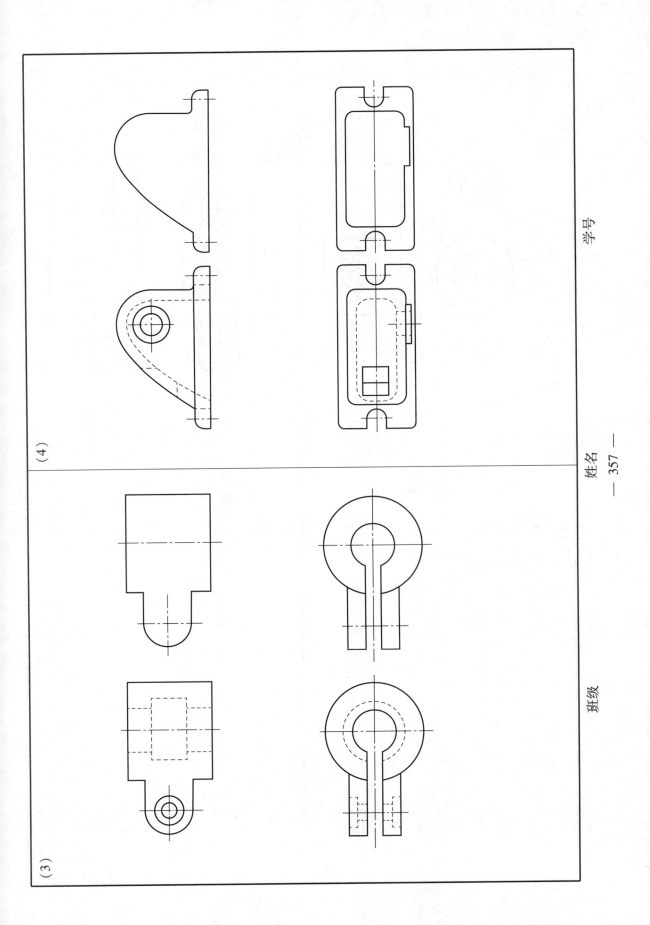

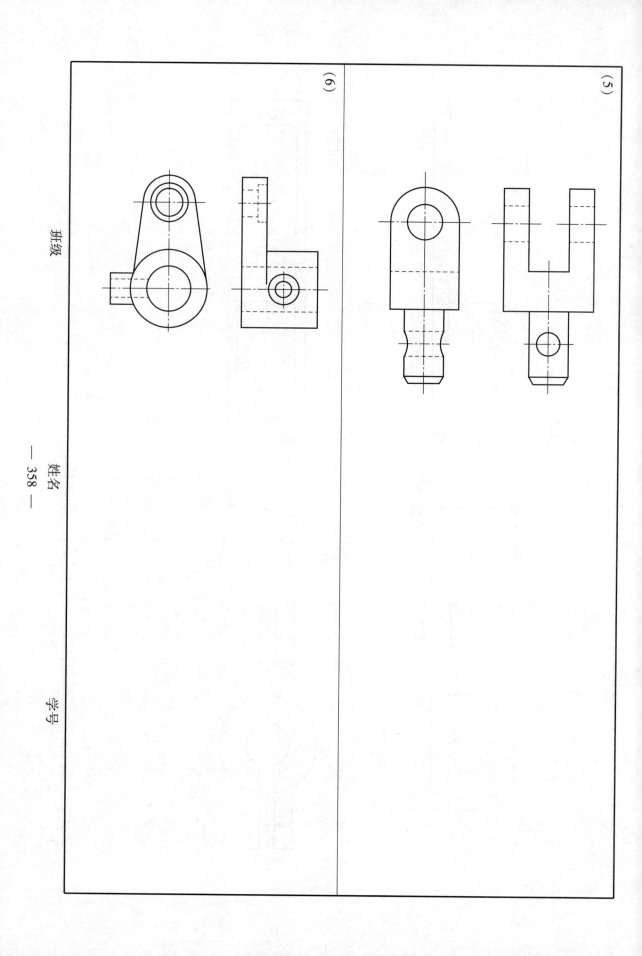

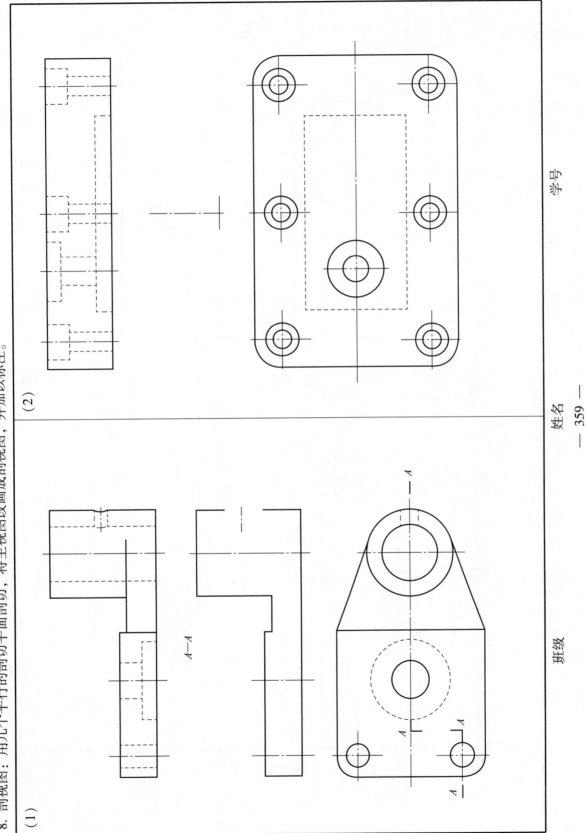

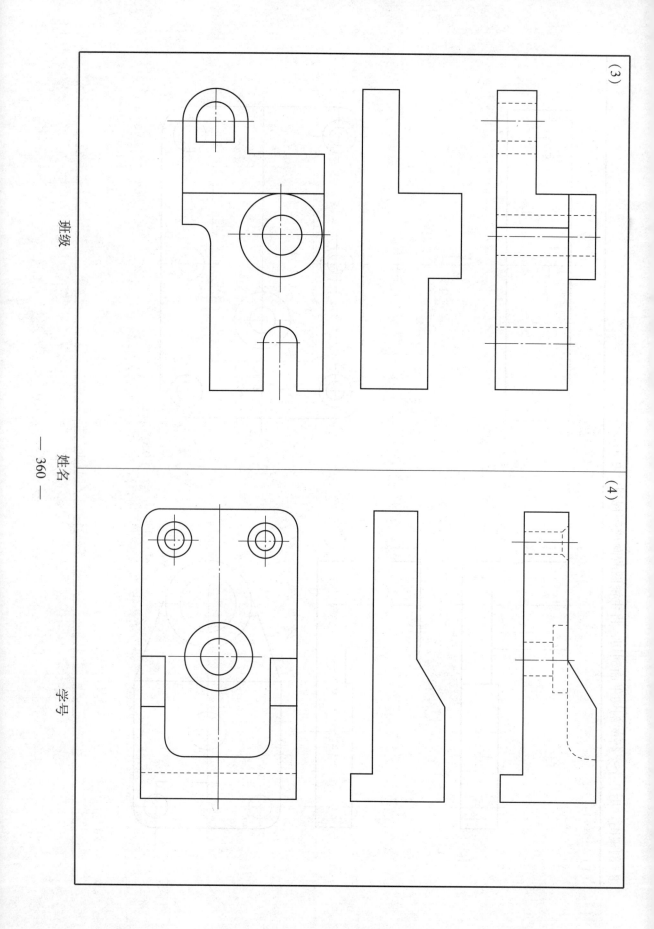

9. 剖视图：用几个相交的剖切平面剖切，将左视图改画成剖视图。

(1)

(2)

10. 剖视图：画出 A—A 剖视图。

(1) A—A

(2) A—A

11. 剖视图：将主视图改画成全剖视图，将左视图画成半剖视图。

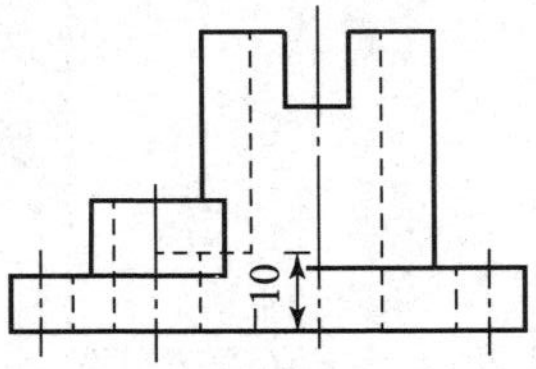

主视图

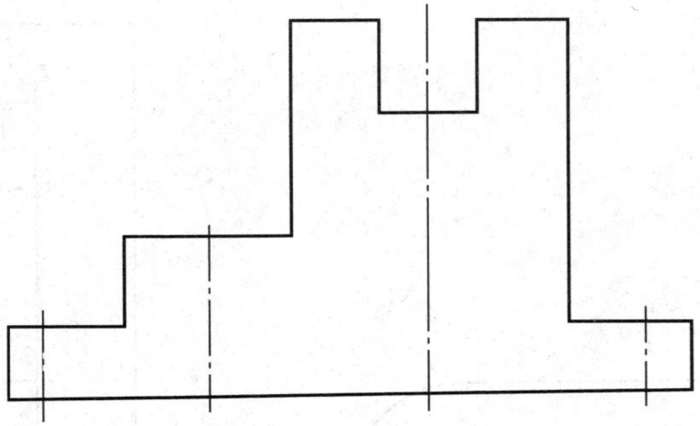

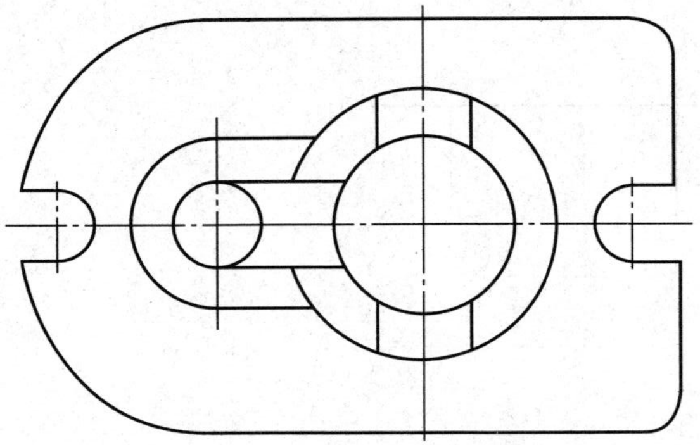

班级　　　　　姓名　　　　　学号

12. 剖视图：在指定位置画出 A—A、B—B 全剖视图。

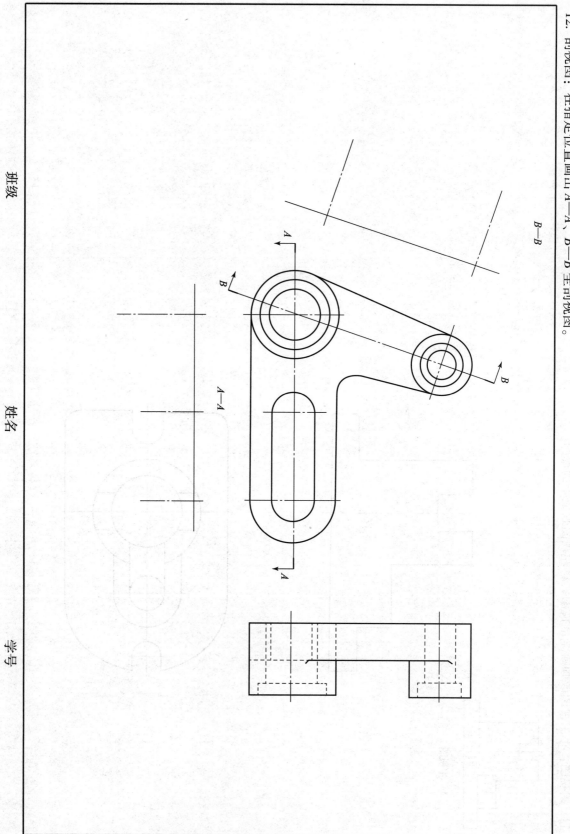

13. 断面图：在指定位置作断面图，并画出局部放大图，比例 2:1。

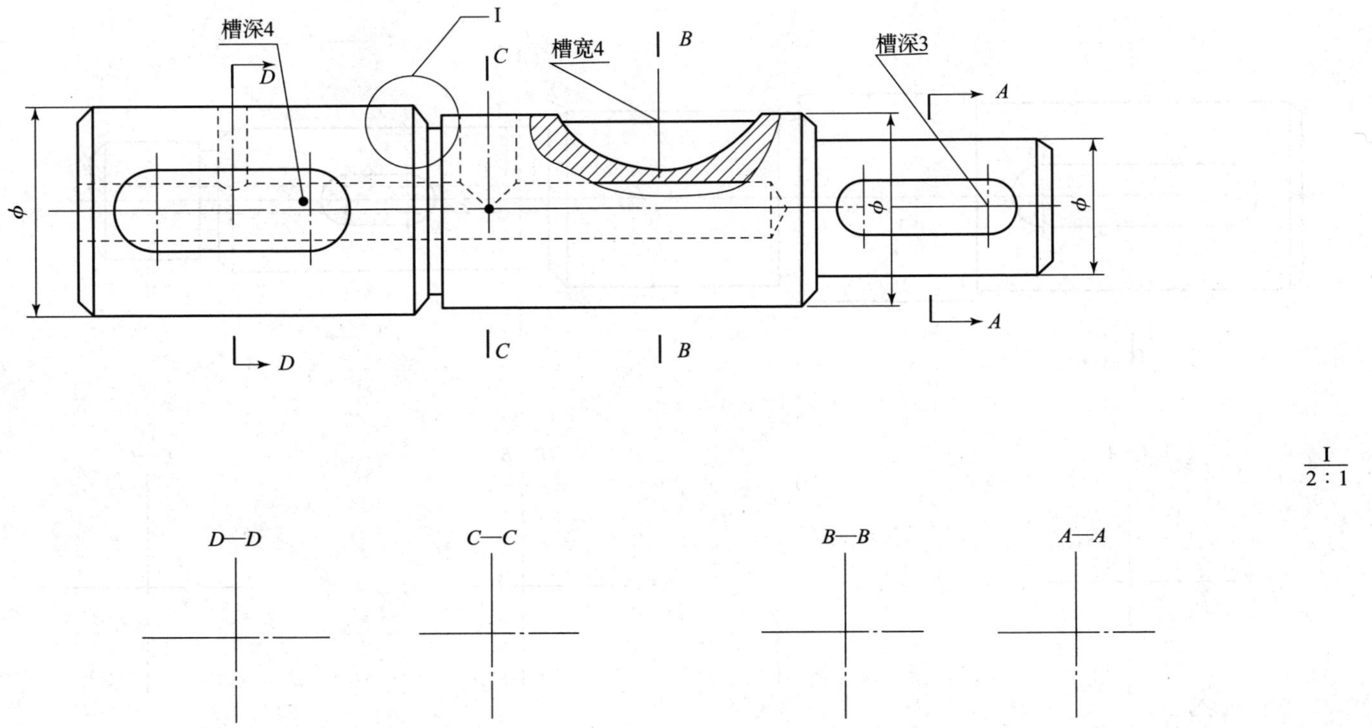

$\dfrac{I}{2:1}$

A—A

B—B

C—C

D—D

班级　　　　　姓名　　　　　学号

14. 断面图：在指定位置画出断面图，左键槽深 4，右键槽深 3。

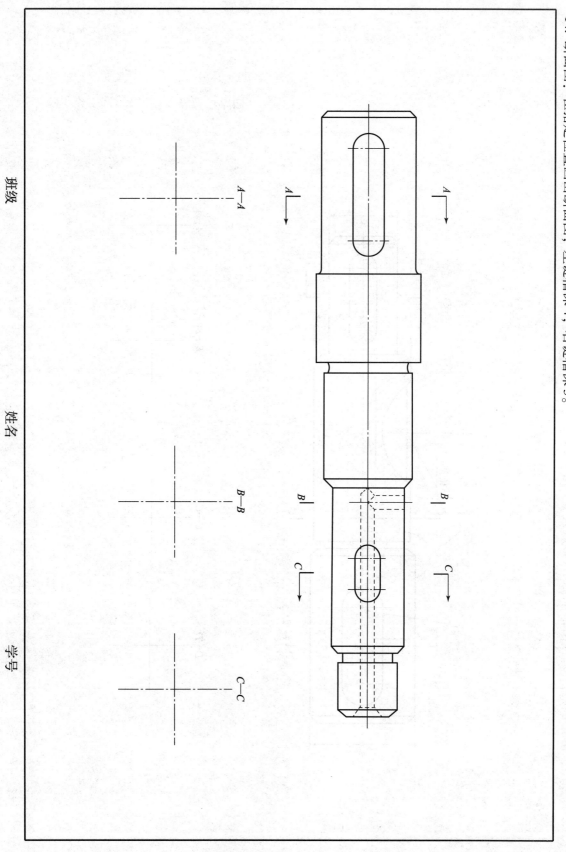

15. 断面图：在指定位置画出断面图。

(1) 槽深3 后面无槽 通孔

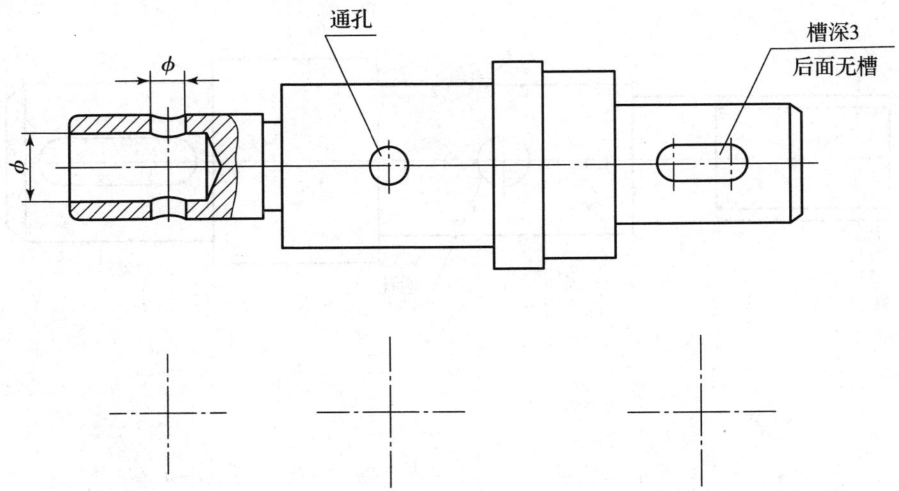

(2)

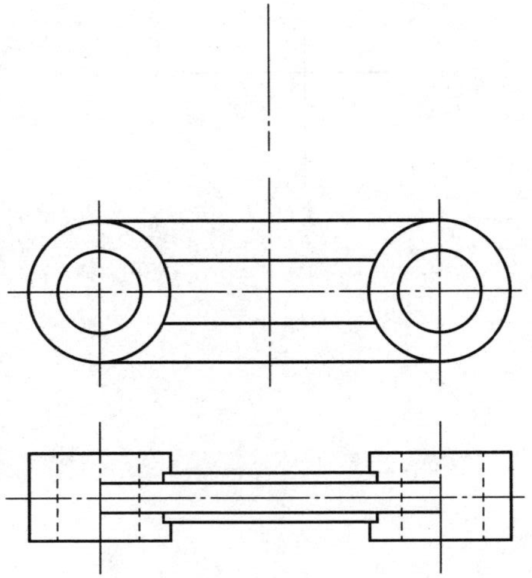

班级　　　　　　姓名　　　　　　学号

16. 断面图：在指定位置画出断面图，需要标注的进行标注，键槽深3。

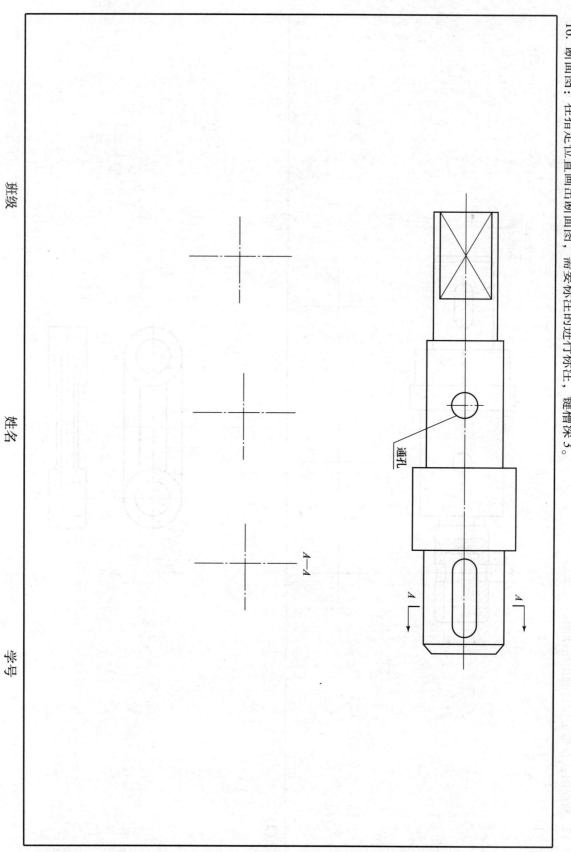

17. 其他表示方法：将指定部位按 2∶1 比例放大画出。

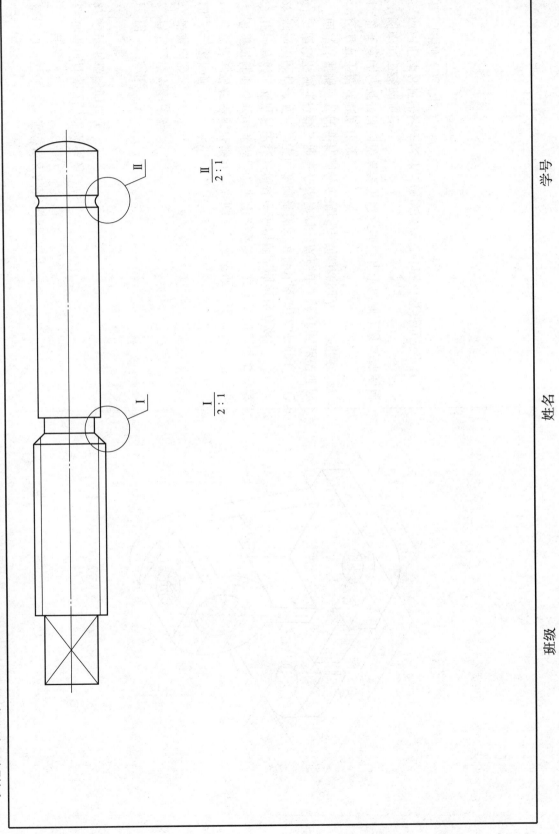

18. 机件图样画法作业：根据所给轴测图，选择恰当的表达方案表达下列形体，并标注尺寸。

一、内容

根据轴测图选择合适的表达方法并标注尺寸。

二、目的

1. 训练机件图表达方法的能力。
2. 掌握剖视图的画法。

三、要求

1. 用A3图纸。
2. 自己选择绘图比例。
3. 铅笔加深。

四、注意事项

1. 在看清并分析机件形状的基础上，考虑应选择哪些视图，再分析机件上哪些内部结构需采用剖视图，怎样剖切，可多考虑几种方案，并进行比较，再从中选出恰当的表达方案。
2. 剖视图应直接画出，不应先画视图，再将其改画成剖视图。
3. 剖面线不画底稿线，而是在描深时一次画出。这样既能保证剖面线的清晰，又便于控制各个视图中剖面线的方向，间隔一致，还有利于提高画图速度。
4. 要注意区分哪些剖切位置线可以不画，并应特别注意局部剖视图中波浪线的画法。
5. 应用形体分析法标注尺寸，确保所注尺寸既不遗漏也不重复。

五、图例（见右图）

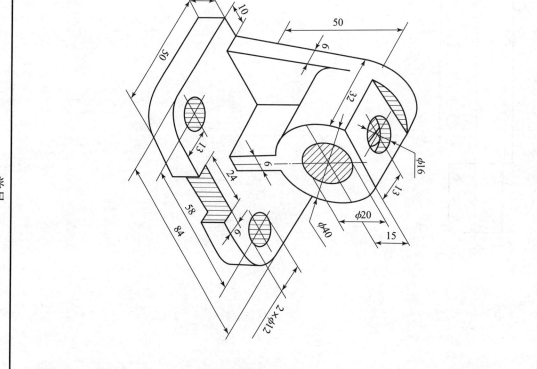

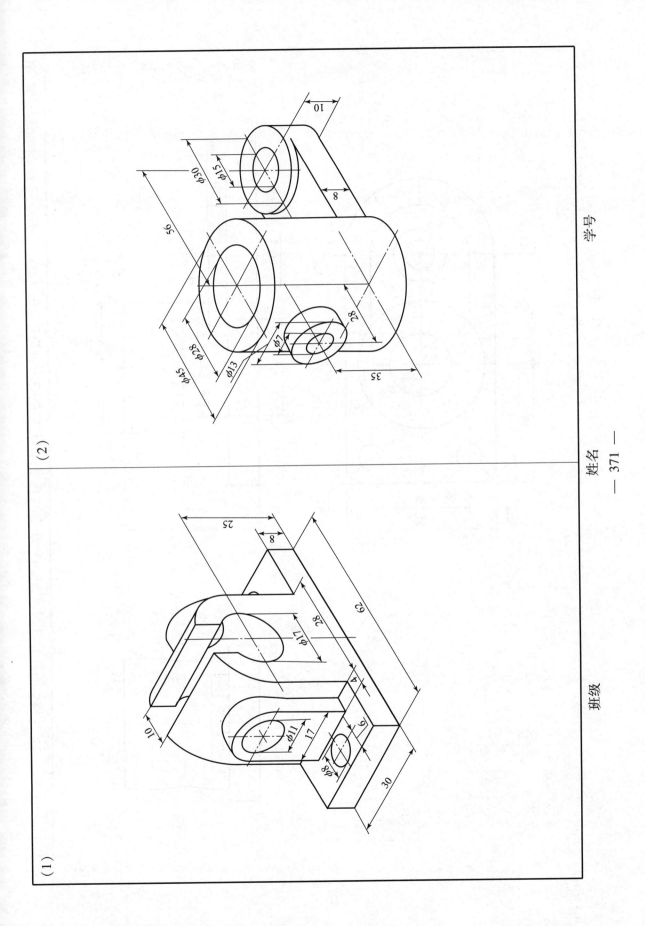

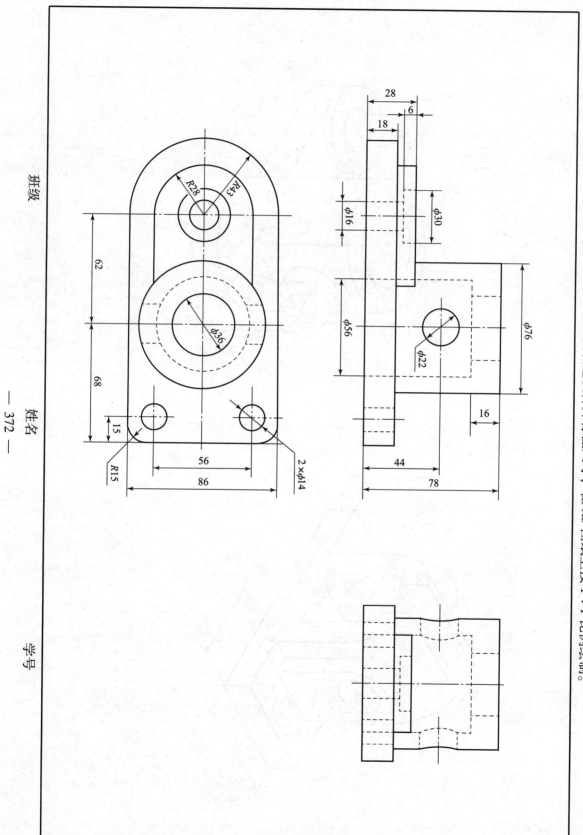

20. 用 AutoCAD 绘制剖视图。

(1)

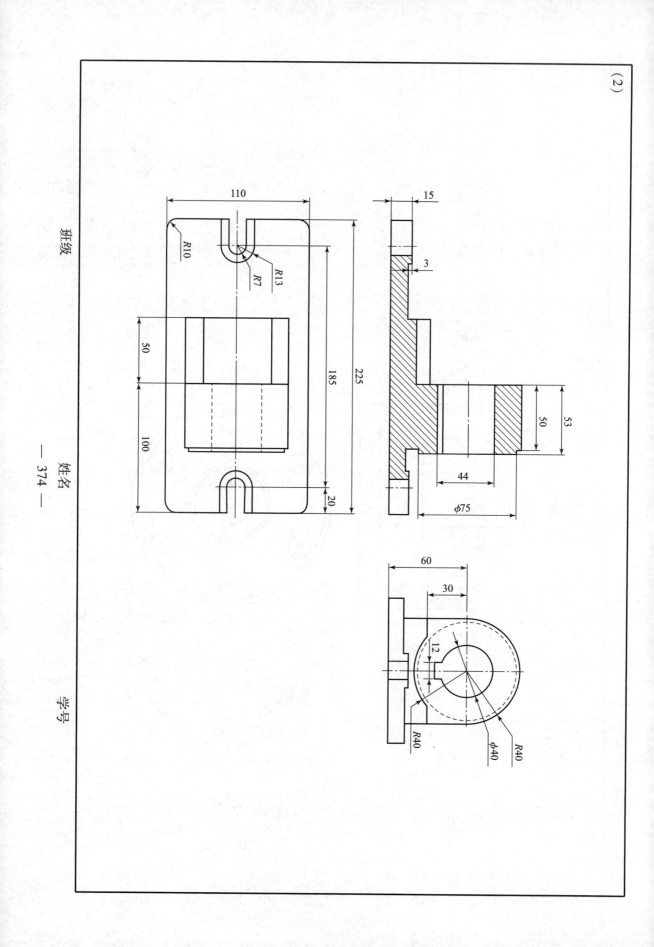

21. 用 AutoCAD 绘制剖视图：根据轴测图及视图轮廓绘制视图及剖视图，主视图采用全剖视图。

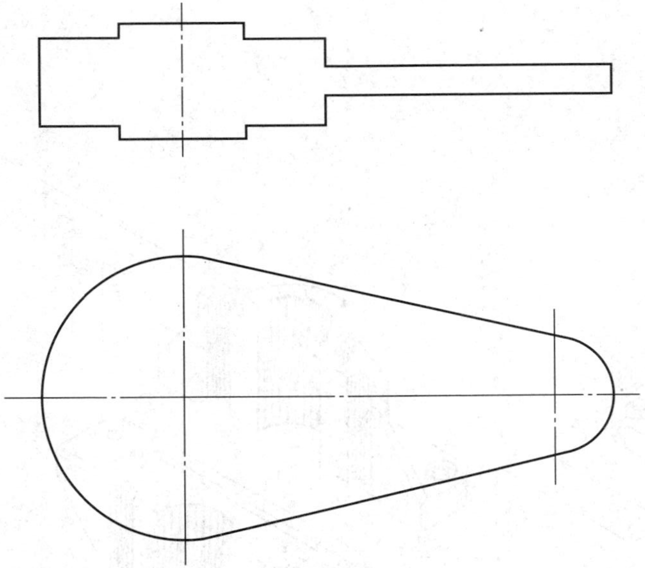

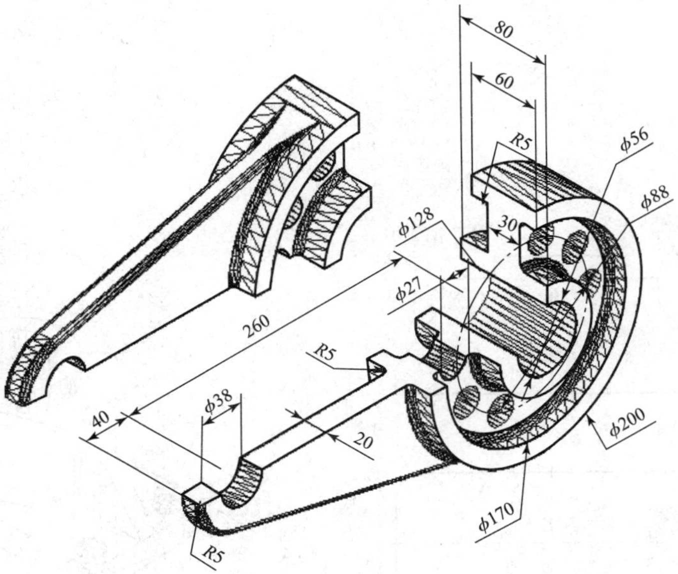

班级　　　　　　　　　姓名　　　　　　　　　学号

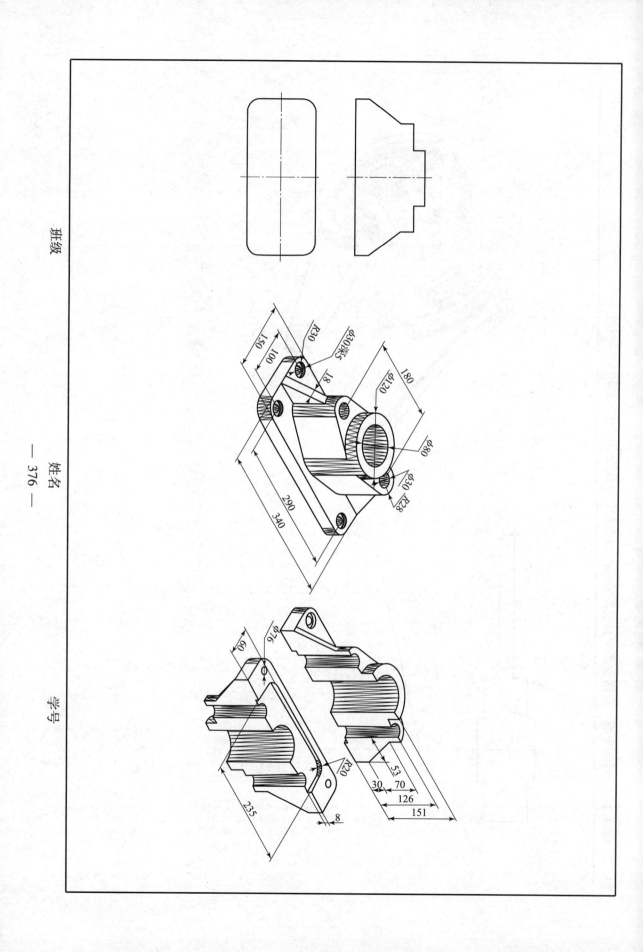

任务 8 绘制标准件和常用件

1. 绘制螺纹紧固件及其连接。

关于下列四个图的说法中，正确的是（　　）。

A. (a)、(b) 正确　　B. (b)、(d) 正确　　C. (a)、(c) 正确　　D. 只有 (d) 正确

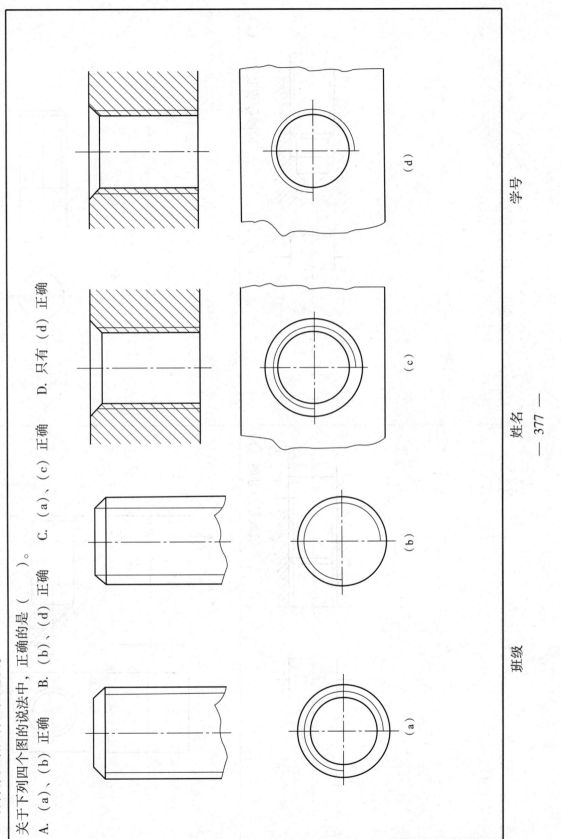

班级　　　　　　　　姓名　　　　　　　　学号

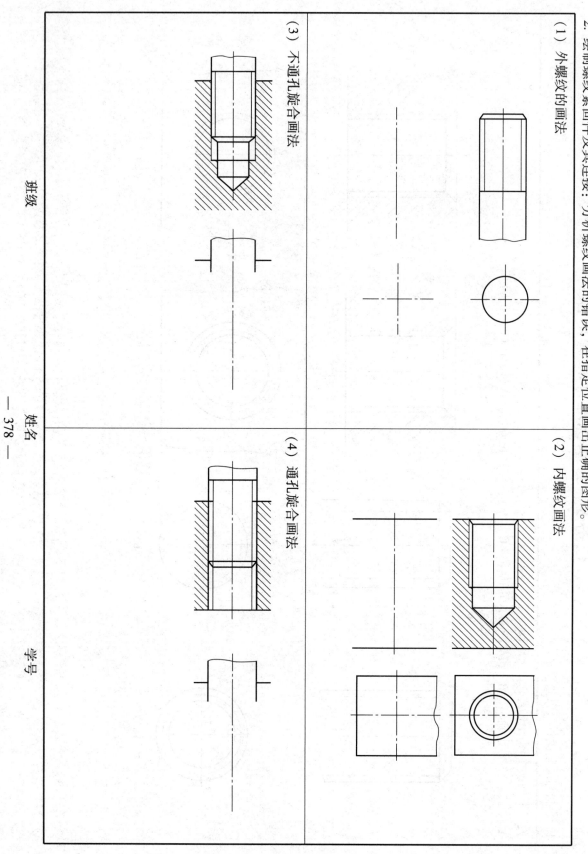

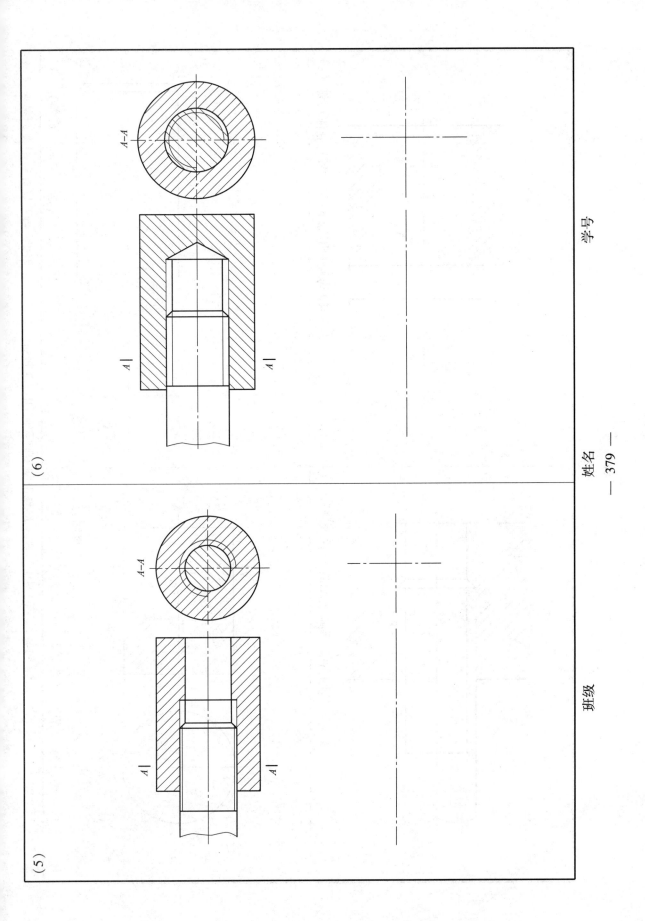

3. 绘制螺纹紧固件及其连接：按给定的尺寸，根据螺纹的规定画法画出螺纹。

(1) 外螺纹（M24），螺纹长度为 30 mm。

(2) 螺纹不通孔（M16），钻孔深度 30 mm，螺孔深度 24 mm，孔口倒角 C1.5。

(3) 螺纹通孔（M16），两端孔口倒角 C1.5。

(4) 按螺纹连接的规定画法完成下图。

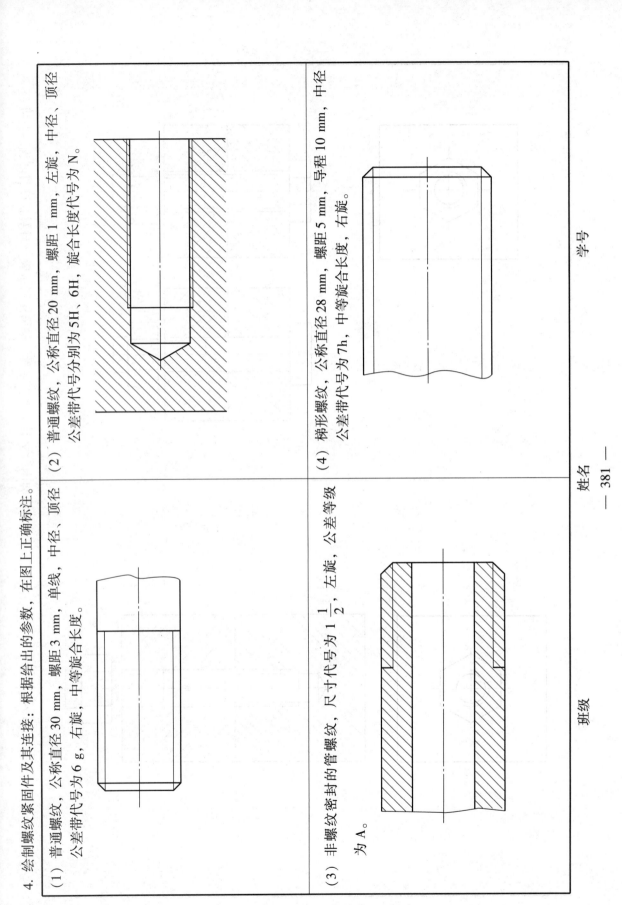

4. 绘制螺纹紧固件及其连接：根据给出的参数，在图上正确标注。

(1) 普通螺纹，公称直径 30 mm，螺距 3 mm，单线，中径、顶径公差带代号为 6 g，右旋，中等旋合长度。

(2) 普通螺纹，公称直径 20 mm，螺距 1 mm，左旋，中径、顶径公差带代号分别为 5H、6H，旋合长度代号为 N。

(3) 非螺纹密封的管螺纹，尺寸代号为 $1\frac{1}{2}$，左旋，公差等级为 A。

(4) 梯形螺纹，公称直径 28 mm，螺距 5 mm，导程 10 mm，中径公差带代号为 7h，中等旋合长度，右旋。

5. 绘制螺纹紧固件及其连接：圈出以下螺栓连接和双头螺柱连接中的错误。

(1)

(2)

6. 绘制螺纹紧固件及其连接：绘制螺栓连接的主、俯视图，采用近似画法。

7. 键连接。

已知齿轮和轴用 A 型普通平键连接，轴孔直径为 40 mm，键的长度为 40 mm。

(1) 写出键的规定标记；(2) 查表确定键和键槽的尺寸，用 1:2 比例画全下列各视图和断面图，并标注键槽的尺寸。

键的规定标记_____。

a. 轴　　　　b. 齿轮　　　　c. 齿轮和轴间的键连接。

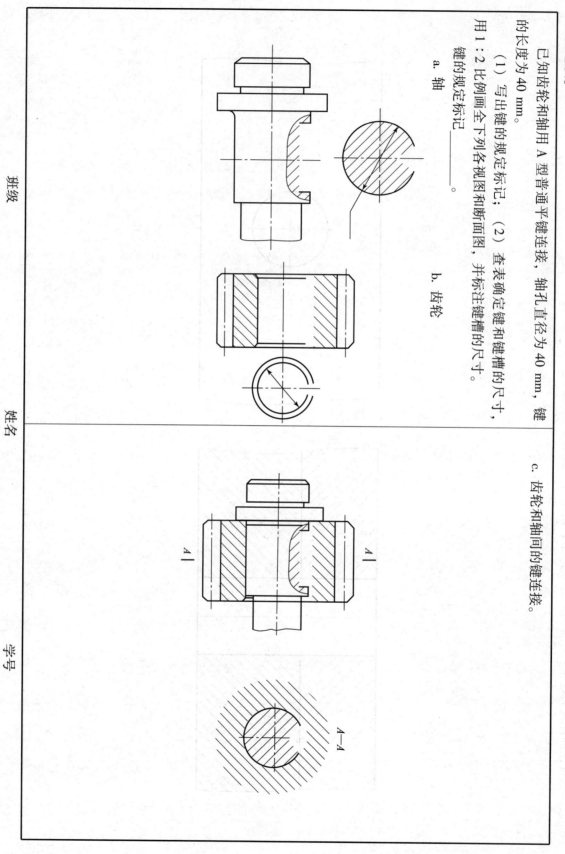

8. 销连接。

已知齿轮和轴用 B 型圆柱销连接，销的长度为 40 mm。

(1) 写出销的规定标记。

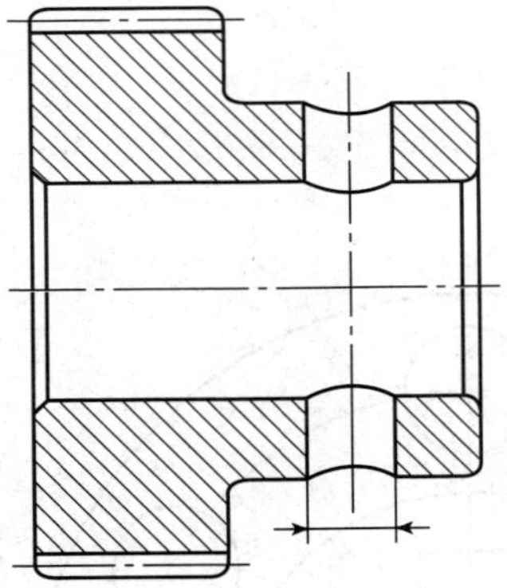

(2) 查表确定销的尺寸。

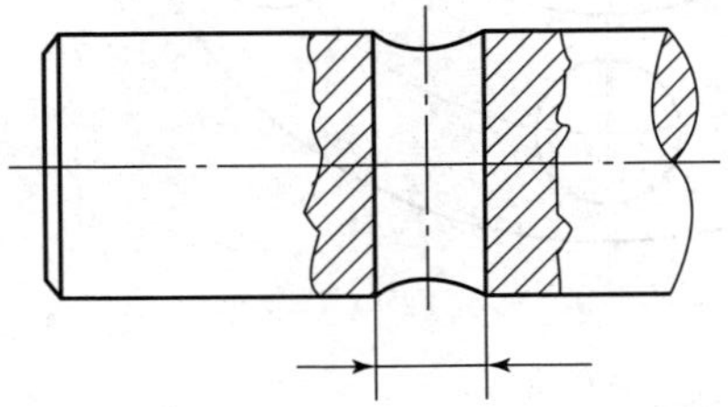

(3) 用 1∶1 比例补全齿轮与轴的装配图，并标出销孔的尺寸。

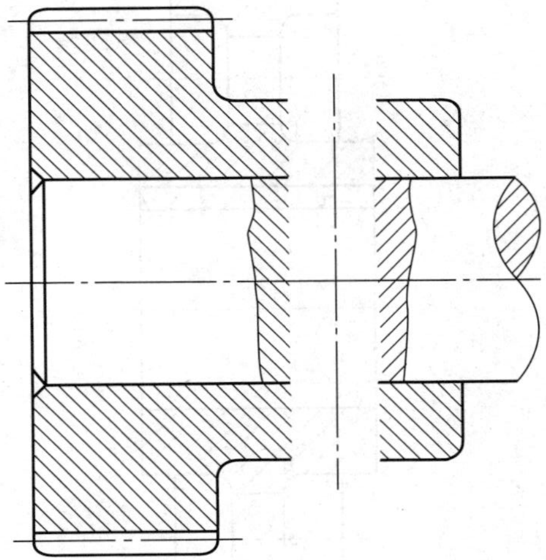

9. 齿轮画法：绘制齿轮及其啮合。

(1) 已知直齿圆柱齿轮模数 $m=3$ mm，齿数 $z=26$，计算该齿轮的分度圆、齿顶圆和齿根圆的直径，用 1:1 比例完成下列两视图，并标注尺寸。（倒角 C1.5）

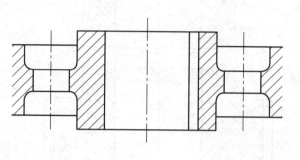

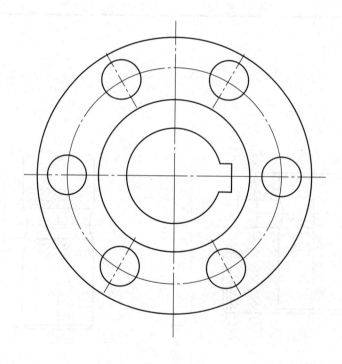

(2) 已知一对直齿圆柱齿轮啮合，模数 $m = 2$ mm，大齿轮的齿数 $Z_2 = 36$，试计算两齿轮的主要尺寸，并完成其啮合图。

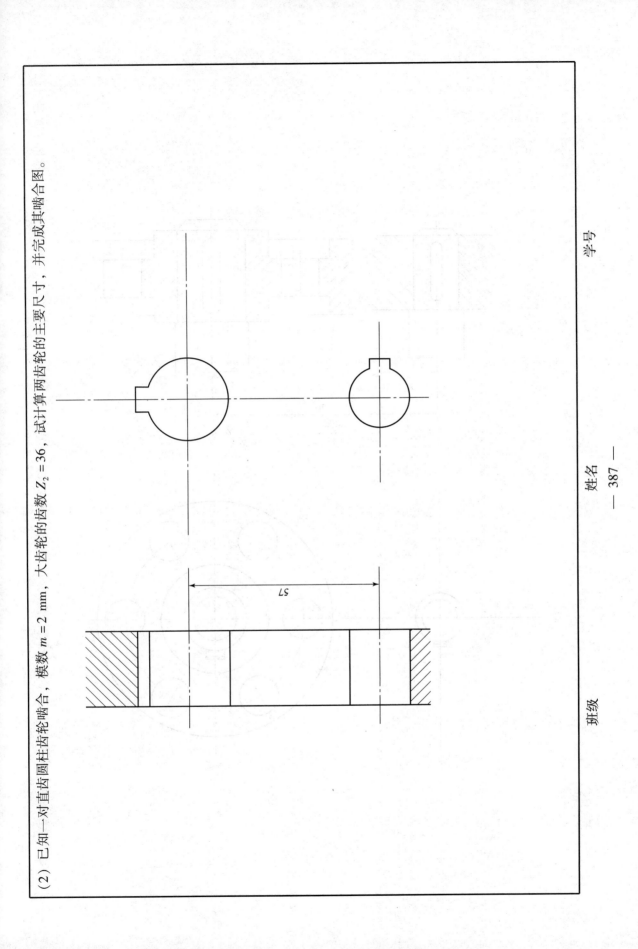

(3) 已知大齿轮模数 $m = 40$ mm，齿数 $z = 40$，两齿轮中心距 $a = 120$ mm，计算大小齿轮的基本尺寸，按 1∶2 比例完成两齿轮啮合图。

10. 轴承和弹簧：查表确定滚动轴承的尺寸，并用规定画法画出轴承与轴的装配图。

(1) 滚动轴承 30306（GB/T 297—2015）。

(2) 滚动轴承 6305（GB/T 276—2013）。

11. 轴承和弹簧：弹簧练习。

(1) 已知圆柱螺旋压缩弹簧的簧丝直径 5 mm，弹簧中径 40 mm，节距 10 mm，弹簧自由长度 76 mm，支承圈数 2.5，右旋。试画出弹簧的全剖视图，并标注尺寸。

(2) 由下图判断弹簧旋向。

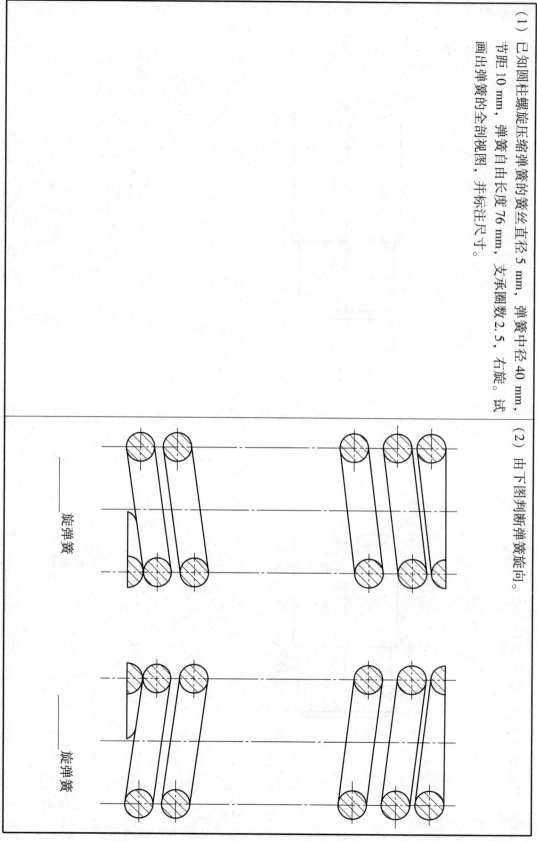

_____ 旋弹簧

_____ 旋弹簧

任务 9　绘制零件图

1. 读懂零件轴测图，绘制零件工作图。

(1)

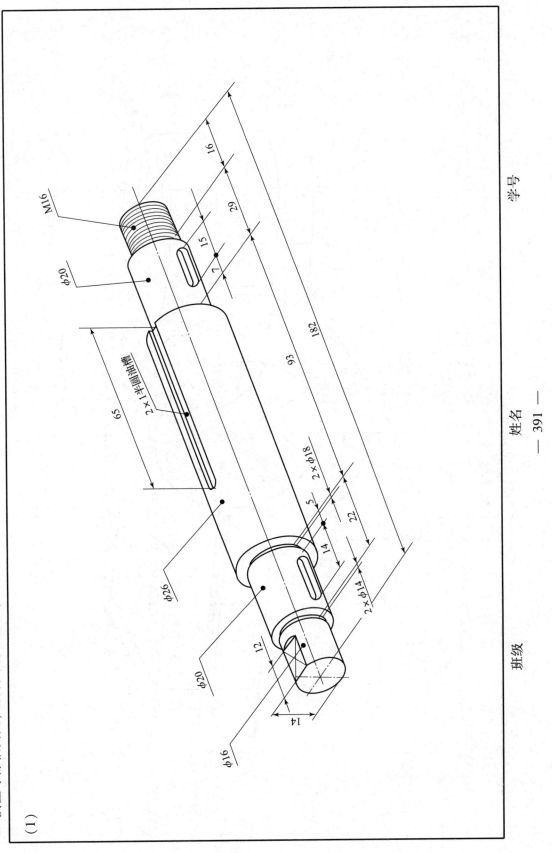

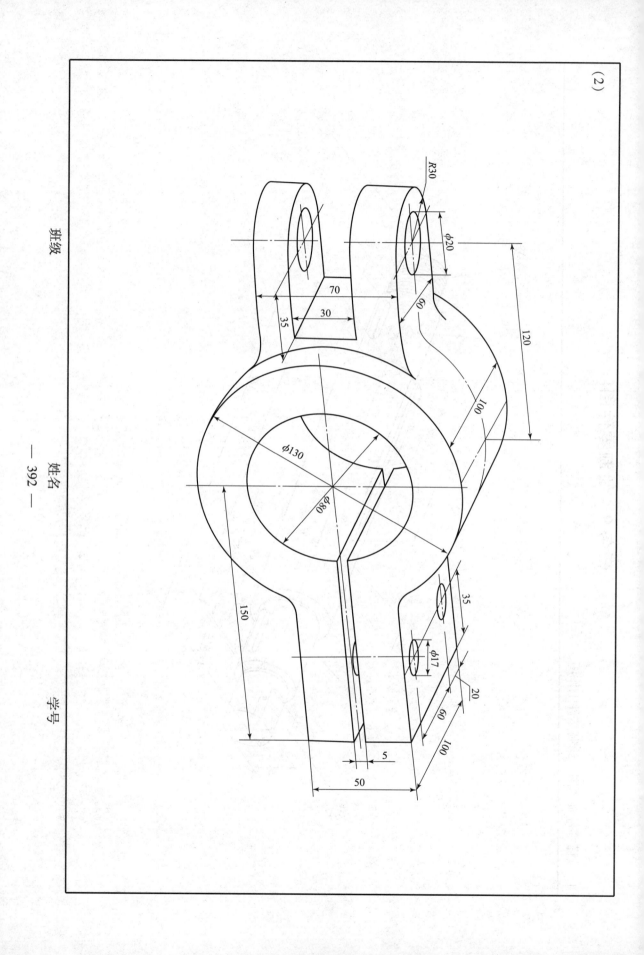

2. 零件图上的技术要求：表面粗糙度。

(1) 指出图（a）中表面粗糙度标注的错误，在图（b）中正确标注。

(2) 按要求标注零件的表面粗糙度符号：
   a. 各个圆柱面的 Ra 为 3.2 μm；
   b. 倒角的 Ra 为 12.5 μm；
   c. 各个平面的 Ra 为 6.3 μm。

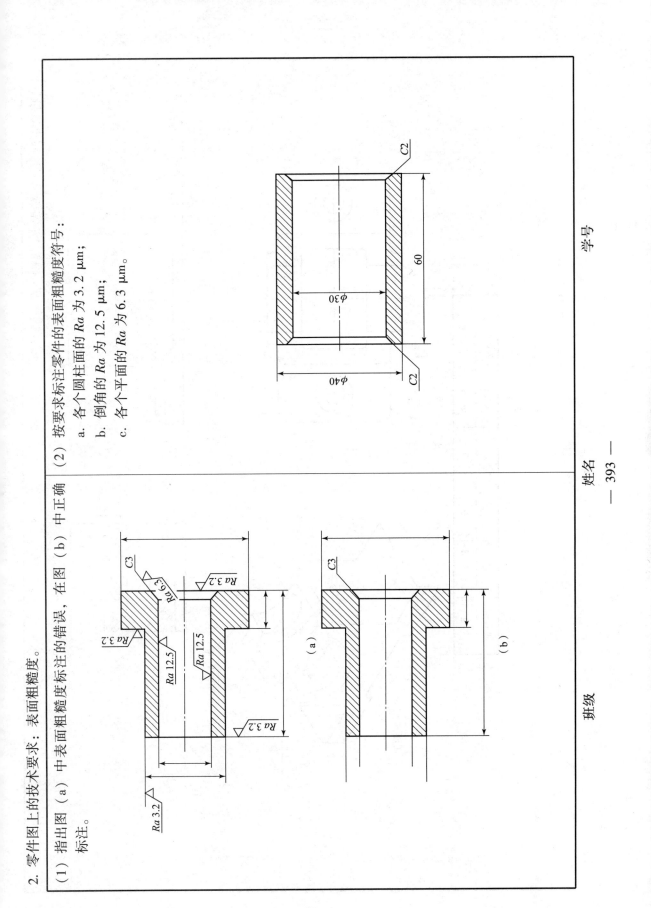

(3) 将给定的表面粗糙度 Ra 值标注在视图上。

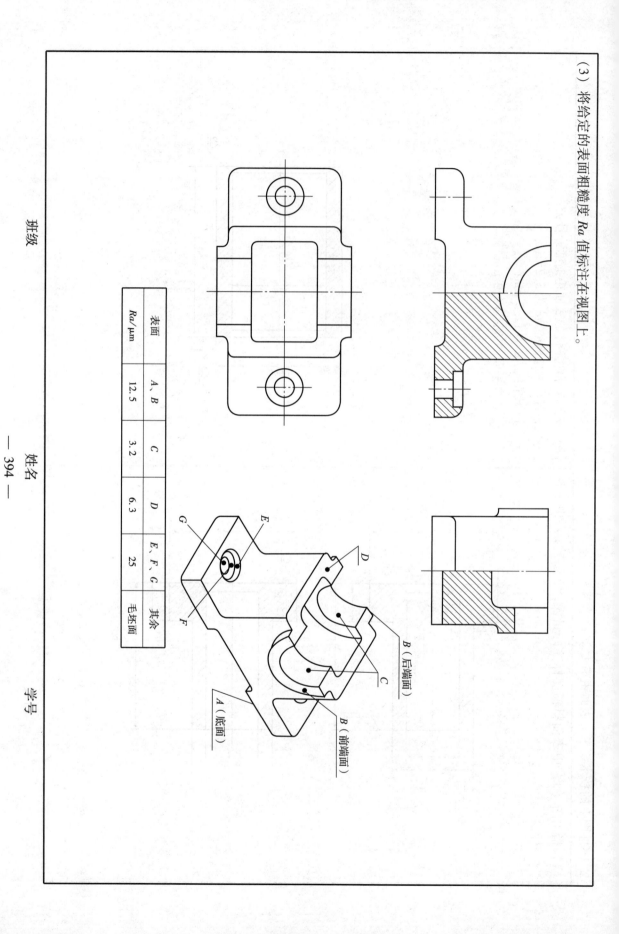

表面	A, B	C	D	E, F, G	其余
$Ra/\mu m$	12.5	3.2	6.3	25	毛坯面

3. 零件图上的技术要求：极限与配合。

(1) 根据装配图中的尺寸和配合代号，通过查表，填空并标注出各零件的尺寸和偏差值。

　　a. φ34 $\dfrac{H7}{k6}$：孔 _____，轴 _____；基 _____ 制，_____ 配合。

　　b. φ26 $\dfrac{H7}{f6}$：孔 _____，轴 _____；基 _____ 制，_____ 配合。

(2) 配合尺寸（φ24 $\dfrac{H9}{f9}$ 是基 _____ 制，孔的基本偏差代号为 _____，轴的基本偏差代号为 _____，公差等级为 _____ 级；公差等级为 _____ 级，它们是 _____ 配合。

(3) 配合尺寸中 φ14 $\dfrac{K7}{h6}$ 是基 _____ 制，孔的基本偏差代号为 _____，公差等级为 _____ 级；轴的基本偏差代号为 _____，公差等级为 _____ 级，它们是 _____ 配合。

(4) 配合尺寸中 φ5 $\dfrac{H7}{n6}$ 是基 _____ 制，孔的基本偏差代号为 _____，公差等级为 _____ 级；轴的基本偏差代号为 _____，公差等级为 _____ 级，它们是 _____ 配合。

(5) 根据装配图中的配合代号，在零件图上分别标出孔和轴的尺寸及公差代号，查出偏差数值并填空。

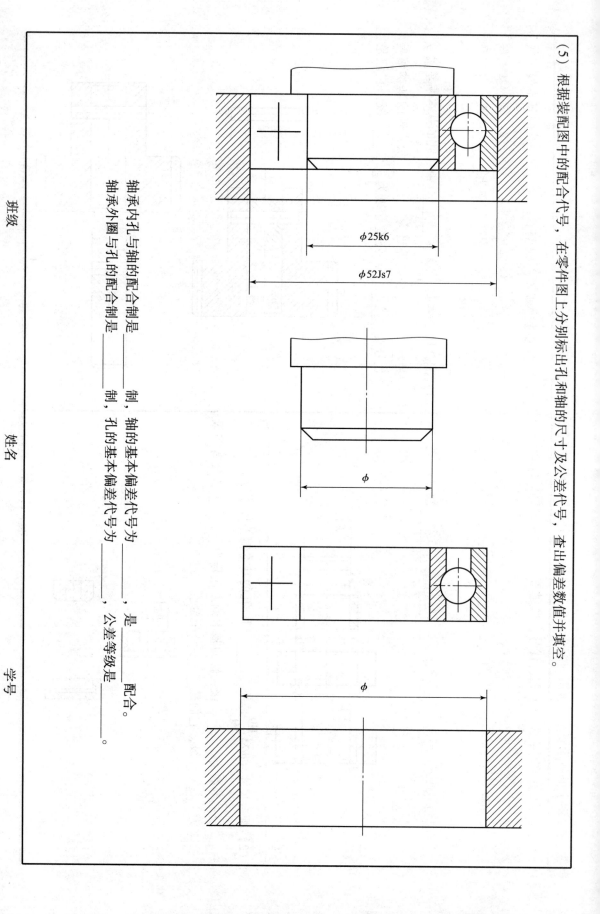

轴承内孔与轴的配合制是＿＿＿＿制，轴的基本偏差代号为＿＿＿＿，是＿＿＿＿配合。

轴承外圈与孔的配合制是＿＿＿＿制，孔的基本偏差代号为＿＿＿＿，公差等级是＿＿＿＿。

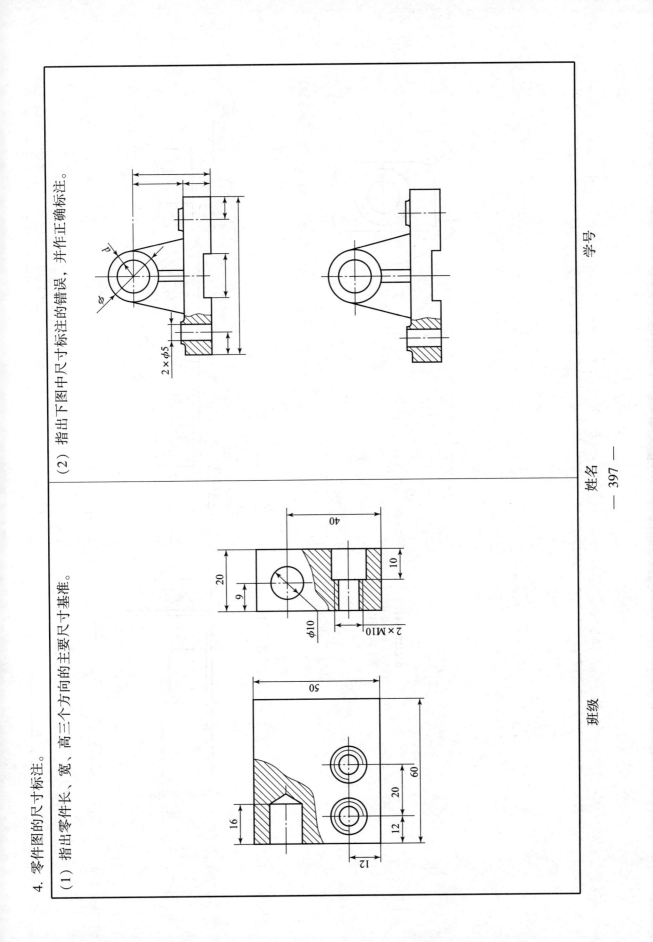

(3) 确定轴承盖的尺寸基准，并注出图中所缺的尺寸。

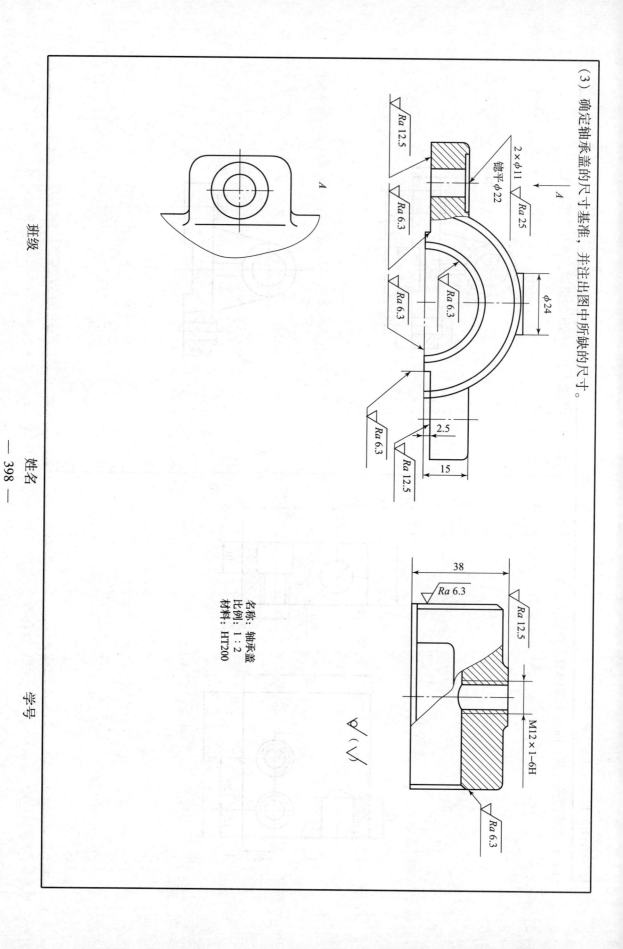

名称：轴承盖
比例：1:2
材料：HT200

5. 识读零件图，回答下列问题。

(1) a. 该零件图用了＿＿＿个视图，它们分别是＿＿＿图和＿＿＿图。

b. 在图中用指引线指出长、宽、高三个方向的主要尺寸基准。

c. 该零件＿＿＿图用＿＿＿剖视图，＿＿＿图用＿＿＿剖视图来表达。

d. φ4 的定位尺寸是＿＿＿。

e. $\phi 24^{+0.072}_{+0.020}$ 的基本尺寸是＿＿＿，上极限尺寸是＿＿＿，下极限偏差是＿＿＿，尺寸公差是＿＿＿。

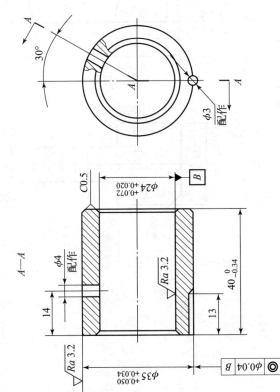

(2) a. 该零件图用了_____个视图，它们分别是_____图和_____图，其中_____图采用了_____剖视图。
b. 在图中用指引线指出长、宽、高三个方向的主要尺寸基准。
c. $\phi 6^{+0.013}_{\ 0}$ 的定位尺寸是_____。
d. 该零件的总长是_____，总高是_____，总宽是_____。
e. 24 ± 0.14 的基本尺寸是_____，上极限偏差是_____，下极限偏差是_____，尺寸公差是_____。

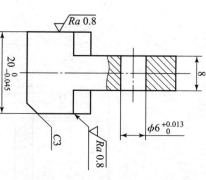

(3)
a. 该零件的名称是　　　　，材料是　　　　，比例是　　　　。
b. 该零件用　　　　个视图表示，各视图的名称是　　　　。
c. 该零件上两个键槽的宽度分别为　　　　和　　　　，深度分别为　　　　和　　　　，长度方向的定位尺寸分别为　　　　和　　　　。
d. $\phi 35^{+0.025}_{+0.009}$ 的上极限尺寸为　　　　，下极限尺寸为　　　　，尺寸公差为　　　　。
e. 在该零件的加工表面中，要求最光洁的表面粗糙度代号为　　　　，这种表面有　　　　处。

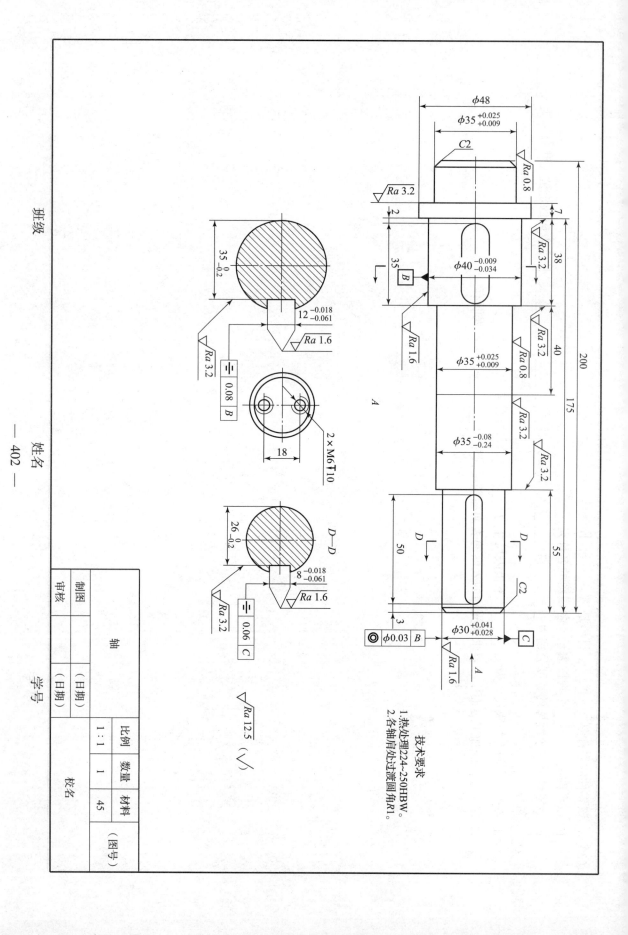

(4) a. 该零件的名称是 _____，材料是 _____，比例是 _____。

b. 该零件用 _____ 个视图表示，哪一个是主视图？为什么？_____。

c. 在图上用指引线指出零件的长度和高度方向的主要尺寸基准。

d. 图中尺寸 $3 \times \phi 11 \atop \sqcup \phi 17 \downarrow 10$ 表示 _____，沉孔的定位尺寸为 _____。

e. 图中有 _____ 处公差带代号，$\phi 32H7$ 的含义为 _____。

f. 该零件左端面的表面粗糙度代号为 _____，右端面的表面粗糙度代号为 _____，要求最不光洁的表面的表面粗糙度代号为 _____。

g. 请在下方画出零件的右视图（尺寸直接从图中量取）。

法兰盘　材料 HT150　比例 1:1　数量 1

(5) a. 该零件的名称是＿＿＿＿，材料是＿＿＿＿，比例是＿＿＿＿。

b. 该零件用＿＿＿＿个视图表示，各视图的名称及剖切方法是＿＿＿＿。

c. 在图上用指引线指出零件的长度、宽度、高度方向的主要基准尺寸。

d. 该零件顶部两个腰圆形孔的定位尺寸是＿＿＿＿。

e. 该零件的加工表面中，要求最光洁的表面粗糙度代号为＿＿＿＿，∀(√)表示＿＿＿＿。

f. φ35H8 的含义是＿＿＿＿。

g. 解释框格 ⊥ 0.04 A 的含义：被测要素是＿＿＿＿，基准要素是＿＿＿＿，公差项目是＿＿＿＿，公差值是＿＿＿＿。

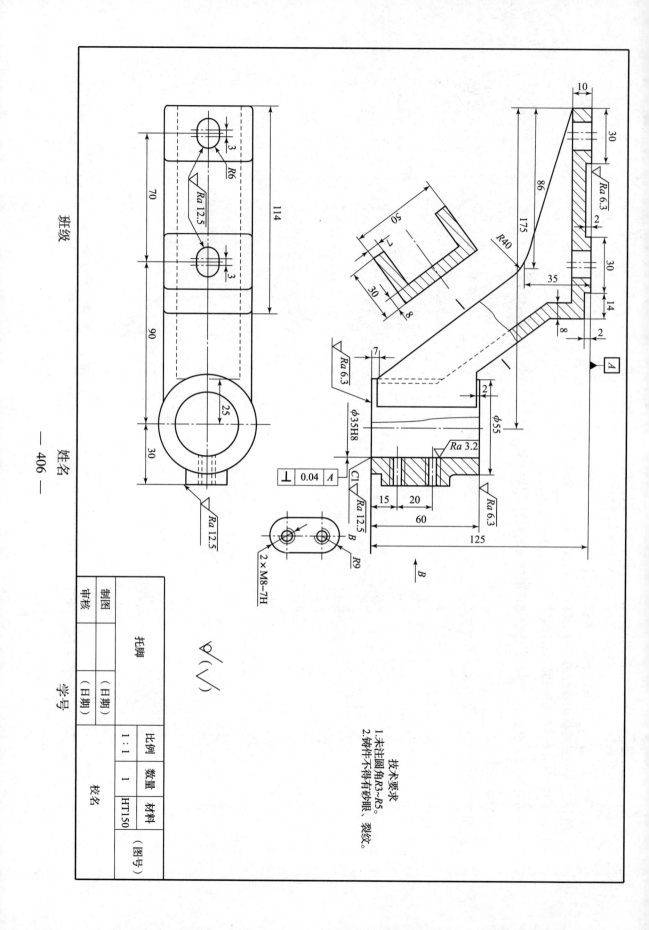

(5) a. 该零件的名称是_____，材料是_____，比例是_____。
b. 该零件用_____个视图表示，各视图的名称及剖切方法是_____。
c. 在图上用指引线指出零件的长度、宽度、高度方向的主要基准尺寸。
d. G3/8是_____螺纹，3/8是螺纹的_____，螺纹的旋向为_____。
e. 该零件的加工表面中，要求最光洁的表面粗糙度代号为_____。
f. φ14H7的含义是_____。
g. 销孔2×φ6的定位尺寸是_____。
h. 螺钉尺寸中的6×M8－7H▽20表示_____，M8表示_____，7H表示_____，▽20表示_____。
i. 图中有_____处形位公差代号，解释框格 ⌿ | 0.04 | B | 的含义：被测要素是_____，基准要素是_____，公差项目是_____，公差值是_____。

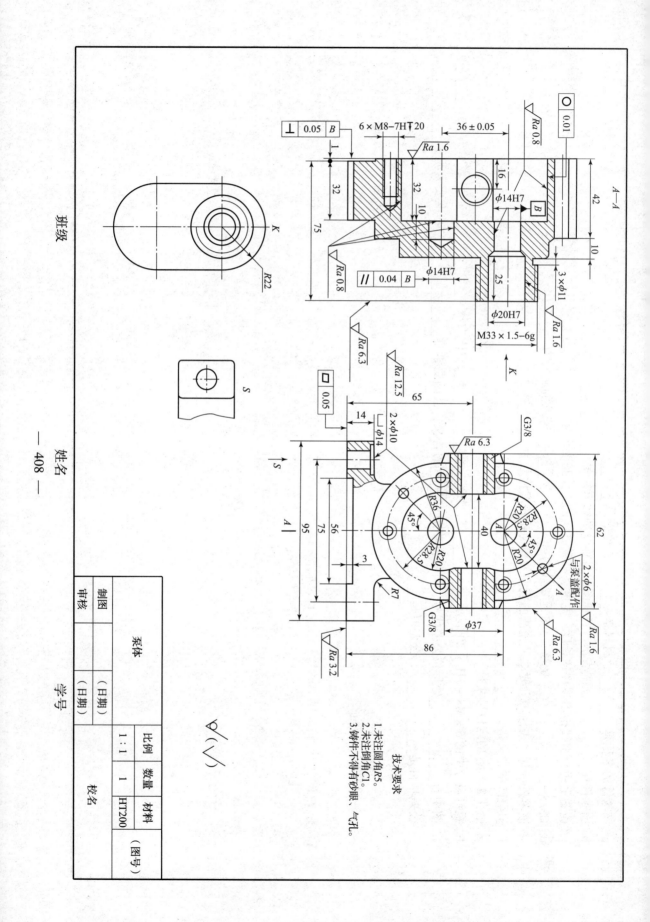

6. 零件图大作业。

一、目的
1. 熟悉和掌握绘制零件图的基本方法和步骤。
2. 综合运用所学知识，提高绘制生产中实用零件图的能力。

二、内容与要求
1. 根据给定的轴测图绘制零件图。
2. 用 A3 图纸绘制，比例自定。

三、注意事项
1. 绘图时，应严肃、认真、以高度负责的态度进行。
2. 全面运用已学过的知识，综合加以应用。
3. 绘制的零件图应符合以下要求：
 (1) 符合国家标准（如视图画法及其标注、尺寸标注、技术要求的注写，标准结构的画法及标注等）。
 (2) 尽量符合生产实际（如工艺结构合理，所注尺寸便于加工和测量；表面结构、极限与配合、几何公差的选用既能保证零件的质量，又能使零件的生产成本尽可能低）。
 (3) 布局合理，图形简洁，尺寸清晰，字迹工整，便于他人看图。

尺寸直接从图上量取，比例 1 : 3。

5 × M8▽12 孔▽15
4 × φ11 ⌴φ22
通槽
4 × M10▽16 孔▽20
3 × M6▽10 孔▽12
凸台高5
A

7. 用 AutoCAD 绘制零件图。

(1)

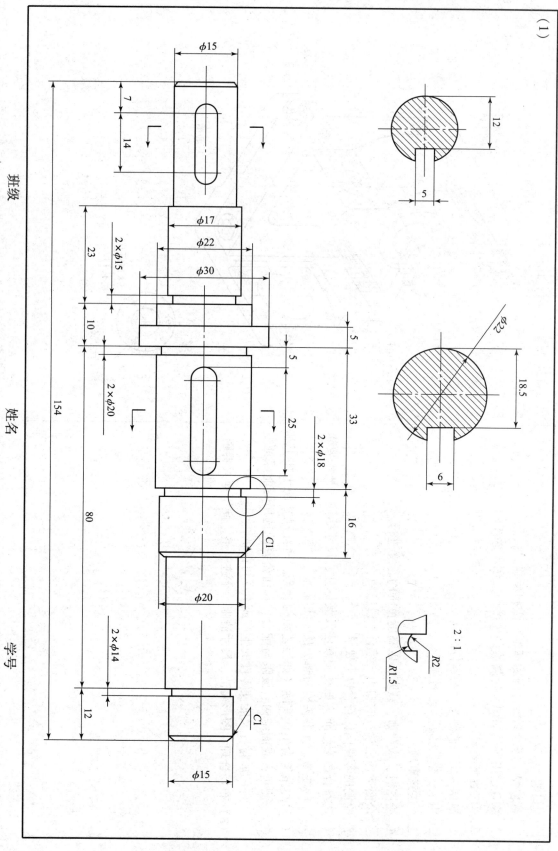

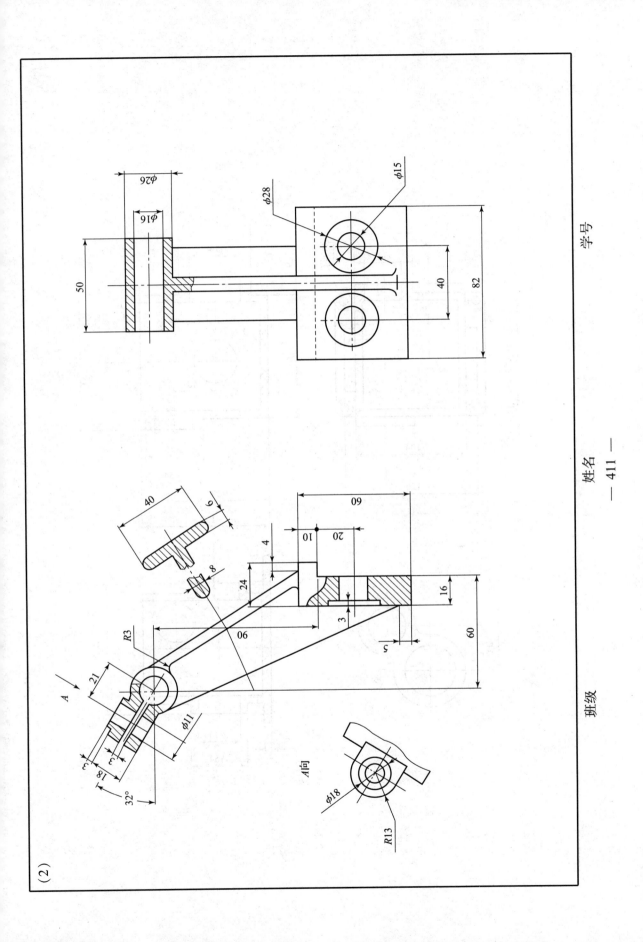

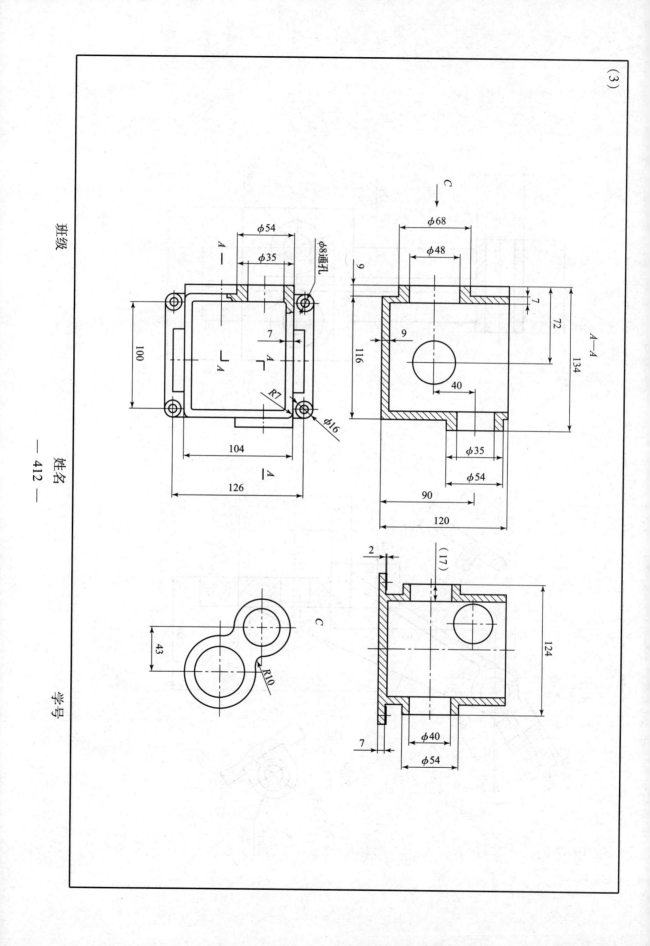

任务 10 绘制装配图

1. 根据千斤顶的装配示意图和零件图，拼画装配图。

一、千斤顶的功用和工作原理

千斤顶是用来顶起重物的部件（见装配示意图）。它是依靠底座 1 上的内螺纹和起重螺杆 2 上的外螺纹构成的螺纹副来工作的。在起重螺杆 2 的顶端安装有顶盖 5，并用螺钉 4 加以固定，用以放置重物。在起重螺杆 2 的上部有两个垂直正交的径向孔，孔中插有绞杠 3。

千斤顶工作时，顺时针转动绞杠 3，将重物顶起，逆时针转动绞杠 3，起重螺杆 2 就向上移动，并将重物顶起；顺时针转动绞杠 3，起重螺杆 2 下降复位。起重螺杆 2 的最大行程，就是重物向上移动的最大距离。

二、作业要求

根据千斤顶的装配示意图和各零件的零件图，画出千斤顶的装配图。

三、装配示意图

四、明细栏

序号	代号	名称	数量	材料	备注
5		顶盖	1	45	
4		螺钉	1	Q235	
3		绞杠	1	Q235	
2		起重螺杆	1	45	
1		底座	1	HT250	

名称	底座	数量	1
图号	01	材料	HT250

班级　　　　姓名　　　　学号

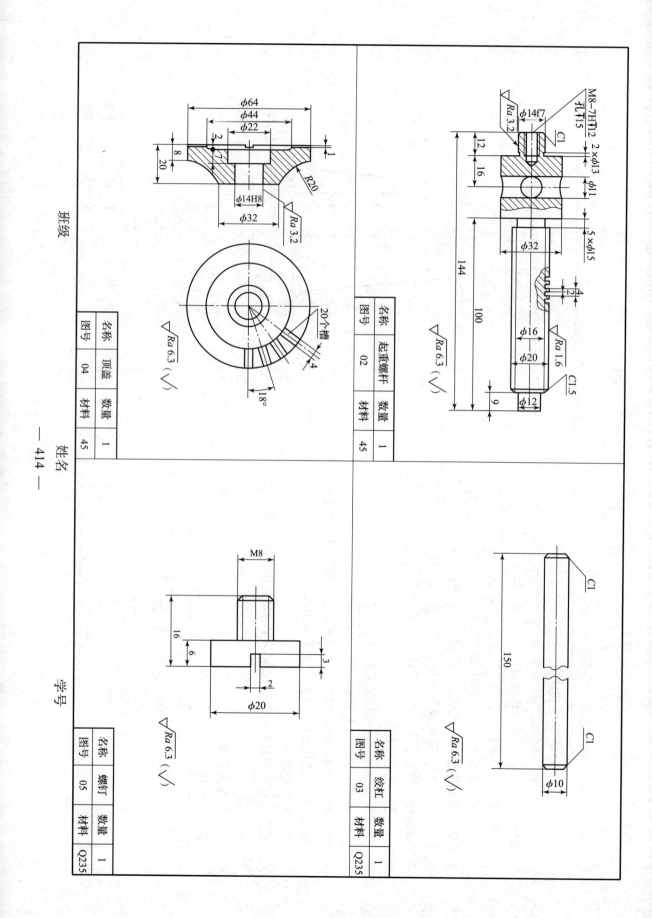

2. 读懂柱塞泵的装配图，并回答问题。

一、工作原理

柱塞泵是用来提高油压的部件。阀体 13 下部连接进油管,曲柄带动柱塞 5 做左右往复运动。

当柱塞 5 向右移动时,泵体 1 的内腔压力降低,在大气压力的作用下,油就从油箱压入进油管并推开下阀瓣 14,进入泵体内腔;当柱塞 5 向左移动时,下阀瓣 14 受压关闭,内腔油压急剧升高,顶开上阀瓣 10,油从后面出口流出,经出油管道流向用油设备。

柱塞 5 与曲柄(图上未画出)用 ϕ8 圆柱销连接,曲柄另一端与油箱接通,油箱内油压为常压;后部连接出油管道,与用油设备接通。

二、读懂装配图回答问题

1. 读懂上阀瓣 10 和下阀瓣 14 的结构形状,并说明它们的作用。
2. 衬套 8 有何作用?
3. 填料压盖 6 有何作用?它的结构形状如何?
4. 说明图中各配合零件之间所注的配合代号的意义。
5. 阀体 13 与泵体 1 是什么连接?
6. 填料 7 和垫片 9、11 的材料是什么?它们在柱塞泵中起什么作用?
7. 拆画泵体 1、柱塞 5、填料压盖 6、阀体 13 的零件草图。

序号	名称	数量	材料	备注
14	下阀瓣	1	ZHMnD58-2-2	
13	阀体	1	ZHMnD58-2-2	
12	螺塞	1	ZHMnD58-2-2	
11	垫片	1	耐油橡胶	
10	上阀瓣	1	ZHMnD58-2-2	
9	垫片	1	耐油橡胶	
8	衬套	1	ZHMnD58-2-2	
7	填料	1	毛毡	
6	填料压盖	1	ZHMnD58-2-2	
5	柱塞	1	45	
4	螺柱 M8×35	2	Q235A	GB/T 6170—2015
3	垫圈	2	Q235A	GB/T 93—1987
2	螺母 M8	2	Q235A	GB/T 898—1988
1	泵体	1	HT150	

柱塞泵		比例		制图		(校名)	(图号)

3. 用 AutoCAD 由零件图组合装配图。

将素材文件 "10-1.dwg" "10-2.dwg" "10-3.dwg" "10-4.dwg" 和 "10-5.dwg" 组合成装配图。

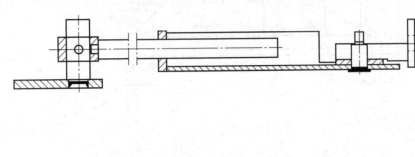

4. 用 AutoCAD 由装配图拆画零件图。

(1) 打开素材文件"10-6.dwg",将此装配图拆绘成零件图。

(2) 打开素材文件"10-7.dwg",将此装配图拆绘成零件图。

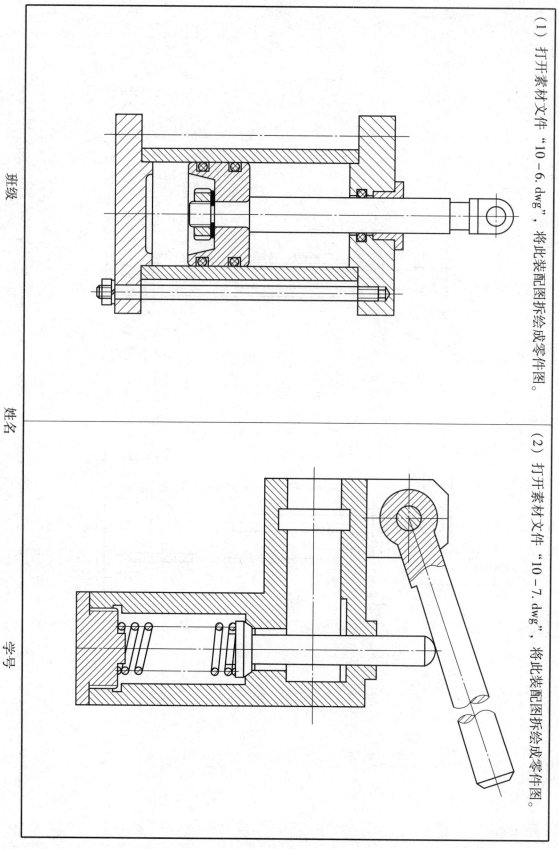